装备科技译著出版基金

复合材料的损伤与失效

Damage and Failure of Composite Materials

[美]拉梅什·塔雷加（Ramesh Talreja）
[加]钱德拉·维尔·辛格(Chandra Veer Singh) 著

张晓军 李宏岩 舒慧明 朱国伟 译

国防工业出版社
·北京·

内 容 简 介

了解复合材料的损伤和失效对于可靠而低成本的工程设计具有极其重要的意义。本书结合材料力学原理及建模,力图为读者完整展现有关复合材料的损伤、疲劳以及断裂等问题。前面几章将重点放在复合材料损伤的基本原理之上,在描述开裂、断裂、扭曲在内的损伤力学之前,作者回顾了基本方程和力学相关理论。在后面章节中,作者结合宏观以及微观损伤模型讲解了在机械载荷作用下损伤形成和发展的物理机理,并给出了大量的试验数据作为支撑。最后,采用复合材料疲劳寿命图来讨论复合材料的疲劳现象。本书的重点放在聚合物基复合材料,但同时也涉及金属和陶瓷基复合材料。本书介绍了有关复合材料结构的较为可靠的设计方法,这对于工业和学术界的材料工程师和科学家来讲是相当有价值的。

著作权合同登记　图字:军-2020-004号

图书在版编目(CIP)数据

复合材料的损伤与失效/(美)拉梅什·塔雷加(Ramesh Talreja),(加)钱德拉·维尔·辛格(Chandra Veer Singh)著;张晓军等译. —北京:国防工业出版社,2023.2 重印

书名原文:Damage and Failure of Composite Materials

ISBN 978-7-118-12256-5

Ⅰ.①复… Ⅱ.①拉… ②钱… ③张… Ⅲ.①复合材料—损伤(力学)—研究②复合材料—失效分析 Ⅳ.①TB33

中国版本图书馆 CIP 数据核字(2021)第 074475 号

Damage and Failure of Composite Materials by Ramesh Talreja and Chandra Veer Singh.
ISBN:978-0-521-81942-8
© R. Talreja and C. V. Singh 2012
This publication is in copyright. Subject to statutory exception and to the provisions of relevant collective licensing agreements, no reproduction of any part may take place without the written permission of Cambridge University Press.

本书简体中文版由 Cambridge University Press 授权国防工业出版社独家出版。
版权所有,侵权必究。

※

*国防工业出版社*出版发行
(北京市海淀区紫竹院南路 23 号　邮政编码 100048)
北京虎彩文化传播有限公司印刷
新华书店经售

*

开本 710×1000　1/16　印张 18¾　字数 330 千字
2023 年 2 月第 1 版第 2 次印刷　印数 2001—3000 册　定价 132.00 元

(本书如有印装错误,我社负责调换)

国防书店:(010)88540777	书店传真:(010)88540776
发行业务:(010)88540717	发行传真:(010)88540762

译 者 序

复合材料由于具有优异的性能,在航空航天领域得到广泛应用。最大限度地采用复合材料结构是航空航天飞行器发展的总趋势,其安全、可靠使用对国防武器装备尤为重要。近年来相继发生的复合材料结构失效与故障,引起了复合材料设计、应用及维修部门对复合材料损伤与失效问题的高度重视。科学、准确地把握复合材料损伤形成、发展,以及失效的机理与演化规律,对于高性能、高可靠复合材料结构设计及在使用中的损伤控制,确保武器装备效能发挥,具有极其重要的意义。

关于复合材料的损伤与失效分析,最初主要局限于强度的描述,是对早先金属屈服和失效的连续描述的延伸。迄今为止,经过几十年的研究和讨论,工程界和学术界对复合材料损伤及失效的认识和理解基本达到共识,相关研究取得了巨大的进展并日趋成熟。正是在这样一个时机下,本书将国际上关于复合材料损伤与失效的最新研究成果凝练出版,具有很强的权威性和新颖性,为高性能复合材料在武器装备上的应用提供了理论、模型与方法。

与同类图书相比,本书的主要特点:一是,内容上,包含了复合材料损伤形成、扩展直至失效的机理分析与建模计算,涉及复合材料损伤演化的全寿命周期,分析系统、详尽、深入;二是,层次上,利用微观损伤力学和宏观损伤力学,从宏观和微观两个层面上阐述机理,构建模型,并且非常注重两个层次所建模型的关联性,更有利于对损伤相关机理的本质把握;三是,注重验证和有效性,所有描述和模型通过大量实验数据支撑或验证,确保了所提理论和模型的正确和实用性,易于服务设计和使用。

本书学术思想新颖、权威,内容系统、全面、深入,是高性能复合材料,特别是碳纤维复合材料技术在武器装备应用中急需的。本书成果对于设计和工程技术人员理解和掌握复合材料的损伤机理、损伤扩展、疲劳和断裂,以及设计方法等,进而提高复合材料结构设计和损伤的有效控制能力,确保武器装备使用的安全性、可靠性以及效能的发挥,具有重要学术意义和工程应用价值。

译者
2020 年 9 月

前　　言

从20世纪70年代至今，复合材料的研究重点经历了从层合板理论和各向异性破坏准则到多样化的复合材料再到多功能纳米结构的复合形态的演进，研究工作取得了稳步长足的进展。70年代和80年代出版了多种复合材料力学和结构的著作，并开设了相关领域的高等课程。复合材料的失效分析主要限于强度描述方面，是对早先金属屈服和失效的连续描述的延伸。从80年代中期开始，复合材料多重断裂的观察引入了微观力学和连续损伤力学理论。在将其笼统描述为"损伤力学"后，围绕这一概念开展了一系列工作，这从许多会议和研讨会中可见一斑。《复合材料损伤力学》(Damage Mechanics of Composite Materials, R. Talreja编，复合材料丛书第9卷，R. B. Pipes丛书主编，阿姆斯特丹：Elsevier自然科学出版社，1994)一书不同于其他记录这些会议活动的会议录，该书收集了一些相当有价值的研究成果。复合材料损伤及其对材料响应的影响有两种主要研究途径，即微观损伤力学(MIDM)和宏观损伤力学(MADM)，这两种方法在此书中均有所涉及。此后，复合材料损伤以及失效领域的研究又取得了巨大的进展并日趋成熟，这时对于一本能够详尽介绍复合材料的图书的需求变得日益迫切，于是本书应运而生。我们希望本书既可以作为高等院校的材料损伤教材，又可以作为材料工程师职业提升用的培训教材。书中所涵盖的内容同样能够帮助研究人员进一步推进该领域的发展，为了达到这一目的，第8章为明确未来研究工作的要求和方向提供了指导。

本书的内容和结构如下：

第1章构建了复合材料结构耐久性评估的总体方法，着重阐述研究需求，引出本书下面的内容。第2章为基本的连续介质力学提供了一些简单参考，这些内容与接下来要讨论的处理工艺有一定的相关性。第3章介绍了隐藏在表象下的损伤机理，并以此作为建模的基础。这一章所描述的物理现象对于正确认识复合材料损伤这一复杂领域是非常有益的。第4章和第5章主要针对上面所提到的微观损伤力学和宏观损伤力学做出阐释。我们将引用包括作者本人著作在内的一些文献,从中找出尽可能多的解决方法来证明其相关性,但不会把重点放在过多的细节描述上。这两章重点研究损伤的描述以及由此造成的基本性质的改变,第6章则把更多的关注点放在损伤的发展上。裂纹倍增是复合材料损伤的一个重要识别特征,与单体材料的单条裂纹增长有所不同。第7章阐述了复合材料的疲劳问题。这一领域受传统对金属疲劳有关研究的影响,是复合材料损伤问题中最难以理解的部分。本章较好地阐释了多轴疲劳这一现象,然而文中对疲劳机理的了解还是远远不够的。要想完整准确地阐明复合材料疲劳这一问题至少需要一本书的篇幅,本章仅仅是为了引起读者们对疲劳机理概念的关注从而进行合理阐释和建模。第8章对本书做了小结并为未来的研究指明了方向。作者还特别强调了在耐久性评估损伤模型中采用计算的方法,并将制造中产生的缺陷纳入整体考量。

  本书的完成得益于多位复合材料损伤研究的学者,他们的集体劳动使这本优秀的著作得以出版。这一领域始终在不断发展,出版的相关专著将促进复合材料研究的进一步发展。最为重要的是,不断发展的技术将会转化为工业应用。

目 录

第1章 复合材料结构的耐久性评估 ·· 1
  1.1 简介 ·· 1
  1.2 复合材料损伤力学的发展历史 ·· 3
  1.3 复合材料的疲劳 ·· 5
  参考文献 ·· 6

第2章 复合材料的力学性能评述 ·· 8
  2.1 弹性方程 ·· 8
    2.1.1 应变-位移关系 ··· 8
    2.1.2 线性动量和角动量的守恒 ··· 9
    2.1.3 本构关系 ··· 10
    2.1.4 运动方程 ··· 14
    2.1.5 能量原理 ··· 14
  2.2 微观力学 ··· 16
    2.2.1 单向薄层的刚度特性 ··· 16
    2.2.2 单向薄层的热力学性质 ··· 18
    2.2.3 薄层本构方程 ··· 18
    2.2.4 单向薄层强度 ··· 20
  2.3 层合板分析 ··· 22
    2.3.1 应变-位移关系 ··· 23
    2.3.2 层合板的本构关系 ··· 24
    2.3.3 层合板中薄层的压力和应变 ··· 26
    2.3.4 铺层结构的影响 ··· 27
  2.4 线性弹性断裂力学 ··· 28
    2.4.1 断裂准则 ··· 28

2.4.2 裂纹分离模式 ·· 30
　　　2.4.3 裂纹表面位移 ·· 30
　　　2.4.4 损伤分析与断裂力学的相关性 ·· 31
　参考文献 ·· 31

第3章 复合材料的损伤 ·· 35
　3.1 损坏机理 ·· 36
　　　3.1.1 界面脱粘 ·· 36
　　　3.1.2 基体微裂纹/层内(板层)裂纹 ·· 37
　　　3.1.3 界面滑移 ·· 39
　　　3.1.4 分层/层间裂纹 ·· 39
　　　3.1.5 纤维断裂 ·· 40
　　　3.1.6 纤维微曲屈 ··· 40
　　　3.1.7 粒子分裂 ·· 42
　　　3.1.8 孔洞增大 ·· 42
　　　3.1.9 损伤模式 ·· 43
　3.2 复合材料层合板损伤的发展 ·· 44
　3.3 层合板层内开裂 ··· 47
　3.4 损伤力学 ·· 48
　参考文献 ·· 49

第4章 微观损伤力学 ·· 55
　4.1 引言 ·· 55
　4.2 单次断裂和多次断裂现象:ACK理论 ··· 56
　　　4.2.1 多缝基体开裂 ·· 58
　　　4.2.2 粘接完好的纤维/基体界面:改进的剪滞分析 ························ 63
　　　4.2.3 纤维/基体摩擦界面 ·· 65
　4.3 开裂层合板的应力分析(边界值问题) ·· 65
　　　4.3.1 复杂性及存在问题 ·· 65
　　　4.3.2 假设条件 ·· 68
　4.4 一维模型:剪滞分析 ··· 71
　　　4.4.1 初始剪滞分析 ·· 72

4.4.2　层间剪滞分析 ………………………………………………… 74
　　　4.4.3　扩展的剪滞分析 ………………………………………………… 76
　　　4.4.4　二维剪滞模型 …………………………………………………… 76
　　　4.4.5　剪滞模型总结 …………………………………………………… 77
4.5　自洽方法 ……………………………………………………………………… 82
4.6　二维应力分析:变分法 ……………………………………………………… 84
　　　4.6.1　Hashin 的变分分析 …………………………………………… 84
　　　4.6.2　残余应力的影响 ………………………………………………… 92
　　　4.6.3　$[0_m/90_n]_s$ 和 $[90_n/0_m]_s$ 层合板的比较 ………………………… 93
　　　4.6.4　改进的变分分析 ………………………………………………… 93
　　　4.6.5　相关研究工作 …………………………………………………… 98
　　　4.6.6　一维应力模型和二维应力模型比较 …………………………… 98
4.7　广义平面应变分析:McCartney 模型 …………………………………… 103
4.8　基于裂纹张开位移的方法 ………………………………………………… 107
　　　4.8.1　三维层合板理论:Gudmundson 模型 ………………………… 107
　　　4.8.2　Lundmark-Varna 模型 ………………………………………… 113
4.9　计算方法 …………………………………………………………………… 115
　　　4.9.1　有限元法 ………………………………………………………… 116
　　　4.9.2　有限条法 ………………………………………………………… 117
　　　4.9.3　逐层理论 ………………………………………………………… 119
4.10　其他方法 …………………………………………………………………… 119
4.11　热膨胀系数的变化 ………………………………………………………… 120
4.12　总结 ………………………………………………………………………… 121
参考文献 …………………………………………………………………………… 122

第5章　宏观损伤力学 …………………………………………………………… 131
5.1　简介 …………………………………………………………………………… 131
5.2　复合材料的连续损伤力学 ………………………………………………… 134
　　　5.2.1　损伤表征的 RVE ………………………………………………… 135
　　　5.2.2　损伤表征 ………………………………………………………… 137
　　　5.2.3　材料响应的热力学框架 ………………………………………… 139

	5.2.4 刚度-损伤关系	143
5.3	协同损伤力学	149
	5.3.1 2种损伤模态	150
	5.3.2 3种损伤模态	160
5.4	黏弹性复合材料的板层断裂	165
5.5	总结	168
参考文献		169

第6章 损伤发展 … 172

6.1	简介	172
6.2	实验方法	173
6.3	实验观察	177
	6.3.1 铺层开裂的最初开始	178
	6.3.2 裂纹生长和成倍增长	179
	6.3.3 裂纹形状	182
	6.3.4 损伤影响	183
	6.3.5 载荷和环境影响	183
	6.3.6 多向层合板开裂	184
6.4	建模方法	185
	6.4.1 基于强度的方法	186
	6.4.2 基于能量的方法	189
	6.4.3 多次开裂的强度与能量准则	200
6.5	铺层开裂的随机性	201
6.6	多向层合板的损伤演变	206
6.7	循环载荷下损伤演变	213
6.8	总结	217
参考文献		217

第7章 损伤机理和疲劳寿命图表 … 227

7.1	简介	227
7.2	疲劳寿命图表	227
7.3	单向复合材料轴向疲劳	228

| 7.4 | 组成材料性能的影响 | 230 |

7.5 平行纤维加载的单向复合材料 ⋯⋯⋯⋯⋯⋯⋯⋯⋯⋯⋯⋯⋯⋯⋯⋯⋯ 232
  7.5.1 聚合物基体复合材料 ⋯⋯⋯⋯⋯⋯⋯⋯⋯⋯⋯⋯⋯⋯⋯⋯ 232
  7.5.2 金属基体复合材料 ⋯⋯⋯⋯⋯⋯⋯⋯⋯⋯⋯⋯⋯⋯⋯⋯⋯ 239
  7.5.3 陶瓷基体复合材料 ⋯⋯⋯⋯⋯⋯⋯⋯⋯⋯⋯⋯⋯⋯⋯⋯⋯ 240
7.6 偏斜于纤维方向加载的单向复合材料 ⋯⋯⋯⋯⋯⋯⋯⋯⋯⋯⋯⋯⋯ 246
7.7 层合板的疲劳 ⋯⋯⋯⋯⋯⋯⋯⋯⋯⋯⋯⋯⋯⋯⋯⋯⋯⋯⋯⋯⋯⋯⋯ 249
  7.7.1 角铺设层合板 ⋯⋯⋯⋯⋯⋯⋯⋯⋯⋯⋯⋯⋯⋯⋯⋯⋯⋯⋯ 249
  7.7.2 正交层合板 ⋯⋯⋯⋯⋯⋯⋯⋯⋯⋯⋯⋯⋯⋯⋯⋯⋯⋯⋯⋯ 250
  7.7.3 普通多向层合板 ⋯⋯⋯⋯⋯⋯⋯⋯⋯⋯⋯⋯⋯⋯⋯⋯⋯⋯ 252
7.8 疲劳寿命预测 ⋯⋯⋯⋯⋯⋯⋯⋯⋯⋯⋯⋯⋯⋯⋯⋯⋯⋯⋯⋯⋯⋯⋯ 253
  7.8.1 正交层合板 ⋯⋯⋯⋯⋯⋯⋯⋯⋯⋯⋯⋯⋯⋯⋯⋯⋯⋯⋯⋯ 254
  7.8.2 普通层合板 ⋯⋯⋯⋯⋯⋯⋯⋯⋯⋯⋯⋯⋯⋯⋯⋯⋯⋯⋯⋯ 259
7.9 总结 ⋯⋯⋯⋯⋯⋯⋯⋯⋯⋯⋯⋯⋯⋯⋯⋯⋯⋯⋯⋯⋯⋯⋯⋯⋯⋯⋯ 261
参考文献 ⋯⋯⋯⋯⋯⋯⋯⋯⋯⋯⋯⋯⋯⋯⋯⋯⋯⋯⋯⋯⋯⋯⋯⋯⋯⋯⋯ 261

第8章 未来研究方向 ⋯⋯⋯⋯⋯⋯⋯⋯⋯⋯⋯⋯⋯⋯⋯⋯⋯⋯⋯⋯⋯ 264
 8.1 计算结构分析 ⋯⋯⋯⋯⋯⋯⋯⋯⋯⋯⋯⋯⋯⋯⋯⋯⋯⋯⋯⋯⋯⋯ 264
 8.2 损伤的多尺度建模 ⋯⋯⋯⋯⋯⋯⋯⋯⋯⋯⋯⋯⋯⋯⋯⋯⋯⋯⋯⋯ 266
  8.2.1 损伤的长度尺度 ⋯⋯⋯⋯⋯⋯⋯⋯⋯⋯⋯⋯⋯⋯⋯⋯⋯⋯ 267
  8.2.2 层级化多尺度建模 ⋯⋯⋯⋯⋯⋯⋯⋯⋯⋯⋯⋯⋯⋯⋯⋯⋯ 269
  8.2.3 多尺度建模的含义:协同损伤力学 ⋯⋯⋯⋯⋯⋯⋯⋯⋯⋯ 273
 8.3 低成本制造和缺陷损伤力学 ⋯⋯⋯⋯⋯⋯⋯⋯⋯⋯⋯⋯⋯⋯⋯⋯ 274
  8.3.1 经济高效的生产制造 ⋯⋯⋯⋯⋯⋯⋯⋯⋯⋯⋯⋯⋯⋯⋯⋯ 275
  8.3.2 缺陷损伤力学 ⋯⋯⋯⋯⋯⋯⋯⋯⋯⋯⋯⋯⋯⋯⋯⋯⋯⋯⋯ 277
 8.4 结束语 ⋯⋯⋯⋯⋯⋯⋯⋯⋯⋯⋯⋯⋯⋯⋯⋯⋯⋯⋯⋯⋯⋯⋯⋯⋯ 283
 参考文献 ⋯⋯⋯⋯⋯⋯⋯⋯⋯⋯⋯⋯⋯⋯⋯⋯⋯⋯⋯⋯⋯⋯⋯⋯⋯⋯ 284

第 1 章
复合材料结构的耐久性评估

1.1 简介

用于机械和航空航天领域的复合材料结构,旨在保证其结构的完整性,并且在预计使用寿命之内保证耐用。自从 20 世纪 70 年代早期至今,在对潜在力学性能的表征和建模方面,以及在开发用于预测复合材料的断裂和疲劳的工具和方法论方面都取得了重大的进展。本书对有关领域的概念和分析做了阐释,并介绍了最新的研究成果。后面的章节将介绍通过多种技术手段观察到的复合材料损伤,并从宏观和微观层面进行建模。由于复合材料疲劳的特殊复杂性,需要针对研究目的做出系统的解释方案,因此,对于疲劳问题将单独研究。在本书的开头增加了这一个章节,为后续章节中所涉及的建模分析力学概念做了一定的理论储备。

本章介绍了复合材料结构耐久性评估过程的概况。图 1.1 描绘了基本要素的连通性和流程。首先,使用复合材料"初始"本构行为和施加在结构件上的工作载荷作为输入,进行结构件的应力分析。与整体材料(如金属)不同,复合材料的本构行为会因为损伤而发生一定变化。应力分析结果和之前的经验可以确定结构件的关键部位("热点"),即最容易疲劳的部位。对这些部位的局部应力/应变/温度剧增以及复合材料成分的进一步检测有助于发现可能引发的损伤机理,如基体的微裂纹、分层(交界面的层分离)、聚合物基体的老化。第 3 章详细介绍了这些机理。下一步是分析这些机理对材料响应以及结构性能的影响。第 4 章和第 5 章涉及用不同模型预测损伤诱导的材料响应变化。相比于"热点"的特征几何尺寸,复合材料发生损伤的部位尺寸较小,因此所选模型必须充分考虑多种大小(长度)尺寸。通常来说,尺寸分为"微观"(损伤的尺寸)和"宏观"(表征结构响应的尺寸)两种。由于某些特定模型的需要,在这些尺寸之间必须建立连通性,于是产生了一种介于两者之间的尺寸——中尺寸。在微观机理框架下提出了"代表性体积元"(RVE)的概念。这一尺寸的要素通常被纳入到中尺寸的研究范围之内。第 4 章和第 5 章在多种模型条件下介绍了 3 种尺寸。第 6 章主要关注复合材料损伤的产生和发展过程。这 3 章综合起来为读者介绍了损伤机理,这是图 1.1 的耐久性分析中的核心内容。

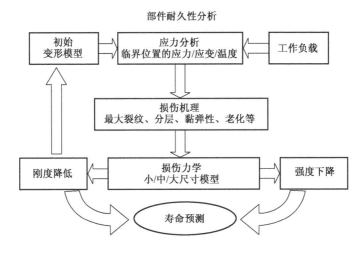

图 1.1 复合材料结构件的耐久性分析示意图

损伤机理模型最常见的输出是材料响应,也可称为损伤引起的"刚度衰减"。这一描述包括代表性体积元。因此,材料响应或者平均本构行为描述替代了原始的(未损伤的)材料性能,构成了应力分析的新的输入。尽管现在的工业制造中并没有充分实施这一步骤,但应力分析的迭代过程是复合材料结构分析的固有特点。损伤机理分析的另一个输出是"强度衰减",即由于损伤而引起的结构承载能力降低。根据结构的功能需求,刚度或强度的降低可能会导致结构完整性受到影响。刚度临界结构的一个经典例子就是机翼,它必须通过变形实现其空气动力学功能;而机身是强度临界结构,其设计要求是能承受其中的压强。

裂纹的不稳定增长会导致整体材料(如金属)的失效;复合材料的异质性内部结构则会导致多裂纹的形成。图 1.2 所示为通用非均质固体的 3 种形态:图(a)为原始(未损伤)的代表性区域,其中的实心圆表示非均质性(补强);图(b)展示了由于补强脱粘而形成的多裂纹状态;图(c)展示了由于材料缺陷/应力集中导致的基体局部失效。考虑到复合材料结构的外部加载导致的牵引力 t 会限制所展示的复合材料代表区域的表面边界,如果初始状态下边界表面位移的牵引力响应用 u 来表示,那么根据不同类型的损伤(图 1.2),多裂纹(通常用裂纹张开位移(COD)、裂纹滑动位移(CSD)来表示)表面位移将变为 u_1 或 u_2。裂纹的局部环境会影响到 COD 和 CSD 的裂纹分布。局部环境通常称为裂纹表面位移的"约束条件"(适度性),表示为异质性的变量。如果异质性固体的多裂纹在代表区域内均匀分布,超过 RVE 平均值的应力-应变响应由平均刚度特性决定,随裂纹数量的增长而变化(降低),并受裂纹表面位移制约。刚度的降低是损伤机理的一个重要研究课题,这一点已经在图1.1的耐久性评估中做了描述。

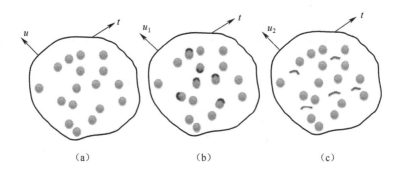

图1.2　原始(未损伤)状态(a)和两种可能的多裂纹状态(b)和(c)下的非均质固体

1.2　复合材料损伤力学的发展历史

将固体力学领域应用到非均质固体,尽管从20世纪50年代末60年代初就有所发展(称为微观力学)。但是,复合材料研究过程中所遇到的特定问题,例如,连续纤维增强体,直到很久之后才引起重视。微观力学所构建的概念对于复合材料多裂纹的研究是非常有用的,可以作为研究的基本背景(Nemat-Nasser, Hori[1])。这一开创性研究是由Aveston等[2]开展的,文献[2]于1971年作为会议论文发表,阐明了增强复合材料的纤维/基体界面多裂纹的现象。这一研究后来称为ACK理论,主要探究了垂直于基体中的纤维的平行多裂纹,所有的纤维都在同一方向上承受沿着纤维的拉伸力。该模型产生了一个多裂纹的总应变表达式,基于简化的应力分析和能量平衡概念。该表达式为分析纤维作用、基体性能、容积率以及抵抗多裂纹的纤维直径提供了评估基础。

ACK模型的形成是通过观察脆性基体材料(如含钢丝的增强水泥)的多裂纹得来的。对于聚合物基复合材料,由于具有单向玻璃纤维或碳纤维的铺层,在受到平行于纤维的拉伸力时并不是产生多裂纹的最合适时机,因此其最初应用ACK理论时并不是特别清晰。1977年,Garrett和Bailey[3]研究发现,受轴向拉力的玻璃纤维增强聚酯的正交层合板上观察到的多裂纹可以用Aveston和Kelly[4]在后续关于ACK模型的论文中提到的充分粘接界面来解释,这需要分别通过横向铺层和纵向铺层在模型中替换基体和纤维。Garrett和Bailey对文献[4]中的一维应力分析和能量守恒做了一定修改,重申了这一观点。随后进行了一系列应用一维应力分析的研究(称为剪滞分析),其假设交界面上的轴向载荷在剪切应力的作用下由开裂铺层转移到非开裂铺层。

剪滞分析的不充分导致对有裂纹的正交铺设层合板中的应力分析有严重的制约,一直到英国一份文献[5]提出了基于二维近似的变分分析,这种情况才有所改变,这激发了有关部分脱粘摩擦界面精确性和延展性的进一步研究[6-7],但是与横向不同,纵向的开裂铺层延伸需要其他方法来研究[8]。利用局部铺层应力评估总体刚度降低的分析划分为"微观损伤力学"(MIDM)范畴,这将在第4章着重阐述。

与 MIDM 相似的方法中,另外一种称为"连续损伤力学"(CDM)。这一方法最初并没有应用于复合材料领域,而是用于金属蠕变。1958 年,Kachanov[9]提出了内部材料不连续性领域的一个概念,即关于分布式局部应力增强所导致的整体蠕变应变。随后,这种内部状态被称为损伤,并且与一种(隐藏的)标量变量 D 有关联。目前这一连续体处于内部损伤状态,且由于不可逆转的特性,其研究需要热力学的支撑,尤其是热力学第二定律。Kachanov 的研究工作一直默默无闻,直到 Lemaitre 和 Chaboche[10]将其应用到具有分布式空穴和裂纹的多种结构材料的分析中。Krajcinovic[11]结合断裂力学和可塑性,详细阐释了热力学的含义,更进一步拓展了该领域的研究。对于具有特定对称性(如正交各向异性)的复合材料,Talreja[12]首先在其研究中应用了 CDM,其姊妹篇论文[13]通过实验数据验证了刚度衰减关系。图 1.3 阐明了复合材料的 CDM 概念。复合材料的增强物是一种静止的微观结构,并且像各向异性介质一样被均质化,裂纹之类的损伤体被埋入其中。进一步均一化处理可以通过抹掉各取向内场的损伤项来实现,表示为矢量对,其在一个 RVE 中的所有损伤项上的平均向量积可以表征损伤。借助于早期文献[12-13],复合材料 CDM 领域得以稳定发展。最新的书籍中,称其为协同损伤机理,即在 CDM 中有机结合微观机理,以改进其适应

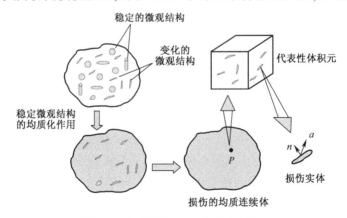

图 1.3 复合材料 CDM 概念的阐释

性。上述内容都将在第 5 章宏观损伤力学(MAMD)中详细阐述。

如图 1.1 所示,临界结构的应力分析需考虑应力-应变关系。将刚度衰减以及损伤演变结合起来会有效,应力-应变关系得到了发展。有关损伤演变这一方向本身具有较大的研究挑战性,因此,第 6 章将专门针对这一问题展开讨论。

1.3 复合材料的疲劳

通常假设在准静态荷载观察条件下,如果荷载是以循环形式施加,复合材料损伤将会呈现更加复杂的状态。有关金属疲劳的经验告诉我们,疲劳中失效样本的断裂面与单一递增加载的失效是完全不同的。对单向纤维增强复合材料进行沿着纤维单一加载或循环加载,这两种情况下,其断裂面都不能给出清晰的失效机理征兆。在更为普遍的纤维结构中,例如,层合板和编织复合材料,第一种情况(引发)和最后一种情况(断裂分解)基本上是不同的。但是,无损检测技术所取得的巨大的进展带动了复合材料机理的日益清晰化。在 20 世纪 70 年代的早期复合材料疲劳研究中,其机理很少有人了解,随后的预测模型在很大程度上是建立在推测和假设的基础上。

其中有一个建立在疲劳机理的假设之上有关单向玻璃/环氧树脂复合材料的研究,可以合理地解释疲劳周期的趋势[14]。根据这一研究,Talreja[15]提出了阐述疲劳损伤和失效的基本理论框架,从而可以得出更为普遍通用的纤维定向作用。这一框架采用了"疲劳寿命图"的二维图的形式,其中主要机理区域是单独划分的。该图并不是数据拟合的 S-N 曲线图(通常称为 Wöhler 图表),而是用来解释纤维、基体、交界面以及层合板结构参数(如铺层角度、顺序、厚度)的一种途径。

由于单向复合材料(或铺层)是层合板的基本组成单元,在拉伸-拉伸加载情况下的复合材料疲劳寿命图构成了基线图(图 1.4),从中可以衍生出更为通用的情况,将在第 7 章进行更为详尽的阐述。从图 1.4 中可以看出,图的纵坐标轴是疲劳试验中第一次施加最大应力所得到的最大应变。这一数据为加载条件构建了可靠的参考体系,并提供了疲劳性能的上限和下限。因此,应变造成的损坏为上限,与疲劳极限(一般为基体性能)相一致的拉力为下限。一般来讲,这些拉力值可以转化为作用应力,但是如果要将这些数值绘制在图表中则需要对这些构成要素的作用进行更为系统和全面的阐释。疲劳寿命图中表示的区域可以为我们厘清各组分性能所表明的调节机理。单向复合材料图的构成最初是基于系统的讨论和有逻辑的推论而得出的。后期,研究人员用一种详细复杂的实验研究[16]来表达用于支撑该图的物理依据。

疲劳寿命图也可以用来辅助完成寿命预测模型。对于正交层合板,在文献[17]中做了论证。通常来说,考虑根本损伤机理的预测模型方法是非常困难的。因此,文献[17]中有关"失效准则"的研究大多数都是静力破坏的延伸,并没有经过基本验证。因此,这些模型并不完全可靠,不足以为该方案提供依据。

第7章介绍了复合材料的损伤,将重点放在机理之上,而非文献中的寿命预测模型。近年来有一篇论文[18]对多轴疲劳模型做了相当详尽的研究,阐明了模型缺乏可靠性时的情况。第7章将重点介绍本研究的主要发现以及基于机理的研究方法。

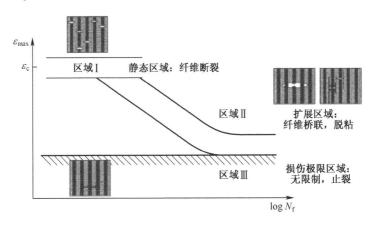

图1.4 在纤维方向承受循环拉伸的单向纤维增强复合材料的疲劳寿命图

参考文献

[1] S. Nemat-Nasser and M. Hori, *Micromechanics: Overall Properties of Heterogeneous Materials*. (Amsterdam: Elsevier, 1993).

[2] J. Aveston, G. A. Cooper, and A. Kelly, Single and multiple fracture. In *The Properties of Fiber Composites*. (Surrey, UK: IPC Science and Technology Press, National Physical Laboratory, 1971), pp. 15–26.

[3] K. W. Garrett and J. E. Bailey, Multiple transverse fracture in 90 degrees cross-ply laminates of a glass fiber-reinforced polyester. *J Mater Sci*, **12**:1 (1977), 157-68.

[4] J. Aveston and A. Kelly, Theory of multiple fracture of fibrous composites. *J Mater Sci*, **8**:3 (1973), 352-62.

[5] Z. Hashin, Analysis of cracked laminates: a variational approach. *Mech Mater*, **4**:2 (1985), 121-36.

[6] J. Varna and L. A. Berglund, Multiple transverse cracking and stiffness reduction in cross-

ply laminates. *J Compos Tech Res*, **13**:2 (1991), 97–106.

[7] N. V. Akshantala and R. Talreja, A mechanistic model for fatigue damage evolution in composite laminates. *Mech Mater*, **29** (1998), 123–40.

[8] L. N. McCartney, Model to predict effects of triaxial loading on ply cracking in general symmetric laminates. *Compos Sci Technol*, **60** (2000), 2255–79 (see Errata in *Compos Sci Technol*, **62**:9 (2002), 1273–4).

[9] L. M. Kachanov, On the creep rupture time. *Izv Akad Nauk SSR, Otd Tekhn Nauk*, **8** (1958), 26–31.

[10] J. Lemaitre and J. L. Chaboche, *Mechanique des Materiaux Solide.* (Paris: Dunod, 1985).

[11] D. Krajcinovic, Continuous damage mechanics. *Appl Mech Rev*, **37** (1984), 1–5.

[12] R. Talreja, A continuum-mechanics characterization of damage in composite-materials. *Proc R Soc London* A, **399**:1817 (1985), 195–216.

[13] R. Talreja, Transverse cracking and stiffness reduction in composite laminates. *J Compos Mater*, **19** (1985), 355–75.

[14] C. K. H. Dharan, Fatigue failure mechanisms in a unidirectionally reinforced composite material. In *Fatigue in Composite Materials*, ASTM STP 569. (Philadelphia, PA: ASTM, 1975), pp. 171–88.

[15] R. Talreja, Fatigue of composite materials: damage mechanisms and fatigue-life diagrams. *Proc R Soc London* A, **378** (1981), 461–75.

[16] E. K. Gamstedt and R. Talreja, Fatigue damage mechanisms in unidirectional carbon fibre-reinforced plastics. *J Mater Sci*, **34** (1999), 2535–46.

[17] N. V. Akshantala and R. Talreja, A micromechanics based model for predicting fatigue life of composite laminates. *Mater Sci Eng A*, **285** (2000), 303–13.

[18] M. Quaresimin, L. Susmel, and R. Talreja, Fatigue behaviour and life assessment of composite laminates under multiaxial loadings. *Int J Fatigue*, **32** (2010), 2–16.

第2章 复合材料的力学性能评述

本章主要是对复合固体材料最基本的弹性、强度和断裂性能进行评述。尽管这些资料在很多文献中都能找到,而且更全面、更详细,但是这里还要简单阐述,便于参考。想更深入地研究有关弹性和连续性力学理论的读者可以参见文献[1-5],复合材料力学方面的知识可参见文献[6-12],断裂性力学方面的知识可参见文献[13-17]。

2.1 弹性方程

2.1.1 应变-位移关系

图 2.1 所示为连续体的初始结构和变形结构,通过坐标 X_j 和 x_i 采用关于固定矩形的笛卡儿坐标来描述其材料体具有代表性的材料点 $P(j, i = 1, 2, 3)$。该点的位移分量为

$$u_i = x_i - X_j\delta_{ij} \tag{2.1}$$

式中:X_j 为在初始未变形结构中的材料点坐标;x_i 为最终变形结构中的材料点坐标;δ_{ij} 为克罗内克增量。

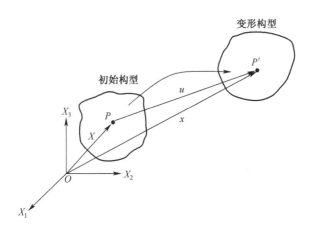

图 2.1 连续体的初始结构和变形结构

在时间 t 上的位移拉格朗日描述,可以用 X_j 坐标表示为

$$u_i = x_i(X_1, X_2, X_3, t) - X_j \delta_{ij} \qquad (2.2)$$

格林-拉格朗日应变张量的分量为

$$E_{ij} = \frac{1}{2}(u_{i,j} + u_{j,i} + u_{i,k} u_{j,k}) \qquad (2.3)$$

式中: $u_{i,j} = \dfrac{\partial u_i}{\partial X_j}$, $u_{i,j}$ 等重复的指标都表示总和。

当 $|u_{i,j}| \ll 1$ 时,E_{ij} 减少到应变张量 ε_{ij} 无穷小,可通过下式计算:

$$\varepsilon_{ij} = \frac{1}{2}\left(\frac{\partial u_i}{\partial x_j} + \frac{\partial u_j}{\partial x_i}\right) \equiv \frac{1}{2}(u_{i,j} + u_{j,i}) \qquad (2.4)$$

从式(2.4)可看出应变张量是轴对称的。因此,有 6 个独立的应变分量:无穷小分量为 3 个法向应变(ε_{11}、ε_{22} 和 ε_{33});3 个剪切应变为 $\varepsilon_{12} = \varepsilon_{21}$,$\varepsilon_{23} = \varepsilon_{32}$,$\varepsilon_{13} = \varepsilon_{31}$。

为了保证单值位移 U_i,应变分量 ε_{ij} 不能随意指定,必须满足某些可积分性或匹配性,并由下式得到,即

$$\varepsilon_{ij,kl} + \varepsilon_{kl,ij} - \varepsilon_{ik,jl} - \varepsilon_{jl,ik} = 0 \qquad (2.5)$$

在式(2.5)中的 81 个方程中,只有 6 个是独立方程。由于 ε_{ij} 的对称性,其余的都是类似方程或重复性方程。在平面应力状态的特殊情况下,唯一的匹配性方程为

$$\varepsilon_{11,22} + \varepsilon_{22,11} - 2\varepsilon_{12,12} = 0 \qquad (2.6)$$

2.1.2 线性动量和角动量的守恒

一般来说,施加在连续体上的力为体力和表面力。体力(如万有引力和磁力)作用在主体体积中的所有粒子上,以每单位质量或每单位体积的应力强度表示。同时,表面力是接触性力,作用在整个内表面或外(粘接)表面上。表面力的连续性是由作用在表面元素 dP 的牵引矢量 t 和单位法线 n 给出的(图 2.2(a))。通过朝向 n 所指的 dS 那一侧材料点施加力,使 dP 为施加在 dS 上的总力。牵引矢量 t 可由下式得到,即

$$t = \lim_{dS \to 0} \frac{dP}{dS} \qquad (2.7)$$

在内部点 P 上,有无穷多的表面元素,每个表面元素都有一个不同的单位法向矢量。根据柯西定理,在这些平面上的任何一个法向矢量都可被表示为 3 个正交平面上通过 P 点的法向矢量。在笛卡儿坐标中,选了 3 个与坐标面平行的平面,而且这些平面上的合力法向矢量会沿着 3 个坐标轴分解。这些 $3 \times 3 = 9$ 种分量共同形成了与 P 点相关的二阶应力张量分量。图 2.2(b)所示为其正向。

在指数标记法中,正向由 σ_{ij} 表示,其中第一个下标 i 为表面上单位法线的方向(图 2.2(b)中立方体的面),第二个下标 j 为已分解的牵引分量的方向。应力分量有两个相等的下标数字,即 σ_{11},称为正应力;当下标数字不相等时,即 σ_{23},称为剪切应力。

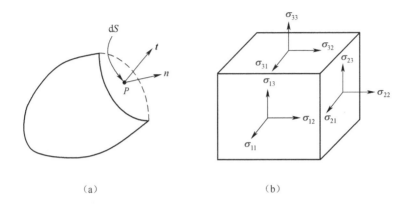

图 2.2 牵引矢量(a)和标有应力张量分量的体积单元(b)

牵引矢量分量与应力张量分量有关,可表示为

$$t_i = \sigma_{ij} n_j \tag{2.8}$$

式中:n_j 为法向矢量的分量,与牵引矢量相关。

线性动量在连续体内部材料点上的守恒可以表示为

$$\sigma_{ji,j} + f_i = \rho \ddot{u}_i \tag{2.9}$$

式中:f_i 为体力矢量的分量;ρ 为质量密度。

对于准静态问题,如果体力可忽略不计,式(2.9)的右边则为 0,则式(2.9)可简化为

$$\sigma_{ji,j} = 0 \tag{2.10}$$

在没有体力矩的情况下,角动量的守恒可使应力张量的对称,即

$$\sigma_{ij} = \sigma_{ji} \tag{2.11}$$

2.1.3 本构关系

对于弹性材料来说,存在一种应变 ε_{kl} 的正定的、单值的势函数,定义为

$$U = \int_0^{\varepsilon_{kl}} \sigma_{ij} d\varepsilon_{ij} \tag{2.12}$$

该函数定义为"应变能密度"。U 与加载途径没有关系,只是最终应变的函数。式(2.12)对应变求导,应力张量方程为

$$\boldsymbol{\sigma}_{ij} = \frac{\partial U}{\partial \varepsilon_{ij}} \tag{2.13}$$

如果考虑到线性弹性材料，U 可写为 ε_{kl} 的二次函数，即

$$U(\varepsilon_{kl}) = \frac{1}{2} C_{ijkl} \varepsilon_{ij} \varepsilon_{kl} \tag{2.14}$$

式中：C_{ijkl} 为材料刚度系数的一个四阶张量，即刚度张量。

运用式(2.13)和式(2.14)，可以得到广义胡克定律，即

$$\boldsymbol{\sigma}_{ij} = C_{ijkl} \varepsilon_{kl} \tag{2.15}$$

应力势函数作为补充能密度，定义为

$$U^*(\boldsymbol{\sigma}_{ij}) = \boldsymbol{\sigma}_{ij} \varepsilon_{ij} - U \tag{2.16}$$

式(2.16)对应力张量求导，可产生以下关系：

$$\varepsilon_{ij} = \frac{\partial U^*}{\partial \boldsymbol{\sigma}_{ij}} \tag{2.17}$$

与式(2.14)类似，U^* 也可以用一个二次函数表示：

$$U^*(\boldsymbol{\sigma}_{ij}) = \frac{1}{2} S_{ijkl} \boldsymbol{\sigma}_{ij} \boldsymbol{\sigma}_{kl} \tag{2.18}$$

式中：S_{ijkl} 为柔性张量的分量。

使用式(2.17)和式(2.18)，可以得到逆本构定律，即

$$\varepsilon_{ij} = S_{ijkl} \boldsymbol{\sigma}_{kl} \tag{2.19}$$

总体来说，刚度张量 C_{ijkl} 有 81 个系数。但是，并不是所有系数都是独立的。首先需要注意的是，张力分量的对称性（$\varepsilon_{kl} = \varepsilon_{lk}$）可以导致 $C_{ijkl} = C_{ijlk}$，由此可将系数由 81 个减少到 54 个。类似地，应力张量的对称性可将系数进一步减少至 36 个。最后，式(2.14)对应力二次求导，得

$$C_{ijkl} = \frac{\partial^2 U}{\partial \varepsilon_{ij} \partial \varepsilon_{kl}} \tag{2.20}$$

由于式(2.20)中差分的阶数是随机的，则

$$C_{ijkl} = C_{klij} \tag{2.21}$$

这样，独立材料系数就减少为 21 个。

系数张量 C_{ijkl} 可以用形式简洁的沃伊特符号表示出来，其中应力和应变张量分量以单个下标表示，并且使用了两个下标来表示刚度张量。由此可得，式(2.15)的本构关系也可以写成 $\sigma_p = C_{pq} \varepsilon_q (p, q = 1, 2, \cdots, 6)$ 或为扩展矩阵的形式：

$$\begin{Bmatrix} \sigma_1 \\ \sigma_2 \\ \sigma_3 \\ \sigma_4 \\ \sigma_5 \\ \sigma_6 \end{Bmatrix} = \begin{bmatrix} C_{11} & C_{12} & C_{13} & C_{14} & C_{15} & C_{16} \\ C_{21} & C_{22} & C_{23} & C_{24} & C_{25} & C_{26} \\ C_{31} & C_{32} & C_{33} & C_{34} & C_{35} & C_{36} \\ C_{41} & C_{42} & C_{43} & C_{44} & C_{45} & C_{46} \\ C_{51} & C_{52} & C_{53} & C_{54} & C_{55} & C_{56} \\ C_{61} & C_{62} & C_{63} & C_{64} & C_{65} & C_{66} \end{bmatrix} \begin{Bmatrix} \varepsilon_1 \\ \varepsilon_2 \\ \varepsilon_3 \\ \varepsilon_4 \\ \varepsilon_5 \\ \varepsilon_6 \end{Bmatrix} \quad (2.22)$$

式中：$C_{pq} = C_{qp}$，同时

$$\begin{cases} \sigma_1 = \sigma_{11}, \sigma_2 = \sigma_{22}, \sigma_3 = \sigma_{33}, \sigma_4 = \sigma_{23}, \sigma_5 = \sigma_{31}, \sigma_6 = \sigma_{12} \\ \varepsilon_1 = \varepsilon_{11}, \varepsilon_2 = \varepsilon_{22}, \varepsilon_3 = \varepsilon_{33}, \varepsilon_4 = 2\varepsilon_{23}, \varepsilon_5 = 2\varepsilon_{31}, \varepsilon_6 = 2\varepsilon_{12} \\ C_{11} = C_{1111}, C_{22} = C_{2222}, \cdots \end{cases} \quad (2.23)$$

这些本构关系是针对各向异性材料的。如果材料具有对称性，会使刚度矩阵的独立系数进一步减少。需要注意的是，沃伊特符号中的刚度矩阵并不遵循张量的转换规则。四阶刚度张量 C_{ijkl} 可转变为

$$C'_{ijkl} = l_{ip} l_{jq} l_{kr} l_{ls} C_{pqrs} \quad (2.24)$$

式中：l_{ip}、l_{jp}、l_{kr}、l_{ls} 为与坐标转换有关的方向余弦矩阵，坐标转换是从一个坐标系 (x_1, x_2, x_3) 转换到另一个坐标系 (x'_1, x'_2, x'_3)。只有一个轴对称平面的材料称为单协晶体，如果这个平面与 $x_1 - x_2$ 平面平行，则可以得出如下本构关系：

$$\begin{Bmatrix} \sigma_1 \\ \sigma_2 \\ \sigma_3 \\ \sigma_4 \\ \sigma_5 \\ \sigma_6 \end{Bmatrix} = \begin{bmatrix} C_{11} & C_{12} & C_{13} & 0 & 0 & C_{16} \\ C_{21} & C_{22} & C_{23} & 0 & 0 & C_{26} \\ C_{31} & C_{32} & C_{33} & 0 & 0 & C_{36} \\ 0 & 0 & 0 & C_{44} & C_{45} & 0 \\ 0 & 0 & 0 & C_{54} & C_{55} & 0 \\ C_{61} & C_{62} & C_{63} & 0 & 0 & C_{66} \end{bmatrix} \begin{Bmatrix} \varepsilon_1 \\ \varepsilon_2 \\ \varepsilon_3 \\ \varepsilon_4 \\ \varepsilon_5 \\ \varepsilon_6 \end{Bmatrix} \quad (2.25)$$

式中，刚度矩阵有 13 个独立材料系数。如果一种材料有两个轴对称的正交平面，那么，与这些平面垂直的面也是轴对称的。在这种情况下，材料的轴对称性也被称为正交的，刚度矩阵中独立常数的数量会减少到 9 个。当轴对称平面与 3 个坐标平面平行时，应力-应变关系如下：

$$\begin{Bmatrix} \sigma_1 \\ \sigma_2 \\ \sigma_3 \\ \sigma_4 \\ \sigma_5 \\ \sigma_6 \end{Bmatrix} = \begin{bmatrix} C_{11} & C_{12} & C_{13} & 0 & 0 & 0 \\ C_{21} & C_{22} & C_{23} & 0 & 0 & 0 \\ C_{31} & C_{32} & C_{33} & 0 & 0 & 0 \\ 0 & 0 & 0 & C_{44} & 0 & 0 \\ 0 & 0 & 0 & 0 & C_{55} & 0 \\ 0 & 0 & 0 & 0 & 0 & C_{66} \end{bmatrix} \begin{Bmatrix} \varepsilon_1 \\ \varepsilon_2 \\ \varepsilon_3 \\ \varepsilon_4 \\ \varepsilon_5 \\ \varepsilon_6 \end{Bmatrix} \quad (2.26)$$

对于工程弹性常数来说，在正交情况下，逆应力-应变关系如下：

$$\begin{Bmatrix} \varepsilon_1 \\ \varepsilon_2 \\ \varepsilon_3 \\ \varepsilon_4 \\ \varepsilon_5 \\ \varepsilon_6 \end{Bmatrix} = \begin{bmatrix} \dfrac{1}{E_1} & \dfrac{-\nu_{21}}{E_2} & \dfrac{-\nu_{31}}{E_3} & 0 & 0 & 0 \\ \dfrac{-\nu_{12}}{E_1} & \dfrac{1}{E_2} & \dfrac{-\nu_{32}}{E_3} & 0 & 0 & 0 \\ \dfrac{-\nu_{13}}{E_1} & \dfrac{-\nu_{23}}{E_2} & \dfrac{1}{E_3} & 0 & 0 & 0 \\ 0 & 0 & 0 & \dfrac{1}{G_{23}} & 0 & 0 \\ 0 & 0 & 0 & 0 & \dfrac{1}{G_{31}} & 0 \\ 0 & 0 & 0 & 0 & 0 & \dfrac{1}{G_{12}} \end{bmatrix} \begin{Bmatrix} \sigma_1 \\ \sigma_2 \\ \sigma_3 \\ \sigma_4 \\ \sigma_5 \\ \sigma_6 \end{Bmatrix} \quad (2.27)$$

式中：E_1、E_2、E_3 分别为 3 种材料轴对称方向（x_1，x_2，x_3）的弹性模量；$\nu_{ij}(i \neq j)$ 为 6 个传统意义上的泊松比，即 $\nu_{12} = -\varepsilon_2/\varepsilon_1$，其中使用了 σ_1。而 G_{23}、G_{31} 和 G_{12} 分别为在 x_2-x_3 平面、x_1-x_3 平面和 x_1-x_2 平面上的剪切模量。

式(2.27)中的柔度矩阵是对称矩阵的逆矩阵，也是轴对称的。由这种对称性遵守的"互易"关系，消除了 6 个泊松比中的 3 个，则

$$\frac{\nu_{ij}}{E_i} = \frac{\nu_{ji}}{E_j} (\text{不计 } i,j \text{ 和数}) \quad (2.28)$$

如果材料在一个平面上是各向同性的，即平面各方向上的弹性相同，就可以称为横向各向同性。假设平面 $x_2 - x_3$ 是各向同性，即 $E_3 = E_2$，$\nu_{31} = \nu_{12}$，$G_{31} = G_{12}$，$G_{23} = \dfrac{E_2}{2(1+\nu_{23})}$。那么，柔性张量可通过以下关系得到，即

$$[S] = \begin{bmatrix} S_{11} & S_{12} & S_{12} & 0 & 0 & 0 \\ S_{12} & S_{22} & S_{23} & 0 & 0 & 0 \\ S_{12} & S_{23} & S_{22} & 0 & 0 & 0 \\ 0 & 0 & 0 & 2(S_{22}-S_{23}) & 0 & 0 \\ 0 & 0 & 0 & 0 & S_{66} & 0 \\ 0 & 0 & 0 & 0 & 0 & S_{66} \end{bmatrix} = \begin{bmatrix} \dfrac{1}{E_1} & \dfrac{-\nu_{12}}{E_1} & \dfrac{+\nu_{12}}{E_1} & 0 & 0 & 0 \\ \dfrac{-\nu_{12}}{E_1} & \dfrac{1}{E_2} & \dfrac{-\nu_{23}}{E_2} & 0 & 0 & 0 \\ \dfrac{-\nu_{12}}{E_1} & \dfrac{-\nu_{23}}{E_2} & \dfrac{1}{E_2} & 0 & 0 & 0 \\ 0 & 0 & 0 & \dfrac{E_2}{2(1+\nu_{23})} & 0 & 0 \\ 0 & 0 & 0 & 0 & \dfrac{1}{G_{12}} & 0 \\ 0 & 0 & 0 & 0 & 0 & \dfrac{1}{G_{12}} \end{bmatrix}$$

$$(2.29)$$

从式(2.29)可以看出,一种横向各向同性的材料有 5 个独立刚度系数,即 E_1、E_2、ν_{23}、ν_{12} 和 G_{12}。对于一种完全各向同性材料来说,仅有两个独立材料系数,即弹性模量 E 和泊松比 ν,或者说,拉梅常数(λ 和 μ)。本构关系可以写为

$$\boldsymbol{\sigma}_{ij} = \lambda \varepsilon_{kk} \delta_{ij} + 2\mu \varepsilon_{ij} \quad (2.30)$$

式中:δ_{ij} 为克罗内克符号,可定义为

$$\varepsilon_{ij} = \frac{1}{E}[(1+\nu)\boldsymbol{\sigma}_{ij} - \nu \boldsymbol{\sigma}_{kk}\delta_{ij}] \quad (2.31)$$

2.1.4 运动方程

控制可变形体运动的方程可以通过与运动学关系方程式(2.4)、平衡方程式(2.10),以及本构关系方程式(2.15)结合而得到。对于线性弹性等向性材料这种特殊情况来说,它们可以写为

$$(\lambda + \mu)u_{j,ji} + \mu u_{i,jj} + f_i = \rho \ddot{u}_i \quad (2.32)$$

这些方程称为纳维-斯托克斯(N-S)方程。从这些方程中得到的位移场是唯一的,并通过运用动力学关系和本构关系可确定应变和应力。

2.1.5 能量原理

连续体的能量原理可形成应力、应变或变形、位移、材料特性以及外部影响之间的关系,外部影响是以能量或者由内力和外力做功的形式表现。能量原理对于得到复杂边界值问题的近似解也十分有用,如有限元解法。在文献[18-20]中可找到这些概念的详细说明。

1. 虚功原理

在弹性边界值问题背景下,考虑一个固体连续体(图 2.3)的体积为 V,以表面 $S = S_t + S_u$ 为界,当指定的体力 $\boldsymbol{f}_i$ 作用在体积 V 上、表面牵引力 $\boldsymbol{t}_i$ 作用在 S_t 上,以及位移 $\boldsymbol{u}_i$ 在边界 S_u 的剩余部分上时,都处于静态平衡。对于静力许可应力场 $\widetilde{\sigma}_{ij}$(如 V 中 $\widetilde{\sigma}_{ij,j} = 0$,$S_t$ 上的 $\tilde{t}_i = \widetilde{\sigma}_{ij}n_j$)和运动容许位移场 $\hat{u}_i$(如 $\hat{\varepsilon}_{ij} = \frac{1}{2}(\hat{u}_{i,j} + \hat{u}_{j,i})$)来说,虚功原理为

$$\int_S \tilde{t}_i \hat{u}_i \mathrm{d}S + \int_V f_i \hat{u}_i \mathrm{d}V = \int_V \widetilde{\sigma}_{ij} \hat{\varepsilon}_{ij} \mathrm{d}V \quad (2.33)$$

需要注意的是,位移场 $\hat{u}_i$ 和应力场 $\widetilde{\sigma}_{ij}$ 相互之间是完全独立的。

2. 最小势能原理

对于运动容许位移场 $\hat{u}_i$ 来说,线性弹力连续体在守恒力 $\boldsymbol{f}_i$ 和在 S_t 上指定的表面牵引力 $\boldsymbol{t}_i$ 作用下的势能,可定义为

$$\Pi(\hat{u}_i) = \frac{1}{2}\int_V \hat{\sigma}_{ij}\hat{\varepsilon}_{ij}\mathrm{d}V - \int_S t_i \hat{u}_i \mathrm{d}S - \int_V f_i \hat{u}_i \mathrm{d}V \quad (2.34)$$

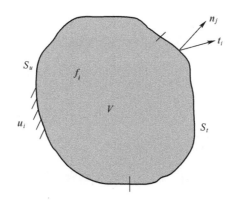

图2.3 连续体在体积内部承载着体力,并且在边界上有牵引力和位移

根据最小势能原理,在所有运动容许位移场中,真实位移场可使势能达到最小。因此,如果 u_i 代表真实位移场,则

$$\Pi(\hat{u}_i) \geqslant \Pi(u_i) \tag{2.35}$$

3. 最小补充能原理

对于一个静力许可应力场 $\hat{\sigma}_{ij}$ 来说,线性弹性体的补充势能可定义为

$$\Pi^*(\hat{\sigma}_{ij}) = \frac{1}{2}\int_V \hat{\sigma}_{ij}\hat{\varepsilon}_{ij}\mathrm{d}V - \int_S \hat{t}_i u_i \mathrm{d}S \tag{2.36}$$

式中: $\hat{t}_i = \hat{\sigma}_{ij} n_j$ 为作用在 S_u 上的反作用力。

最小补充能原理就是,在所有静力许可应力场中,真实应力场可使补充势能最小。因此,如果 u_i 代表真实位移场,则

$$\Pi^*(\hat{\sigma}_{ij}) \geqslant \Pi^*(\sigma_{ij}) \tag{2.37}$$

对于真实应力、应变和位移场来说,式(2.34)和式(2.36)相加,得

$$\Pi(u_i) + \Pi^*(\sigma_{ij}) = \int_V \sigma_{ij}\varepsilon_{ij}\mathrm{d}V - \int_S t_i u_i \mathrm{d}S - \int_V f_i u_i \mathrm{d}V \tag{2.38}$$

借助虚功原理,式(2.38)的右边消失,因此,有

$$\Pi(u_i) = -\Pi^*(\sigma_{ij}) \tag{2.39}$$

采用式(2.35)、式(2.37)和式(2.39),可以得到连续体势能的上、下边界,即

$$-\Pi(\hat{u}_i) \leqslant -\Pi(u_i) = \Pi^*(\sigma_{ij}) \leqslant \Pi^*(\hat{\sigma}_{ij}) \tag{2.40}$$

为了说明这种情况,图2.4给出了一种典型的载荷-位移响应的势能和补充能。

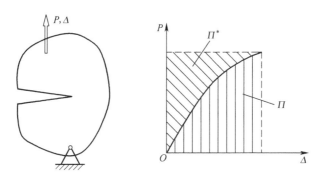

图 2.4 典型的载荷-位移图

2.2 微观力学

微观力学是一个发展良好的先进领域,可在异质固体材料的组分及几何构型基础上研究材料的响应。读者可以在文献[8]中看到详细的论述,这里只是简要概括一种单向纤维强化复合材料的线性弹性性能的简单微观力学评估。这些评估对选择纤维、基质材料及其体积分数都十分有用。在许多结构应用中,一种单向的被称作板层的薄层状复合材料是作为一个基本单元来使用的,层合板是由这些薄层堆积压制而成,如图 2.5 所示。

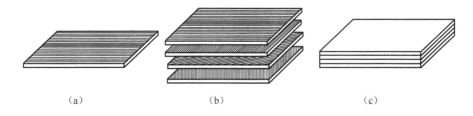

图 2.5 将几个薄层压制成层合板
(a)一种单向薄层;(b)层压;(c)层合板。

2.2.1 单向薄层的刚度特性

一个薄层的线性弹性特性可以被称为是一个坐标系 (x_1, x_2, x_3),其中,x_1 轴与纤维在同一条线上,x_2 轴在薄层平面上与纤维方向垂直,x_3 轴是薄层平面的法线(图 2.6)。需要注意的是,薄层是正交轴对称的,在 2.1.3 节中提到的 9 个独立弹性常数在这个参考系中相当于 3 个弹性模量(E_1、E_2、E_3)、3 个泊松比(ν_{12}、ν_{13}、ν_{23})和 3 个剪切模量(G_{12}、G_{13}、G_{23})。对于这些代表面内特性的常量子集,即 E_1、E_2、ν_{12}、ν_{13} 和 G_{12} 来说,在 $x_1 - x_2$ 平面中,以下表达式是成立的:

$$E_1 = E_f V_f + E_m V_m \tag{2.41}$$

$$\nu_{12} = \nu_f V_f + \nu_m V_m \tag{2.42}$$

$$\frac{1}{E_2} = \frac{V_f}{E_f} + \frac{V_m}{E_m} \tag{2.43}$$

$$\frac{1}{G_{12}} = \frac{V_f}{G_f} + \frac{V_m}{G_m} \tag{2.44}$$

式中:E、ν、G、V 分别为弹性模量、泊松比、剪切模量和体积分数;下标 f 和 m 分别表示纤维和模型。

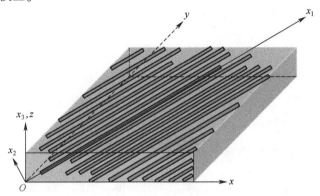

图 2.6 单向薄层的坐标系

(材料的坐标系由 Ox_1、Ox_2、Ox_3 表示,薄层的坐标系由 Ox、Oy、Oz 表示)

通过互易关系 $\nu_{21} = \nu_{12}(E_1/E_2)$ 可估算较小泊松比 ν_{21}。

式(2.41)和式(2.42)具有相近的混合定律形式,而式(2.43)和式(2.44)则遵循与各自属性相反的原则。

最开始的两种表达式通常都能很好地预测试验特性,第三种和第四种表达式则不是很精确。Halpin 和 Kardos[21]、Halpin 和 Tsai[22] 都提出了在数值计算基础上的半经验关系。这些关系可以用于式(2.43)和式(2.44),有

$$\frac{p}{p_m} = \frac{1 + \xi \eta V_f}{1 - \eta V_f} \tag{2.45}$$

其中

$$\eta = \frac{\dfrac{p_f}{p_m} - 1}{\dfrac{p_f}{p_m} + \xi} \tag{2.46}$$

式中：p 代表 E_2 或 G_{12}；p_f、p_m 分别为纤维和基体的模量；拟合参数 ξ 必须由预测数据与试验数据对比来确定。

在过去的 40 年间，也出现了一些更先进的微观力学方法，例如，Hashi-Shtrikman 的可变边界方法[23-29]、Mori-Tanaka 模型[30]、复合材料球体和圆筒的汇聚模型[31-32]、自洽方法[33]、单胞法[34-36]等，有兴趣的读者可查阅文献[8,37-38]中有关微观力学的详细方法。

2.2.2 单向薄层的热力学性质

简单微观力学对薄层热膨胀线性系数的估算方法与其对线性弹力特性估算的方法相同。所得到的表达式为

$$\begin{cases} \alpha_1 = \dfrac{1}{E_1}(\alpha_f E_f V_f + \alpha_m E_m V_m) \\ \alpha_2 = (1 + \nu_f)\alpha_f V_f + (1 + \nu_m)\alpha_m V_m - \alpha_1 \nu_{12} \end{cases} \tag{2.47}$$

式中：α_1、α_2 分别为纤维方向和横向方向上的热膨胀系数；E_1、ν_{12} 可通过式(2.41)和式(2.42)得出。

2.2.3 薄层本构方程

与其他尺寸的整体压层相比，薄层十分单薄。因此，可以假设薄层处于广义平面应力状态。因此，所有的全厚度应力分量均为零，即 $\sigma_4 = \sigma_5 = \sigma_6 = 0$。在这种情况下，与 3 个轴对称性有关的单薄层本构关系可用沃伊特符号表示，即

$$\begin{Bmatrix} \sigma_1 \\ \sigma_2 \\ \sigma_6 \end{Bmatrix} = \begin{bmatrix} Q_{11} & Q_{12} & 0 \\ Q_{12} & Q_{22} & 0 \\ 0 & 0 & Q_{66} \end{bmatrix} \begin{Bmatrix} \varepsilon_1 \\ \varepsilon_2 \\ \varepsilon_6 \end{Bmatrix} \tag{2.48}$$

其中

$$Q_{11} = \frac{E_1}{1 - \nu_{12}\nu_{21}}, Q_{22} = \frac{E_2}{1 - \nu_{12}\nu_{21}}, Q_{12} = \frac{\nu_{12}E_2}{1 - \nu_{12}\nu_{21}} = \frac{\nu_{21}E_1}{1 - \nu_{12}\nu_{21}}, Q_{66} = G_{12} \tag{2.49}$$

薄层的逆本构关系为

$$\varepsilon_{ij} = S_{ijkl}\sigma_{kl} \Rightarrow \begin{Bmatrix} \varepsilon_1 \\ \varepsilon_2 \\ \varepsilon_6 \end{Bmatrix} = \begin{bmatrix} \dfrac{1}{E_1} & -\dfrac{\nu_{21}}{E_2} & 0 \\ -\dfrac{\nu_{12}}{E_1} & \dfrac{1}{E_2} & 0 \\ 0 & 0 & \dfrac{1}{G_{12}} \end{bmatrix} \begin{Bmatrix} \sigma_1 \\ \sigma_2 \\ \sigma_6 \end{Bmatrix} \tag{2.50}$$

上述本构关系是在薄层坐标系中(x_1 沿纤维方向,x_2 为纤维方向的法线,x_3 沿薄层厚度方向)写成的。薄层在另一个坐标系($Oxyz$)中的本构关系,例如,与压层板所选择的坐标系在同一条线上,则该本构关系为

$$\begin{Bmatrix} \sigma_{xx} \\ \sigma_{yy} \\ \sigma_{xy} \end{Bmatrix} = \begin{bmatrix} \overline{Q}_{11} & \overline{Q}_{12} & \overline{Q}_{16} \\ \overline{Q}_{12} & \overline{Q}_{22} & \overline{Q}_{26} \\ \overline{Q}_{16} & \overline{Q}_{26} & \overline{Q}_{66} \end{bmatrix} \begin{Bmatrix} \varepsilon_{xx} \\ \varepsilon_{yy} \\ 2\varepsilon_{xy} \end{Bmatrix} \quad (2.51)$$

式中:$\overline{Q}_{ij}$ 为简化的刚度系数。

这些都与 Q_{ij} 相关,根据应力和应变的转换规则由式(2.49)确定。因此,有

$$\begin{Bmatrix} \sigma_1 \\ \sigma_2 \\ \sigma_6 \end{Bmatrix} = \begin{bmatrix} m^2 & n^2 & 2mn \\ n^2 & m^2 & -2mn \\ -mn & mn & m^2-n^2 \end{bmatrix} \begin{Bmatrix} \sigma_{xx} \\ \sigma_{yy} \\ \sigma_{xy} \end{Bmatrix} = T \begin{Bmatrix} \sigma_{xx} \\ \sigma_{yy} \\ \sigma_{xy} \end{Bmatrix} \quad (2.52)$$

$$\begin{Bmatrix} \varepsilon_1 \\ \varepsilon_2 \\ \varepsilon_6 \end{Bmatrix} = \begin{bmatrix} m^2 & n^2 & mn \\ n^2 & m^2 & -mn \\ -2mn & 2mn & m^2-n^2 \end{bmatrix} \begin{Bmatrix} \varepsilon_{xx} \\ \varepsilon_{yy} \\ \varepsilon_{xy} \end{Bmatrix} = (T^{-1})^{\mathrm{T}} \begin{Bmatrix} \varepsilon_{xx} \\ \varepsilon_{yy} \\ \varepsilon_{xy} \end{Bmatrix} \quad (2.53)$$

式中:$m = \cos\theta, n = \sin\theta$,其中 θ 为 x 轴和 x_1 轴之间的夹角(图2.6)。然后,通过将式(2.52)和式(2.53)逆转,代替式(2.51)中的这些项,并使用式(2.48)可得

$$\overline{Q} = T^{-1} Q (T^{\mathrm{T}})^{-1} \quad (2.54)$$

式中:T^{-1} 可以通过将 θ 变为 $-\theta$ 得到,即 $T(\theta)^{-1} = T(-\theta)$。扩展上述关系式,可得

$$\begin{cases} \overline{Q}_{11} = Q_{11}m^4 + 2(Q_{12} + 2Q_{66})m^2n^2 + Q_{22}n^4 \\ \overline{Q}_{22} = Q_{11}n^4 + 2(Q_{12} + 2Q_{66})m^2n^2 + Q_{22}m^4 \\ \overline{Q}_{12} = (Q_{11} + Q_{22} - 4Q_{66})m^2n^2 + Q_{12}(m^4 + n^4) \\ \overline{Q}_{16} = (Q_{11} - Q_{12} - 2Q_{66})m^3n + (Q_{12} - Q_{22} + 2Q_{66})mn^3 \\ \overline{Q}_{26} = (Q_{11} - Q_{12} - 2Q_{66})mn^3 + (Q_{12} - Q_{22} + 2Q_{66})m^3n \\ \overline{Q}_{66} = (Q_{11} + Q_{22} - 2Q_{12} - 2Q_{66})m^2n^2 + Q_{66}(m^4 + n^4) \end{cases} \quad (2.55)$$

上述的变换法则使我们有可能以主轴($x_1 - x_2$)方向上的模量表示薄层相对任意面内坐标轴($x - y$)的工程模量为

$$\begin{cases} \dfrac{1}{E_x} = \dfrac{m^4}{E_1} + \dfrac{n^4}{E_2} + \left(\dfrac{1}{G_{12}} - \dfrac{2\nu_{12}}{E_1}\right)m^2 n^2 \\ \dfrac{1}{E_y} = \dfrac{n^4}{E_1} + \dfrac{m^4}{E_2} + \left(\dfrac{1}{G_{12}} - \dfrac{2\nu_{12}}{E_1}\right)m^2 n^2 \\ \dfrac{\nu_{xy}}{E_x} = \dfrac{\nu_{12}}{E_1} - \left(\dfrac{1+2\nu_{12}}{E_1} + \dfrac{1}{E_2} - \dfrac{1}{G_{12}}\right)m^2 n^2 \\ \dfrac{1}{G_{xy}} = \dfrac{1}{G_{12}} + 4 m^2 n^2 \left(\dfrac{1+\nu_{12}}{E_1} + \dfrac{1+\nu_{21}}{E_2} - \dfrac{1}{G_{12}}\right) \end{cases} \quad (2.56)$$

对于热应力来说,需要将式(2.51)中的应力改为含有热应力的状态,即

$$\begin{Bmatrix} \varepsilon_{xx} \\ \varepsilon_{yy} \\ 2\varepsilon_{xy} \end{Bmatrix} = \begin{Bmatrix} \varepsilon_{xx}^0 \\ \varepsilon_{yy}^0 \\ 2\varepsilon_{xy}^0 \end{Bmatrix} + \begin{Bmatrix} \varepsilon_{xx}^{th} \\ \varepsilon_{yy}^{th} \\ 2\varepsilon_{xy}^{th} \end{Bmatrix} \quad (2.57)$$

式中:上标 0、th 分别为机械应力和热应力,且

$$\begin{Bmatrix} \varepsilon_{xx}^{th} \\ \varepsilon_{yy}^{th} \\ 2\varepsilon_{xy}^{th} \end{Bmatrix} = \boldsymbol{T}_\varepsilon \begin{Bmatrix} \varepsilon_1^{th} \\ \varepsilon_2^{th} \\ 2\varepsilon_{12}^{th} \end{Bmatrix} = \boldsymbol{T}_\varepsilon \begin{Bmatrix} \alpha_1 \\ \alpha_2 \\ 0 \end{Bmatrix} \Delta T \quad (2.58)$$

2.2.4 单向薄层强度

采用实验数据来确定材料常数的唯象失效(强度)准则,和用于金属材料的冯·米塞斯准则一样,已经被用于复合材料。但是,在复合材料中的破坏机理显然更复杂些,会产生更多的准则。下面的一些普通准则将仅供参考,有兴趣的读者可以去查阅文献[39]。

对单向纤维增强薄层来说,在面内载荷作用下则有如下 5 种基本强度参数,其中:X 为纤维方向上的极限拉伸强度;X' 为纤维方向上的极限抗压强度;Y 为沿纤维横向的极限拉伸强度;Y' 为沿纤维横向的极限抗压强度;S 为薄层平面上的极限剪切强度。这些参数都是通过实验测试得到的,参见文献[39-40]。

1. 最大应力理论

根据这一理论,薄层在以下条件下会失效:

$$\begin{cases} \sigma_1 = \begin{cases} X & (\sigma_1 > 0) \\ -X' & (\sigma_1 < 0) \end{cases} \\ \sigma_2 = \begin{cases} Y & (\sigma_2 > 0) \\ -Y' & (\sigma_2 < 0) \end{cases} \\ |\sigma_6| = S \end{cases} \quad (2.59)$$

对于联合加载来说,由于最大应力判据不会导致应力相互作用,该理论的模型预

测是不精确的。对于轴偏离法向加载来说,即载荷轴倾斜于纤维,则把应力转换到主材料方向,然后采用式(2.59)中的准则,就可适用于该理论。

2. 最大应变理论

该理论规定,在下列条件下会发生失效:

$$\begin{cases} \varepsilon_1 = \begin{cases} X_\varepsilon & (\varepsilon_1 > 0) \\ -X'_\varepsilon & (\varepsilon_1 < 0) \end{cases} \\ \varepsilon_2 = \begin{cases} Y_\varepsilon & (\varepsilon_2 > 0) \\ -Y'_\varepsilon & (\varepsilon_2 < 0) \end{cases} \\ |\varepsilon_6| = S_\varepsilon \end{cases} \quad (2.60)$$

式中:$X_\varepsilon = X/E_1$、$X'_\varepsilon = X'/E_1$、$Y_\varepsilon = Y/E_2$、$Y'_\varepsilon = Y'/E_2$、$S_\varepsilon = S/G_{12}$ 均为极限失效应力,与上述的应力基参数类似。

3. 畸变能(Tsai-Hill)判据

该判据建立在 von Mises[41] 畸变能失效(屈服)理论的基础上。蔡-希尔进一步阐述了各向异性材料的屈服判据,而 Azzi 和 Tsai[42] 对这一判据进行了修改,用来描述复合材料薄层的失效,即

$$\frac{\sigma_1^2}{X^2} - \frac{\sigma_1 \sigma_2}{X^2} + \frac{\sigma_2^2}{Y^2} + \frac{\sigma_6^2}{S^2} = 1 \quad (2.61)$$

式中:σ_1、σ_2 分别为沿纤维方向和纤维法向的拉伸法向应力;σ_6 为面内剪切应力。当法向应力为抗压力时,可以使用式(2.61)中的抗压强度值。

4. Tsai-Wu 失效准则

应力分量的多项式函数可以通过表示强度性能的多项式的乘积项来表达。仅限于面内应力分量的二次项,例如 Tsai-Wu 准则函数[43] 可表示为

$$F_1 \sigma_1 + F_2 \sigma_2 + F_{11} \sigma_1^2 + F_{22} \sigma_2^2 + F_{66} \sigma_6^2 + 2F_{12} \sigma_1 \sigma_2 = 1 \quad (2.62)$$

乘积项 $\sigma_1 \sigma_6$ 和 $\sigma_2 \sigma_6$ 都没有在式(2.62)中出现,这是由于这些项的乘积系数将会消失。同时,σ_6 中没有线性项,这是因为剪切强度与剪切应力符号无关,剪切应力使此项的系数逐渐变为零。

Tsai-Wu 准则中的 6 个材料常数需要在纤维方向上进行两个测试(拉伸和压缩),两个类似的测试都是在纤维的法向上进行:一个是平面内剪切测试;另一个是双轴法向载荷测试。

5. Hashin 准则

根据二次方程的应力多项式,Hashin[44] 提出了单向纤维复合材料的三维失效准则。对于横向各向同性对称来说,多项式中的各项是应力不变量的函数。因此,单向纤维复合材料的纵剖面应该是各向同性平面。对于相对较厚的层来说,这是一个很好的假设。

已假设单向纤维复合材料不在 4 种可能的分离模式之内：拉伸纤维模式（$\sigma_1>0$）、压缩纤维模式（$\sigma_1<0$）、拉伸基体模式（$\sigma_2+\sigma_3>0$）和压缩基体模式（$\sigma_2+\sigma_3<0$）。对于一个薄的单向纤维复合材料层来说，4 种失效准则如下：

$$\begin{cases} \left(\dfrac{\sigma_2}{X}\right)^2 + \left(\dfrac{\sigma_6}{S}\right)^2 = 1 & (\sigma_1 > 0) \\ \sigma_1 = -X' & (\sigma_1 < 0) \\ \left(\dfrac{\sigma_2}{Y}\right)^2 + \left(\dfrac{\sigma_6}{S}\right)^2 = 1 & (\sigma_2 > 0) \\ \left(\dfrac{\sigma_2}{2S'}\right)^2 + \left[\left(\dfrac{Y'}{2S'}\right)^2 - 1\right]\dfrac{\sigma_2}{Y'} + \left(\dfrac{\sigma_6}{S}\right)^2 = 1 & (\sigma_2 < 0) \end{cases} \quad (2.63)$$

式中：S' 为横向剪切强度，这时 S 与轴向剪切相同。两种剪切强度的区别不是十分明显。

多年以来，已经提出了很多种失效准则，但似乎没有一种失效理论能够解决复合材料失效的所有复杂性问题，只是通过将大多数失效理论的预测值与试验数据对比来评估这些理论的适用性[45]。

2.3 层合板分析

在大多数工程应用中使用的层合板都是在不同方向上叠压制成的，图 2.7 所示为层合板采用 [0/90/45]$_s$ 铺层的实例。有一种普遍使用的确定这种层合板应力和应变的方法是建立在经典层合板理论（CLPT）基础上的。文献[9,46]

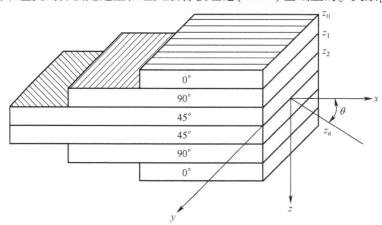

图 2.7 不同方向的单向层叠压可形成多向 [0/90/45]$_s$ 层合板

（下标 s 表示层合板是关于中间平面轴对称）

给出了更先进的理论。CLPT 的应用所需的几何条件是：①每层厚度均匀；②每层与相邻层贴合良好；③层合板的总厚度符合"薄板假设"，即规定厚度远远小于其他结构尺寸(长和宽)。CLPT 的运动学假设是从 Kirchoff 假设得来的，Kirchhoff 假设规定：①一个线元素垂直于平板未变形状态下的中间平面，仍然是直线，并且在变形后还是垂直于中间平面；②当平板变形时，这个线元素长度保持不变。

2.3.1 应变-位移关系

通过上述的 Kirchoff 假设可以得出坐标系中 x、y、z 的位移分别为 u、v、w，如图 2.7 中所示，并有以下关系：

$$\begin{cases} u(x,y,z) = u_0(x,y) - z\dfrac{\partial w_0(x,y)}{\partial x} \\ v(x,y,z) = v_0(x,y) - z\dfrac{\partial w_0(x,y)}{\partial y} \\ w(x,y,z) = w_0(x,y) \end{cases} \quad (2.64)$$

这里 (u_0, v_0, w_0) 为层合板中间平面的位移。

相应的应变位移关系如下：

$$\begin{cases} \varepsilon_{xx} = \dfrac{\partial u}{\partial x} = \dfrac{\partial u_0}{\partial x} - z\dfrac{\partial^2 w_0}{\partial x^2} \\ \varepsilon_{yy} = \dfrac{\partial v}{\partial y} = \dfrac{\partial v_0}{\partial y} - z\dfrac{\partial^2 w_0}{\partial y^2} \\ \varepsilon_{zz} = \dfrac{\partial w}{\partial z} = 0 \\ \varepsilon_{xy} = \dfrac{1}{2}\left(\dfrac{\partial u}{\partial y} + \dfrac{\partial v}{\partial x}\right) = \dfrac{1}{2}\left(\dfrac{\partial u_0}{\partial y} + \dfrac{\partial v_0}{\partial x}\right) - z\dfrac{\partial^2 w_0}{\partial x \partial y} \\ \varepsilon_{xz} = \dfrac{1}{2}\left(\dfrac{\partial u}{\partial y} + \dfrac{\partial w}{\partial x}\right) = 0 \\ \varepsilon_{yz} = \dfrac{1}{2}\left(\dfrac{\partial v}{\partial z} + \dfrac{\partial w}{\partial y}\right) = 0 \end{cases} \quad (2.65)$$

非零方程可以写为以下形式：

$$\begin{Bmatrix} \varepsilon_{xx} \\ \varepsilon_{yy} \\ \gamma_{xy} \end{Bmatrix} = \begin{Bmatrix} \varepsilon_{xx}^0 \\ \varepsilon_{yy}^0 \\ \gamma_{xy}^0 \end{Bmatrix} + z \begin{Bmatrix} \kappa_{xx} \\ \kappa_{yy} \\ \kappa_{xy} \end{Bmatrix} \quad (2.66)$$

这里 $(\varepsilon_{xx}^0, \varepsilon_{yy}^0, \gamma_{xy}^0)$ 为中间平面应变，$(\kappa_{xx}, \kappa_{yy}, \kappa_{xy})$ 为层合板曲率，并满足

$$\begin{Bmatrix} \varepsilon_{xx}^0 \\ \varepsilon_{yy}^0 \\ \gamma_{xy}^0 \end{Bmatrix} = \begin{Bmatrix} \dfrac{\partial u_0}{\partial x} \\ \dfrac{\partial v_0}{\partial y} \\ \dfrac{\partial u_0}{\partial y} + \dfrac{\partial v_0}{\partial x} \end{Bmatrix}, \quad \begin{Bmatrix} \kappa_{xx} \\ \kappa_{yy} \\ \kappa_{xy} \end{Bmatrix} = \begin{Bmatrix} -\dfrac{\partial^2 w_0}{\partial x^2} \\ -\dfrac{\partial^2 w_0}{\partial y^2} \\ -2\dfrac{\partial^2 w_0}{\partial x \partial y} \end{Bmatrix} \quad (2.67)$$

2.3.2 层合板的本构关系

采用之前所述的薄层本构关系,层合板第 k 层(k = 1,2,…)的本构方程可写为

$$\{\boldsymbol{\sigma}\}^{(k)} = \overline{\boldsymbol{Q}}^{(k)} \{\boldsymbol{\varepsilon}\}^{(k)} \quad (2.68)$$

在式(2.68)中, $\overline{\boldsymbol{Q}}^{(k)}$ 为 3×3 的矩阵,加花括号的变量为 3×1 的矢量。第 k 层应变为

$$\{\boldsymbol{\varepsilon}\}^{(k)} = \{\boldsymbol{\varepsilon}^0\} + z\{\boldsymbol{\kappa}\} - \{\boldsymbol{\alpha}\}_k \Delta T \quad (2.69)$$

可以将热应变加入到这些应变中,因此,有

$$\{\boldsymbol{\varepsilon}\}^{(k)} = \{\boldsymbol{\varepsilon}^0\} + z\{\boldsymbol{\kappa}\} - \{\boldsymbol{\alpha}\}_k \Delta T \quad (2.70)$$

式(2.68)中第 k 层的应力现在可以写为

$$\{\boldsymbol{\sigma}\}^{(k)} = \overline{\boldsymbol{Q}}^{(k)}(\{\boldsymbol{\varepsilon}^0\} - \{\boldsymbol{\alpha}\}_k \Delta T) + z\overline{\boldsymbol{Q}}^{(k)}\{\boldsymbol{\kappa}\} \quad (2.71)$$

在层合板水平上,力和力矩合力可定义为

$$\begin{cases} \boldsymbol{N} = \begin{Bmatrix} N_{xx} \\ N_{yy} \\ N_{xy} \end{Bmatrix} = \displaystyle\int_{-h/2}^{h/2} \begin{Bmatrix} \sigma_{xx} \\ \sigma_{yy} \\ \sigma_{xy} \end{Bmatrix} \mathrm{d}z \\[2mm] \boldsymbol{M} = \begin{Bmatrix} M_{xx} \\ M_{yy} \\ M_{xy} \end{Bmatrix} = \displaystyle\int_{-h/2}^{h/2} \begin{Bmatrix} \sigma_{xx} \\ \sigma_{yy} \\ \sigma_{xy} \end{Bmatrix} z \mathrm{d}z \end{cases} \quad (2.72)$$

由于层合板应力在每层上是不一样的,可得

$$\begin{Bmatrix} N_{xx} \\ N_{yy} \\ N_{xy} \end{Bmatrix} = \sum_{k=1}^{N} \int_{z_k}^{z_{k+1}} \begin{Bmatrix} \sigma_{xx} \\ \sigma_{yy} \\ \sigma_{xy} \end{Bmatrix} \mathrm{d}z \quad (2.73)$$

由此可得

$$\begin{Bmatrix} N_{xx} \\ N_{yy} \\ N_{xy} \end{Bmatrix} + \begin{Bmatrix} N_{xx}^{th} \\ N_{yy}^{th} \\ N_{xy}^{th} \end{Bmatrix}$$

$$= \sum_{k=1}^{N} \int_{z_k}^{z_{k+1}} \begin{bmatrix} \overline{Q}_{11} & \overline{Q}_{12} & \overline{Q}_{16} \\ \overline{Q}_{12} & \overline{Q}_{22} & \overline{Q}_{26} \\ \overline{Q}_{16} & \overline{Q}_{26} & \overline{Q}_{66} \end{bmatrix} \begin{Bmatrix} \varepsilon_{xx}^0 \\ \varepsilon_{yy}^0 \\ \gamma_{xy}^0 \end{Bmatrix} dz + \sum_{k=1}^{N} \int_{z_k}^{z_{k+1}} \begin{bmatrix} \overline{Q}_{11} & \overline{Q}_{12} & \overline{Q}_{16} \\ \overline{Q}_{12} & \overline{Q}_{22} & \overline{Q}_{26} \\ \overline{Q}_{16} & \overline{Q}_{26} & \overline{Q}_{66} \end{bmatrix} \begin{Bmatrix} \kappa_{xx} \\ \kappa_{yy} \\ \kappa_{xy} \end{Bmatrix} z dz$$

(2.74)

其中，由于热应力导致的合力为

$$\begin{Bmatrix} N_{xx}^{th} \\ N_{yy}^{th} \\ N_{xy}^{th} \end{Bmatrix} = \sum_{k=1}^{N} \int_{z_k}^{z_{k+1}} \begin{bmatrix} \overline{Q}_{11} & \overline{Q}_{12} & \overline{Q}_{16} \\ \overline{Q}_{12} & \overline{Q}_{22} & \overline{Q}_{26} \\ \overline{Q}_{16} & \overline{Q}_{26} & \overline{Q}_{66} \end{bmatrix} \begin{Bmatrix} \alpha_x \Delta T \\ \alpha_y \Delta T \\ 0 \end{Bmatrix} dz \quad (2.75)$$

式(2.74)中的关系可以采用矩阵 **A** 和 **B** 改写为更紧凑的形式，即

$$\begin{Bmatrix} N_{xx} \\ N_{yy} \\ N_{xy} \end{Bmatrix} + \begin{Bmatrix} N_{xx}^{th} \\ N_{yy}^{th} \\ N_{xy}^{th} \end{Bmatrix} \begin{bmatrix} A_{11} & A_{12} & A_{16} \\ A_{12} & A_{22} & A_{26} \\ A_{16} & A_{26} & A_{66} \end{bmatrix} \begin{Bmatrix} \varepsilon_{xx}^0 \\ \varepsilon_{yy}^0 \\ \gamma_{xy}^0 \end{Bmatrix} + \begin{bmatrix} B_{11} & B_{12} & B_{16} \\ B_{12} & B_{22} & B_{26} \\ B_{16} & B_{26} & B_{66} \end{bmatrix} \begin{Bmatrix} \kappa_{xx} \\ \kappa_{yy} \\ \kappa_{xy} \end{Bmatrix} \quad (2.76)$$

类似地，有

$$\begin{Bmatrix} M_{xx} \\ M_{yy} \\ M_{xy} \end{Bmatrix} = \sum_{k=1}^{N} \int_{z_k}^{z_{k+1}} \begin{Bmatrix} \sigma_{xx} \\ \sigma_{yy} \\ \sigma_{xy} \end{Bmatrix} z dz \quad (2.77)$$

即

$$\begin{Bmatrix} M_{xx} \\ M_{yy} \\ M_{xy} \end{Bmatrix} + \begin{Bmatrix} M_{xx}^{th} \\ M_{yy}^{th} \\ M_{xy}^{th} \end{Bmatrix}$$

$$= \sum_{k=1}^{N} \int_{z_k}^{z_{k+1}} \begin{bmatrix} \overline{Q}_{11} & \overline{Q}_{12} & \overline{Q}_{16} \\ \overline{Q}_{12} & \overline{Q}_{22} & \overline{Q}_{26} \\ \overline{Q}_{16} & \overline{Q}_{26} & \overline{Q}_{66} \end{bmatrix} \begin{Bmatrix} \varepsilon_{xx}^0 \\ \varepsilon_{yy}^0 \\ \gamma_{xy}^0 \end{Bmatrix} z dz + \sum_{k=1}^{N} \int_{z_k}^{z_{k+1}} \begin{bmatrix} \overline{Q}_{11} & \overline{Q}_{12} & \overline{Q}_{16} \\ \overline{Q}_{12} & \overline{Q}_{22} & \overline{Q}_{26} \\ \overline{Q}_{16} & \overline{Q}_{26} & \overline{Q}_{66} \end{bmatrix} \begin{Bmatrix} \kappa_{xx} \\ \kappa_{yy} \\ \kappa_{xy} \end{Bmatrix} z^2 dz$$

(2.78)

其中

$$\begin{Bmatrix} M_{xx}^{\mathrm{th}} \\ M_{yy}^{\mathrm{th}} \\ M_{xy}^{\mathrm{th}} \end{Bmatrix} = \sum_{k=1}^{N} \int_{z_k}^{z_{k+1}} \begin{bmatrix} \overline{Q}_{11} & \overline{Q}_{12} & \overline{Q}_{16} \\ \overline{Q}_{12} & \overline{Q}_{22} & \overline{Q}_{26} \\ \overline{Q}_{16} & \overline{Q}_{26} & \overline{Q}_{66} \end{bmatrix} \begin{Bmatrix} \alpha_x \Delta T \\ \alpha_y \Delta T \\ 0 \end{Bmatrix} z \mathrm{d}z \qquad (2.79)$$

引入一个新的矩阵 **D**,式(2.78)可改写为

$$\begin{Bmatrix} M_{xx} \\ M_{yy} \\ M_{xy} \end{Bmatrix} + \begin{Bmatrix} M_{xx}^{\mathrm{th}} \\ M_{yy}^{\mathrm{th}} \\ M_{xy}^{\mathrm{th}} \end{Bmatrix} = \begin{bmatrix} B_{11} & B_{12} & B_{16} \\ B_{12} & B_{22} & B_{26} \\ B_{16} & B_{26} & B_{66} \end{bmatrix} \begin{Bmatrix} \varepsilon_{xx}^0 \\ \varepsilon_{yy}^0 \\ \gamma_{xy}^0 \end{Bmatrix} + \begin{bmatrix} D_{11} & D_{12} & D_{16} \\ D_{12} & D_{22} & D_{26} \\ D_{16} & D_{26} & D_{66} \end{bmatrix} \begin{Bmatrix} \kappa_{xx} \\ \kappa_{yy} \\ \kappa_{xy} \end{Bmatrix}$$

(2.80)

材料系数 A_{ij}、B_{ij}、D_{ij} 分别为拉伸刚度、拉伸弯曲耦合刚度和弯曲刚度系数。可由下式得出,即

$$(A_{ij}, B_{ij}, D_{ij}) = \int_{-\frac{h}{2}}^{\frac{h}{2}} \overline{Q}_{ij}(1, z, z^2) \mathrm{d}z \qquad (2.81)$$

或者

$$\begin{cases} A_{ij} = \sum_{k=1}^{N} \overline{Q}_{ij}(z_{k+1} - z_k) \\ B_{ij} = \frac{1}{2} \sum_{k=1}^{N} \overline{Q}_{ij}(z_{k+1}^2 - z_k^2) \\ D_{ij} = \frac{1}{3} \sum_{k=1}^{N} \overline{Q}_{ij}(z_{k+1}^3 - z_k^3) \end{cases} \qquad (2.82)$$

现在,层合板的本构关系可写为以下更紧凑的形式,即

$$\begin{Bmatrix} \{N\} \\ \{M\} \end{Bmatrix} = \begin{bmatrix} A & B \\ B & D \end{bmatrix} \begin{Bmatrix} \{\varepsilon^0\} \\ \{\kappa\} \end{Bmatrix} \qquad (2.83)$$

其中 $\{N\}$、$\{M\}$ 包括热力。

2.3.3 层合板中薄层的压力和应变

式(2.83)中层合板的本构关系可以还原,根据应力和力矩合力得出中间面的应变和曲率。首先通过将式(2.76)还原并整合到式(2.80)中,进行部分还原,可得

$$\begin{Bmatrix} \varepsilon^0 \\ M \end{Bmatrix} = \begin{bmatrix} A^* & B^* \\ C^* & D^* \end{bmatrix} \begin{Bmatrix} N \\ \kappa \end{Bmatrix} \qquad (2.84)$$

其中

$$A^* = A^{-1}, B^* = -A^{-1}B, C^* = BA^{-1} = -(B^*)^\mathrm{T}, D^* = D - BA^{-1}B \tag{2.85}$$

为了简便起见,省略了矩阵/矢量表示法的括号。求解式(2.84)的 κ 及其回代,可得

$$\begin{Bmatrix} \varepsilon^0 \\ \kappa \end{Bmatrix} = \begin{bmatrix} A' & B' \\ B' & D' \end{bmatrix} \begin{Bmatrix} N \\ M \end{Bmatrix} \tag{2.86}$$

其中

$$A' = A^* + B^*(D^*)^{-1}(B^*)^\mathrm{T}, B' = B^*(D^*)^{-1}, D' = (D^*)^{-1} \tag{2.87}$$

只要中间面的应变和曲率为已知的,就可以通过式(2.70)和式(2.68)分别确定每个薄层的应变和压力。

2.3.4 铺层结构的影响

板层铺层的顺序对设定的层合板刚度特性有很大影响。下面简要介绍一些很受关注的板层结构。

(1) 平衡层合板。如果对于每个 $+\theta$ 板层,都有另一个厚度完全相同的板层,但在 $-\theta$ 方向,则有 $A_{16} = A_{26} = 0$。这种层合板称为平衡层合板。另外,如果这些板层的中间面处于相同距离(中间面的上下各一层),则 $D_{16} = D_{26} = 0$。例如,平衡层合板是 $[0/+45/-45/90_2/0]_\mathrm{T}$,其中下标 T 表示"总的"层合板顺序。

(2) 轴对称层合板。如果层合板的板层是以这样的方式叠压,即这些板层在整个厚度上以中间面为轴对称,那么 $B_{ij} = 0$。这样,该层合板将不会有任何拉伸弯曲耦合,例如,$[0/\pm 30/45_2/90_2/45_2/\pm 30/0]_\mathrm{T} = [0/\pm 30/45_2/90]_\mathrm{s}$,其中,下标 s 代表以中间面为轴对称。

(3) 正交层合板。如果这些板层是以两个正交方向叠压的,例如,在纵向(0°)和横向(90°)上,这种层合板就是正交层合板,如 $[0_2/90_4/0]_\mathrm{T}$。

(4) 准各向同性层合板。如果性能和厚度相同的板层以这种方式取向,即任何两个相邻层的夹角等于 π/n,其中 n 为板层的数量,大于或等于 3,则 A 与方向无关,因此,可以表示面内材料的性能为各向同性的。这种结构并不代表矩阵 B 和 D 也是各向同性的,即 $[0/\pm 45/90]_\mathrm{s}$。

对于轴对称平衡层合板这种特殊情况来说,运用下式可以从矩阵 A、B 和 D 得到面内工程模量,即

$$E_x = \frac{1}{h}\left(A_{11} - \frac{A_{12}^2}{A_{22}}\right), \quad E_y = \frac{1}{h}\left(A_{22} - \frac{A_{12}^2}{A_{11}}\right)$$

$$\nu_{xy} = \frac{A_{12}}{A_{22}}, \quad G_{xy} = \frac{A_{66}}{h} \tag{2.88}$$

式中:h 为总层合板厚度。

这里总结的层合板分析不适用于层合板的自由边界及其附近的区域。自由边界附近的层合板的应力状态是三维的,不能通过平面应力或平面应变的假设进行描述。在某些情况下,总体厚度法向应力和切向应力可能很大,并可能导致层合板破坏。

2.4 线性弹性断裂力学

充分理解断裂力学的基本概念对分析复合材料损伤和破坏是非常有用的。下面我们简要回顾这些概念,并列举出一些常用的线性弹性断裂力学方面的结论。详细介绍断裂力学的综合性著作有文献[13,15,17,47]。

2.4.1 断裂准则

对于结构设计和材料选择来说,传统的材料强度方法是以所给材料的屈服或失效应力(强度)概念为基础的。断裂力学方法承认材料存在缺陷,这些缺陷的不稳定性增加了可能导致灾难性的破坏。为了确定这种破坏条件,我们分析了缺陷(被模型化为裂纹)附近的局部应力场。该压力场的独特性是通过应力强度因子来表征的,其临界值与不稳定裂纹增加有关。或者说,能量平衡的意义是用来发现能量释放率、裂纹表面上每单位的增量,及其临界值与不稳定裂纹增加的条件有关。对于线性弹性材料来说,在遭遇脆性破坏时,这两种方式都可以产生相同的失效准则。

1. 应力密度准则

假设一个无限平板,受到远程拉伸应力作用,其总厚度边缘裂纹尺寸为 a,如图2.8所示。对于线性弹性板材来说,裂纹附近的压力场计算公式为

$$\begin{cases} \sigma_{xx} = \dfrac{K_I}{\sqrt{2\pi r}}\cos\left(\dfrac{\theta}{2}\right)\left[1 - \sin\left(\dfrac{\theta}{2}\right)\sin\left(\dfrac{3\theta}{2}\right)\right] \\ \sigma_{yy} = \dfrac{K_I}{\sqrt{2\pi r}}\cos\left(\dfrac{\theta}{2}\right)\left[1 + \sin\left(\dfrac{\theta}{2}\right)\sin\left(\dfrac{3\theta}{2}\right)\right] \\ \tau_{xy} = \dfrac{K_I}{\sqrt{2\pi r}}\cos\left(\dfrac{\theta}{2}\right)\sin\left(\dfrac{\theta}{2}\right)\cos\left(\dfrac{3\theta}{2}\right) \end{cases} \quad (2.89)$$

式中:r、θ 如图2.8所示;K_I 为压力强度因子,有

$$K_I = \sigma\sqrt{\pi a} \quad (2.90)$$

式中:下标 I 表示张开型(模式 I)。可以看出,压力场在裂纹顶端是奇异的,且 $r^{1/2}$ 具有奇异性。

在以下条件下,可以假设失效条件(不稳定裂纹增加):

$$K_I \geqslant K_{IC} \tag{2.91}$$

式中：K_{IC} 作为临界压力强度因子或断裂韧性，是表示材料抗断裂的一个参数，该参数可通过试验得到。

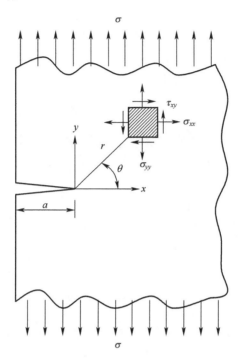

图 2.8 平板内边缘裂纹张力

2. 能量准则

在能量为基础的方法中，考虑裂纹体并检测由于裂纹在外力潜在能（潜在能是指所储存的弹性应变能量和裂纹表面能量）中的递增扩展带来的变化。那么，不稳定裂纹扩展的条件可以通过下式得出，即

$$G \geqslant G_c \tag{2.92}$$

式中：G 为每单位裂纹表面积上的裂纹扩展的能量，称为能量释放率；G_c 为临界值，与材料有关，材料的裂纹逐渐扩大。G_c 是由于材料导致的抗裂纹扩展。对于裂纹前缘遭遇小范围屈服的线性弹性材料来说，可以发现能量释放率与应力强度因子有关，即

$$G = \frac{K_I^2}{E'} \tag{2.93}$$

式中：$E' = E$ 为平面应力条件；$E' = \dfrac{E}{1-\nu^2}$ 为平面应变条件。

2.4.2 裂纹分离模式

裂纹被激活,即当两个裂纹表面分离时,在其前缘产生应力。分离可能发生在 3 种独立的模式下,即模式Ⅰ、Ⅱ和Ⅲ(图 2.9)。在模式Ⅰ(又称为裂纹张开型)中,2 个裂纹表面沿裂纹平面对称分离。模式Ⅱ为滑动型,其中 2 个裂纹表面保持接触,并在裂纹平面互相滑过。模式Ⅲ为撕裂型,由平面外剪切力所致,可以引起 2 个裂纹平面在 x_3 方向上的位移。

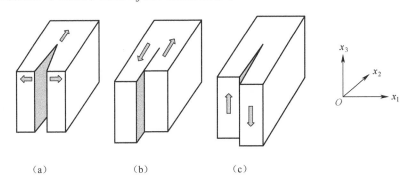

图 2.9 裂纹分离模式
(a)张开型;(b)滑动型;(c)撕裂型。

对于一般载荷来说,裂纹表面的任何位移都可以认为是这 3 种模式的叠加。每种模式中的应力强度因子分别用 $K_Ⅰ$、$K_Ⅱ$、$K_Ⅲ$ 表示,混合模式的能量释放率为

$$G = \frac{K_Ⅰ^2}{E'} + \frac{K_Ⅱ^2}{E'} + \frac{1+\nu}{E} K_Ⅲ^2 \quad (2.94)$$

其中

$$K_Ⅰ = \sigma_{11}\sqrt{\pi a}, \quad K_Ⅱ = \sigma_{12}\sqrt{\pi a}, \quad K_Ⅲ = \sigma_{13}\sqrt{\pi a} \quad (2.95)$$

式中,应力 σ_{11} 等指的是图 2.9 中的轴。

2.4.3 裂纹表面位移

位移跨越 2 个裂纹表面,即

$$\Delta u_i = u_i^+ - u_i^- \quad (2.96)$$

式中:u_i^+、u_i^- 分别表示上、下裂纹表面的位移,是断裂分析中关注的数量值。

对于裂纹分离的张开型来说,图 2.10 中所示的模式Ⅰ,$i=2$,这个量为裂纹张开位移(COD)。对于一个无限均质各向同性介质来说,COD 值为

$$\Delta u_2 = k \sqrt{1 - \left(\frac{x_1}{a}\right)^2} \quad (2.97)$$

它表示椭圆裂纹的张开曲线。

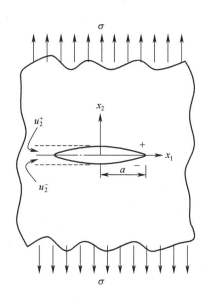

图 2.10　裂纹尺寸为 $2a$ 的裂纹张开位移

2.4.4　损伤分析与断裂力学的相关性

在损伤力学出现之前,断裂力学就已经得到了很好的研究。对这两个领域来说,促进其研究的动力是对金属失效分析的需要。断裂力学研究最初是从边界清晰的缺陷处理脆性破坏问题开始的,边界清晰的缺陷建立在裂纹的理想应力分析基础上。相比之下,损伤力学与所分布的孔隙和裂纹对固体材料平均响应的影响有关。对于复合材料来说,失效过程的复杂性在于涉及大量的裂纹,需要对其损伤力学进行进一步的研究。现在,复合材料的损伤力学作为一个成熟的领域,牢固建立在热动力学的基础上,具有大量的与之相关的分析和计算方法。断裂力学的研究有助于复合材料损伤力学的研究,为解决失效状态的演化提出了能量基础概念。但是,由应力强度因子表征的裂纹应力分析与复合材料损伤分析的关系不大。除了少数情况,单条裂纹扩展是主要失效力学问题,例如,从层合板自由边界开始的分层,对裂纹前缘奇异性问题并没有关注。实际上,组成损伤模式的个别裂纹通常发生在界面上。因此,对裂纹扩展也并未关注。但是,能量损耗则是由裂纹增加引起的。因此,处理这种情况所需的能量基础分析,并不会依赖于应力强度因子,就像金属脆性断裂的情况一样。

参考文献

[1] Y. C. Fung, *A First Course in Continuum Mechanics*. (Englewood Cliffs, NJ: Prentice-Hall,

Inc., 1977).

[2] L. E. Malvern, *Introduction to the Mechanics of a Continuous Medium*. (Englewood Cliffs, NJ: Prentice-Hall, Inc., 1969).

[3] I. S. Sokolnikoff, *Mathematical Theory of Elasticity*, 2nd edn. (New York: McGraw-Hill, 1956).

[4] A. E. H. Love, *A Treatise on the Mathematical Theory of Elasticity*. (New York: Dover Publications, 1944).

[5] S. P. Timoshenko and J. N. Goodier, *Theory of Elasticity*. (NewYork: McGraw-Hill, 1951).

[6] R. M. Jones, *Mechanics of Composite Materials*, 2nd edn. (Philadelphia, PA: Taylor & Francis, 1999).

[7] R. M. Christensen, *Mechanics of Composite Materials*. (Dover Publications, 2005).

[8] J. Qu and M. Cherkaoui, *Fundamentals of Micromechanics of Solids*. (Hoboken, NJ: Wiley, 2006).

[9] J. N. Reddy, *Mechanics of Laminated Composite Plates and Shells: Theory and Analysis*, 2nd edn. (Boca Raton, FL: CRC Press, 2004).

[10] I. M. Daniel and O. Ishai, *Engineering Mechanics of Composite Materials*. (Oxford: Oxford University Press, 1994).

[11] A. K. Kaw, *Mechanics of Composite Materials*. (Boca Raton, FL: CRC Press, 1997).

[12] L. P. Kollar and G. S. Springer, *Mechanics of Composite Structures*. (Cambridge: Cambridge University Press, 2003).

[13] D. Broek, *Elementary Engineering Fracture Mechanics*, 4th revised edn. (Dordrecht, Netherlands: Kluwer Academic Publishers, 1991).

[14] T. L. Anderson, *Fracture Mechanics: Fundamentals and Applications*, 2nd edn. (Boca Raton, FL: CRC Press, 1994).

[15] E. E. Gdoutos, *Fracture Mechanics: An Introduction*, 2nd edn. Solid Mechanics and its Applications, Vol. **123**. (Dordrecht: Norwell, MA: Springer, 2005).

[16] K. Friedrich, *Application of Fracture Mechanics to Composite Materials*. (Amsterdam: Elsevier, 1989).

[17] R. W. Hertzberg, *Deformation and Fracture Mechanics of Engineering Materials*, 3rd edn. (New York: Wiley, 1989).

[18] K. Washizu, *Variational Methods in Elasticity and Plasticity*, 2nd edn. (Oxford: Pergamon Press, 1974).

[19] C. L. Dym and I. H. Shames, *Solid Mechanics: A Variational Approach*. (New York: McGraw-Hill, 1973).

[20] J. N. Reddy, *Energy Principles and Variational Methods in Applied Mechanics*, 2nd edn. (Hoboken, NJ: Wiley, 2002).

[21] J. C. Halpin and J. L. Kardos, Halpin-Tsai equations-review. *Polym Eng Sci*, **16**:5 (1976), 344-52.

[22] J. C. Halpin and S. W. Tsai, *Environmental Factors Estimation in Composite Materials Design*. US Airforce Technical Report, AFML TR (1967). pp. 67–423.

[23] Z. Hashin, On elastic behaviour of fibre reinforced materials of arbitrary transverse phase geometry. *J Mech Phys Solids*, **13**:3 (1965), 119–34.

[24] Z. Hashin and S. Shtrikman, A variational approach to the theory of the effective magnetic permeability of multiphase materials. *J Appl Phys*, **33**:10 (1962), 3125–31.

[25] Z. Hashin and S. Shtrikman, A variational approach to the theory of the elastic behaviour of multiphase materials. *J Mech Phys Solids*, **11**:2 (1963), 127–40.

[26] Z. Hashin and S. Shtrikman, On some variational principles in anisotropic and non-homogeneous elasticity. *J Mech Phys Solids*, **10**:4 (1962), 335–42.

[27] Z. Hashin and S. Shtrikman, A variational approach to the theory of the elastic behaviour of polycrystals. *J Mech Phys Solids*, **10**:4 (1962), 343–52.

[28] Z. Hashin, Variational principles of elasticity in terms of the polarization tensor. *Int J Eng Sci*, **5**:2 (1967), 213–23.

[29] Z. Hashin, Analysis of composite materials – a survey. *J Appl Mech, Trans ASME*, **50**:3 (1983), 481–505.

[30] T. Mori and K. Tanaka, Average stress in matrix and average elastic energy of materials with misfitting inclusions. *Acta Metall*, **21**:5 (1973), 571–4.

[31] Z. Hashin, The elastic moduli of heterogeneous materials. *J Appl Mech, T–ASME*, **29** (1962), 143–50.

[32] R. M. Christensen and K. H. Lo, Solutions for effective shear properties in 3-phase sphere and cylinder models. *J Mech Phys Solids*, **27**:4 (1979), 315–30.

[33] R. Hill, A self-consistent mechanics of composite materials. *J Mech Phys Solids*, **13**:4 (1965), 213–22.

[34] J. Aboudi, Micromechanical analysis of composites by the method of cells. *Appl Mech Rev*, **42**:7 (1989), 193–221.

[35] J. Aboudi, Micromechanical analysis of composites by the method of cells–update. *Appl Mech Rev*, **49**:10 Part 2 (1996), S83–91.

[36] J. Aboudi, Micromechanical prediction of the effective coefficients of thermo-piezoelectric multiphase composites. *J Intell Mater Syst Struct*, **9**:9 (1999), 713–22.

[37] S. Nemat-Nasser and M. Hori, *Micromechanics: Overall Properties of Heterogeneous Materials*, 2nd edn. (Amsterdam: North Holland, 1999).

[38] T. Mura, *Micromechanics of Defects in Solids*, 2nd edn. (New York: Springer, 1987).

[39] C. T. Sun, Strength analysis of unidirectional composites and laminates. In *Fiber Reinforcements and General Theory of Composites*, ed. T. W. Chou. (Amsterdam: Elsevier, 2000), pp. 641–66.

[40] L. A. Carlsson, D. F. Adams, and R. B. Pipes, *Experimental Characterization of Advanced Composite Materials*. (Boca Raton, FL: CRC Press, 2003).

[41] R. Hill, *The Mathematical Theory of Plasticity*. (New York: Oxford University Press, 1998).

[42] V. D. Azzi and S. W. Tsai, Anisotropic strength of composites, *Exp Mech*, **5** (1965), 283–88.

[43] S. W. Tsai and E. M. Wu, General theory of strength for anisotropic materials. *J Compos Mater*, **5**:January (1971), 58–80.

[44] Z. Hashin, Failure criteria for unidirectional fiber composites. *J Applied Mech, Trans ASME*, **47** (1980), 329–34.

[45] P. D. Soden, A. S. Kaddour, and M. J. Hinton, Recommendations for designers and researchers resulting from the world-wide failure exercise. *Compos Sci Technol*, **64**:3–4 (2004), 589–604.

[46] J. N. Reddy, *Mechanics of Laminated Composite Plates: Theory and Analysis*. (Boca Raton, FL: CRC Press, 1997).

[47] T. L. Anderson, *Fracture Mechanics: Fundamentals and Applications*, 3rd edn. (Boca Raton, FL: Taylor & Francis, 2005).

第3章 复合材料的损伤

所有结构都是为特定用途设计的。如果是为了携带载荷,那么设计者必须确保结构有足够的载荷承载能力。如果该结构在一段时间内起作用,那么它的设计必须满足在这个时间段内的功能,并且不丧失它的完整性。

这些总体结构设计问题不考虑所用的材料。但是,设计过程中的显著差异与以下两种情况有关,即所用材料是否为整体材料,例如,金属或陶瓷,或者是否是一种组分明显不同的复合材料。与金属或陶瓷相比,微观结构的异质性及各向异性可以为复合材料在变形方式和失效方面提供很多不同的特性。本章将对这些特性进行综述。下面首先介绍一些定义。

(1) 断裂。在传统意义上,断裂可理解为材料的"破坏",或者从更基础的层面来说,原子键的破坏,表现为内表面的形成。复合材料断裂的实例为纤维断裂、基体上出现裂纹、纤维/基体脱粘,以及黏结层的分离(分层)。该领域称为断裂力学领域,它主要研究材料分离表面的形成和扩展条件。

(2) 损伤。损伤是指所有不可逆变化的集合,材料中的这些变化是由一系列能量耗散物理或化学过程引起的,起因是热机械载荷的作用。损伤可能通过原子键断裂表现出来。在没有特殊说明时,损伤一般可以理解为分布变化。复合材料损伤的实例是单向复合材料中多纤维桥联基体开裂、层合板中多条层内裂纹、分布在层内平面中的局部分层,以及与多基体开裂相关的纤维/基体界面滑移。本章将详细解释这些损伤机理。损伤力学领域主要研究分布变化的起始和发展条件,以及这些变化对材料(或者说结构)外部加载的响应后果。

(3) 失效。即一种已知材料系统(用这种材料制成的结构件)缺乏完成设计功能的能力。断裂是可能发生失效的一个实例,但是,通常来说,一种材料有可能断裂(局部的)但仍然可以完成设计功能。在遭受损伤后,例如,在多处破裂的情况下,复合材料可能依然继续承载着载荷,并且可满足承担载荷的需要,但在某种程度上不能满足其他设计需要的变形,如振动特征和偏转限制。对于工程师来说,预测复合材料失效是惯例,第2章所讨论的多个层合板失效判据中的任意判据都可以作为预测的依据。这些判据仅仅预测了失效的最终后果,但通常不能表征导致最终失效的损伤机理。实际上,复合材料结构的失效是由各种损伤机理相互作用引起的。

(4) 结构完整性。它是指载荷承载结构保持完好并具有载荷应用功能的性能。与金属不同,复合材料保持完好(不断裂成碎片)并不等同于保持其功能。例如,复合材料可能会在刚度降低后失去其功能性,但依然具有很强的载荷承载能力。

(5) 耐久性。它的意义接近于结构完整性。但特殊之处在于,耐久性是结构在整个使用周期内可保持足够久的性能(强度、刚度,以及环境耐受力),任何对于结构的破坏都是可控的和可以修补的[1]。复合材料结构的长期耐久性,在民用、基础设施和航空工业领域方面都是非常重要的设计指标。

3.1 损坏机理

复合材料异质微观结构、组分性能之间的巨大差异,有界面存在以及强化的方向性导致了整体性能的各向异性,是在复合材料微观失效(微裂隙)几何特征上所观察到的复杂性的原因。另外,当存在界面时,例如出现在纤维和基体之间以及层合板的分层之间,应力就会通过界面传递,形成出现多重裂纹的条件(稍后讨论此内容)。相关文献中有关各种裂解过程(总体上称为损伤机理)的研究报道非常多,为了在后面章节中讨论有关复合材料在"宏观"上的变形和失效,现将这些研究结果总结为以下几点。

3.1.1 界面脱粘

纤维和树脂基之间的界面性能对纤维增强复合材料的性能影响很显著。界面上的胶黏剂会影响复合材料的宏观力学性能。界面在纤维和基体之间的应力传递中起着非常大的作用。例如,如果基体对纤维的夹持较弱,在较低应力下复合材料就开始出现基体开裂现象。相反,如果基体对纤维的夹持很强,基体开裂就会延缓。复合材料会由于纤维断裂及基体开裂导致严重失效。纤维和基体之间的约束也会影响其他损伤机理,例如,界面滑移和纤维拔脱。控制界面性质可以为控制复合材料结构性能提供一种方法。单向复合材料中,在界面较弱时,纤维和基体之间的界面会发生脱粘。图 3.1 所示为在纤维增强复合材料中观察到的脱粘面[2]。

通过使用拔拉实验[3-7]和纤维断裂实验[8-11]已经详细研究了单纤维复合材料纵向界面脱粘现象。图 3.2 展示了单向纤维增强复合材料的纤维/基体界面脱粘机理。当纤维断裂应变比基体的断裂应变大时,在基体的应力集中点上产生的裂纹,例如,孔洞、气泡或夹杂物,可能也会被纤维终止;如果应力不够大(图 3.2(b)),或许裂纹可能在不损伤界面黏结的情况下绕过纤维。随着应用载荷的增加,纤维和基体分别变形,导致纤维中局部应力的增强。这会导致局部

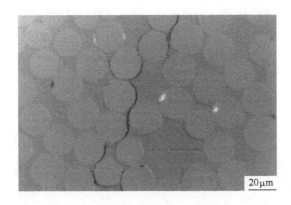

图 3.1 纤维增强复合材料脱粘[2]

泊松比变小,最终当所研究的界面上的剪应力超过界面剪切强度时,脱粘会沿纤维方向延伸一段距离(图 3.2(c))。剪力滞后和黏结带模型是预测界面脱粘和应力传递开始的最常用方法[3, 5, 12-17]。

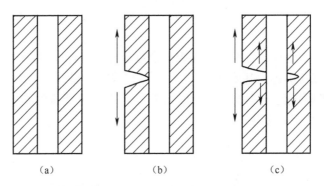

图 3.2 简单复合材料中的界面脱粘机理[18]
(a)完好的层合板;(b)纤维和基体开裂的不均匀形变导致纤维/
基体界面上的应力变大;(c)剪应力超过界面剪切强度时使其脱粘核化。

3.1.2 基体微裂纹/层内(板层)裂纹

纤维增强复合材料在纵向上具有较高的强度和刚度性能。但是,这些性能在横向上一般都不明显。因此,它们很容易沿纤维方向产生裂纹。这些裂纹通常为纤维增强复合材料中最先看到的损伤形式[19]。在板层纤维方向不同的层合板中,这些裂纹可能从某一个板层上的缺陷形成,然后穿过板层厚度扩展,并与该板层中的纤维平行。基体微裂纹、横向裂纹、板内裂纹、板层裂纹等这些术语都是用来表示这些非常相似的裂纹。可以发现,这些裂纹都可能由拉伸载荷、疲劳载荷,以及温度或热循环的改变而引起。它们可能由于纤维/基体脱粘或制造引发的损伤(如孔洞和夹杂物)而产生[20](图3.3)。基体开裂也可能形成于陶瓷基复合材料(CMC)和短纤维复合材料(SFC)中。损伤机理领域主要研究预测基体开裂的形成、扩展和对总体材料性能的影响。复合材料板层裂纹的分析、设计和性能将在后续章节中详细分析。

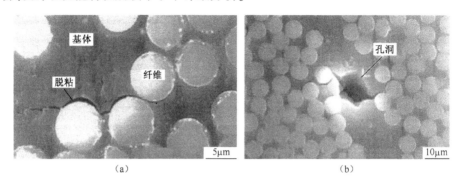

图3.3 基体开裂发生的原因[20]
(a)纤维脱粘;(b)孔洞。

图3.4所示为连续性纤维和编织聚合复合材料层合板的自由边界上观察到的由于疲劳载荷引起的基体开裂[21-22]。尽管基体开裂并不会引起结构本身失效,但是它可能导致材料刚度的严重衰减,还可引发更严重的损伤形式,如分层和纤维断裂,从而造成液体渗入。

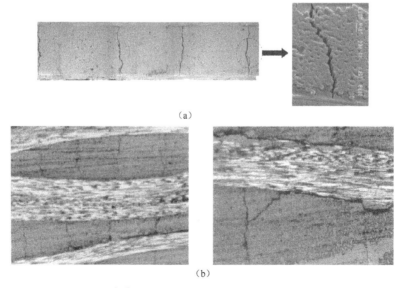

图3.4 在连续性纤维(a)[21]和编织聚合复合材料层合板(b)中观察到的基体开裂实例

3.1.3 界面滑移

复合材料中组分之间的界面滑移可能由组分的位移不同引起。例如,如果复合材料中纤维和基体不是由胶粘接在一起的,而是由于组分的热膨胀性能不同引起的"过盈配合"机理粘接在一起的,则在热机械载荷下,过盈配合(剩余)应力可能发生移动,导致界面上的相对位移(滑移)。当基体开裂的尖端靠近或接触到界面时,也可能发生界面法向应力减轻。

当两种组分被粘接在一起时,如果界面上存在抗压法向应力,在脱粘之后可能会发生界面滑移。脱粘的原因可能是基体开裂,或者是界面缺陷增大引起的。因此,脱粘之后的界面滑移可能是分离破坏模式,或者是与基体破坏相结合的破坏模式。

如果陶瓷基复合材料(CMC)所承受的温度变化很大,而且纤维和基体之间的热膨胀严重不匹配,那么材料的界面滑移可能很严重。当 CMC 基体产生开裂时,引起的界面脱粘会影响界面滑移,导致复合材料变形相互影响[23]。

3.1.4 分层/层间裂纹

层间裂纹(即层合板中两个相邻板层之间界面上的裂纹)会导致层合板分离,被称为分层。在复合材料层合板中,分层可能会发生在剪切(自由)边缘,例如在孔洞处,或者在沿厚度的暴露表面上。当在平面上施加载荷时,层合板在无牵引力表面上会产生沿厚度的法向应力和剪应力,延伸一小段距离直到层合板平面内。这些应力可能导致层间面出现局部裂纹。分层也可能由低速撞击形成[24-26]。与金属不同的是,在聚合物复合材料层合板中,在相对轻的撞击作用下(如工具掉落),可能会在结构表面下发生分层,而表面不会有任何可目测到的损伤[25,27-28]。在外部载荷后续作用下,这种分层裂纹的增长会导致力学性能迅速降低,并可能导致复合材料结构出现灾难性失效[29-30]。另一种分层的根源是板层裂纹导致的局部层内裂纹,这种分层可能会逐渐增长,并使两个相邻层的基体开裂区域分离,如图 3.5 所示。

分层是复合材料结构设计中的重要问题,它可能降低高强纤维的性能,并使较差的基体性能影响结构强度[31]。在分层初始,临界材料特性分数为层间强度,它是由基体决定的。一旦形成了层间裂纹,裂纹的增长就由层间断裂韧性决定,断裂韧性也是由基体控制的[26,31]。如果分层是分离板层之间的黏聚区解聚,那么,基体强度和断裂韧性都可作为材料参数[32]。作为一种设计方法,通过提高层间强度和断裂韧性可以减少分层,或者也可以通过改变纤维结构来减少分层的驱动力[33-34]。

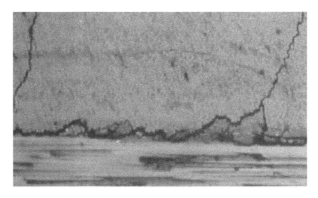

图 3.5 纤维增强复合材料层合板中由于两个相邻基体开裂的接缝所形成的层内分层裂纹

3.1.5 纤维断裂

纤维增强复合材料失效(分离)的最终原因是纤维断裂。在沿纤维方向施加张力的单向复合材料中,个别纤维会在其薄弱点上失效,在纤维和基体之间应力就会重新分布,这样就会影响到断裂纤维局部相邻区域的其他纤维,并可能使有些纤维断裂。纤维/基体界面将来自断裂纤维的应力传递到相距一定间隔的纤维上,如果强度超过了应力,则会使另一条纤维断裂。纤维断裂过程具有统计特征,这是因为沿纤维长度和应力重新分配的纤维强度具有不均匀性。当单向纤维的板层在层合板中叠压时,相邻板层上的裂纹附近区域内的纤维应力就会增强,导致纤维的失效位置分布变窄。可以发现,单位体积的纤维断裂数量在靠近界面的区域(板层裂纹终止)比远离界面的区域(局部应力集中衰退)更多[35]。

普通层合板中板层的极限拉伸强度很难通过纤维的拉伸强度预测,这是因为纤维失效具有统计特征和连续性[36-37]。断裂(裂纹扩展)特性(如复合材料断裂韧性)不仅仅依赖于组分的失效特性,同时也依赖于界面粘接的有效性[38]。

3.1.6 纤维微曲屈

当一种单向复合材料被压缩时,失效则由一种被称为纤维"微曲屈"的机理所控制。有两种理想的微曲屈变形的基本模式,即膨胀模式和剪切模式[39],如图 3.6 所示。具体模式则根据纤维变形与相互"异相"还是"同相"而定。不稳定性开始的相应压缩强度为

$$\sigma_c = 2V_f \sqrt{\frac{V_f E_f E_m}{3(1-V_f)}} \quad (3.1)$$

对于膨胀模式来说,有

$$\sigma_c = \frac{G_m}{1 - V_f} \tag{3.2}$$

对于剪切模式来说,E 和 G 分别表示弹性模量和剪切模量,下标 f 和 m 分别表示纤维和基体。

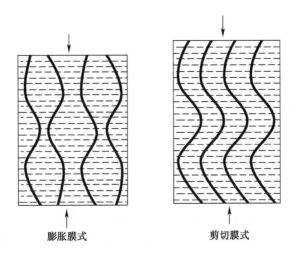

图 3.6 纤维微曲屈的膨胀模式和剪切模式

对于理想变形模式来说,这些表示法一般与抗压强度的试验数据并不吻合。有人认为在实际的复合材料中,制造工艺容易导致纤维错位,从而可能引起纤维的局部扭结。扭结过程是由局部剪切力引起的,这个剪切力取决于初始错位角度 ϕ_0[40]。与不稳定性相对应的临界抗压应力为

$$\sigma_c = \frac{\tau_y}{\varphi_0} \tag{3.3}$$

式中:τ_y 为面内剪切强度(屈服)。

Budiansky[41]考虑用扭结带结构(图 3.7),并根据复合材料层的横向模量 E_T 和剪切模量 G,推导出扭结带的角 β 的估算值,有

$$(\sqrt{2} - 1)^2 \frac{G - \sigma_c}{E_T} < \tan^2\beta < \frac{G - \sigma_c}{E_T} \tag{3.4}$$

为了解释剪切变形的影响,Niu 和 Talreja[42]进行了纤维建模,将纤维作为一个广义的铁木辛柯梁,基体作为弹性地基。观察发现,不仅是初始纤维错位,还有在加载系统中的任何错位都可能对扭结的临界应力有影响。

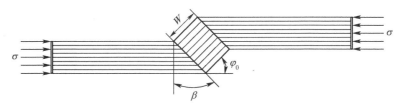

图 3.7　Budiansky[41]假设的扭结带结构

3.1.7　粒子分裂

如果脆性粒子(如陶瓷)被置于一个柔软但强度高、韧性好的基体上,粒子分裂是变形初期的主要损伤模式。在微粒状金属基复合材料中可以发现这种损伤模式。分裂是指增强粒子的断裂。分裂裂纹通常垂直于球体最大主应力的方向。在假定黏塑性材料特性的情况下进行了损伤分析[43]。实际上,许多相关的微粒状两相复合材料的失效,通常都是因为脆性粒子的解理断裂,然后是基体延性裂纹扩展产生的[44]。为了说明粒子亚结构和分布的原因,运用了统计方法来预测杂质断裂。要想全面表征延性金属基体中嵌入的粒子脆性断裂,在有些情况下,建立详细的计算模型(FEA)是十分有必要的(见文献[45-47])。

3.1.8　孔洞增大

一种复合材料结构可能含有大量的因制造工艺引起的缺陷。对于聚合物基体复合材料来说,制造过程可能引起纤维架构上的缺陷,如纤维错位、横截面上的不规则纤维分布、纤维断裂等;也可能在基体上有缺陷,如孔洞;或者在纤维/基体界面上有缺陷,例如脱粘和分层。孔洞是所有类型的复合材料中都已经发现的主要缺陷之一。孔洞的形成是由制造参数(如真空压力、固化温度、固化压力和树脂黏度)决定的。

研究发现,孔洞的出现,即使是在低体积分数下,都会很大程度上降低所有材料性能。受影响最大的是弯曲性能、横向性能和剪切性能。孔洞的形状、尺寸和分布也在材料退化中起作用。在假设孔洞属性为零杂质的情况下,微观力学均化方法(如 Mori-Tanaka[48]的研究方法)通常被用来评估复合材料的平均特性。目前,已经研发了更为复杂的方法分析孔洞对整个复合材料的弹性和失效性的影响[49]。

孔洞也可能导致材料局部的一些非弹性变形,这些变形可能是损伤过程的开始,例如破裂、剪切屈服、原纤维形成和局部断裂。这些损伤过程在最后阶段可能对复合材料变形响应和失效特性有很大影响。

在金属基和聚合物基复合材料中,基体相经受了由于孔洞和气穴的核化、扩展和聚结引起的延性破裂。这些孔洞的增长和扩大是由基体的局部非弹性高应变和高应力三轴性引起的。延性破裂模型(如 Rice-Tracy[50]的研究)可以用于韧性基体[51]中孔洞的开始和增长的建模。这些孔洞有时可能会合并形成基体开裂,也可能导致纤维基体脱粘。

3.1.9 损伤模式

以上描述的损伤机理,根据几何结构和材料参数的不同,具有不同的特性。每种机理都有不同的调节长度尺度,并且当工作载荷增加时,机理会发生不同的变化。每种机理之间的相互作用会进一步使损伤图形复杂化。随着载荷增加,应力从高损伤的区域向低损伤的区域传递,复合材料失效是由最后载荷承载单元或区域的临界应力引起的。为了明确起见,整个损伤范围可以划分为多个损伤模式,通过检测它们的相互作用分别进行研究。

在给定的复合材料结构使用期内,哪种损伤机理起主要作用,主要取决于基础材料(基体)的性质、结构、定向、分布,以及增强介质(纤维)的体积分数、界面性质、载荷与环境条件等。层内和层间的裂纹、纤维断裂、微曲屈是长纤维复合材料中的主要损伤机理。短纤维复合材料显示出 3 种界面失效的基本机理[52],如图 3.8 所示。

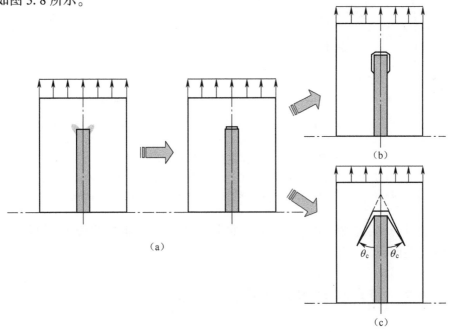

图 3.8 短纤维/环氧树脂复合材料中界面失效机理
(a)α 模式;(b)β 模式;(c)γ 模式。
(经许可转载自 S. Sirivedin, D. N. Fenner, R. B. Nath 和 C. Galiotis, *Matrix crack propagation criteria for model short-carbon fibre/epoxy composites*, Compos Sci Technol, 第 60 卷, 第 2835~2847 页, 版权归 Elsevier 所有, 2000 年)

(1) α模式。由于纤维末端的压力集中,界面上的局部基体屈服(图3.8(a))。通常,在纤维末端脱粘和币型裂纹形成结合时,会发生这种情况。

(2) β模式。如果界面相对较弱,界面裂纹会从脱粘的纤维末端开始扩大(图3.8(b))。这与纤维末端的币型裂纹不同,它在复合材料上的拉伸载荷增加时依然保持闭合,由于摩擦应力传递,会发生载荷传递。

(3) γ模式。如果界面相对较强,圆锥形基体开裂以角度θ_c从脱粘纤维末端向纤维轴扩大(图3.8(c))。这种基体开裂随着工作载荷的增加而张开,并抑制载荷传递到裂纹面。

对于颗粒增强复合材料来说,主要损伤机理为粒子脱湿(脱粘)和空洞成核[53](图3.9)。在临界拉伸载荷下,粒子与基体分离导致脱湿。粒子脱湿最终将导致空洞形成,空洞随着后续载荷而增大。脱湿引发体积膨胀并导致应力-应变特性的非线性化。对于粘接良好的粒子来说,空洞和裂纹会完全在基体内形成[54]。

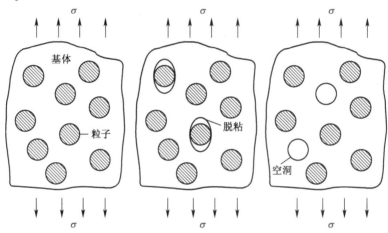

图3.9 粒子增强复合材料中的损伤机理

(经许可转载自 G. Ravichandran 和 C. T. Liu,*Modeling constitutive behavior of particulate composites undergoing damage*,Int J Solids Struct,第32卷,第979~990页,版权归 Elsevier 所有,1995年)

连续纤维层合板中的损伤模式是非常复杂的。下面将在载荷演变的条件下讨论这些问题。

3.2 复合材料层合板损伤的发展

图3.10所示为张力作用下复合材料层合板中损伤发展的描述,其中按发生顺序标出了5种可识别的损伤机理。尽管图像是在疲劳试验基础上发展

的[55-60]，但它也可以提供准静态载荷的基本细节。

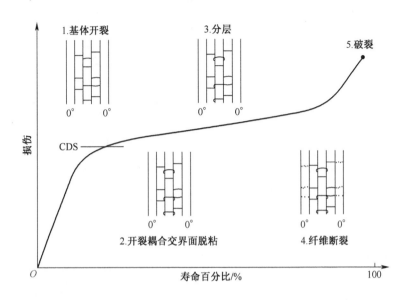

图 3.10　复合材料层合板中损伤的发展[62]

在损伤积累的早期阶段，多重基体开裂在层中占主导地位，这些层含有与工作载荷方向一致的横向纤维。

正交层合板上的静态拉伸测试已经表明，根据层合板结构的不同，横向基体开裂可能早在 0.4% 的工作应变时就开始了。它们是从缺陷的部位开始，例如，孔洞、高纤维体积分数区域、树脂较多的区域。板层裂纹在宽度方向上不稳定增长，并迅速扩展到与试件相同宽度。随着工作载荷的增加（或试件被循环加载），会出现越来越多的裂纹。图 3.11 所示为有裂纹的板层中的裂纹累积。最初这些裂纹的间隔不规律，相互间是孤立的，也就是说，裂纹之间没有相互作用。但是，随着裂纹逐渐接近，它们开始相互作用，也就是说，它们之间的拉伸应力逐渐消失，不会再达到之前的水平。因此，需要进一步增加载荷来产生新的裂纹。图 3.12 通过逐渐消失的裂纹间隔与载荷（或循环数量）的对比，很好地说明了这一点。裂纹密度饱和的结构通常只能在疲劳载荷条件下达到，则称为特征损伤状态（CDS）[57-59]。这种状态标志着层内裂纹的终止。对于不考虑载荷途径的给定层合板来说，在所有情况下都没有发现 CDS 的独特性[61]。

持续加载可在与初始裂纹所在层相邻的层内引起横向开裂（图 3.10）。这种开裂称为二次开裂，尺寸较小，可导致交界面脱粘，因此触发界面开裂。界面开裂开始时尺寸也很小，在层间平面上相互独立分布。因此，一些层开裂会在带状区域融合，产生较大的分层，导致这些区域的层合板失去完整性。损伤的进一

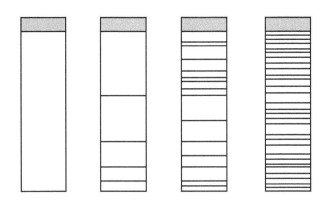

图 3.11 复合材料层合板偏轴板层中层开裂的累积现象
(在文献[64]中 X 射线照片的基础上绘图)

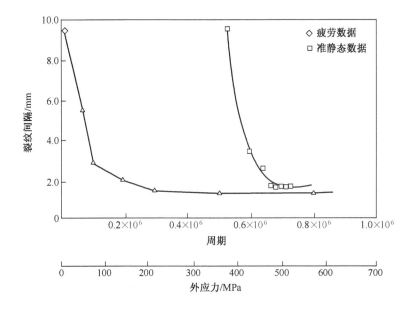

图 3.12 [0/90/±45]$_s$ 石墨/环氧树脂层合板中 -45° 板层裂纹间隔,
间隔是准静态和疲劳载荷[57]的函数之一
(经许可转载自 *Damage in Composite Materials*, ASTM STP775, 版权归 ASTM International 所有)

步发展是高度局部化、不稳定的,可产生大量的纤维断裂。通过穿过局部失效区域形成失效路径,可显示最终失效,最终失效具有高度随机性。

局部化之前的损伤有时可以指亚临界损伤。这一阶段的板层内开裂导致层合板中硬度的损失,自身可导致复合材料结构功能性(失效)的损失。损伤力学领域解决了亚临界损伤的触发和发展问题,下面主要介绍这个问题。3.3 节将讨论多重开裂现象及该现象对总体(平均)层合板响应的影响。

3.3 层合板层内开裂

有关层合板层内开裂的最早一项研究是由 Broutman 和 Sahu 做的[65]。但是,多基体层开裂的第一个主要解释是由 Aveston、Cooper 和 Kelly 提出的[66~67]。根据他们的研究:在一种成分(纤维或基体)比其他成分延伸率低很多,并且未断的成分还可以承受更多载荷的情况下,纤维复合材料中会产生多处断裂;否则产生单次断裂。之后,Garret、Bailey、Parvizi 及其同事进行了一系列重要的试验来分析交错层合板中层开裂的性质[68~74]。这些试验显示,玻璃纤维增强聚合物和环氧交错板层合板中出现了微曲屈现象。据观察,对于90°板层厚度来说,横向开裂在样品边缘开始,沿整个横截面横向迅速传播。如果90°板层较薄,开始横向开裂的应力会增加(图3.13)。对于非常薄的90°板层来说(小于0.1mm),开裂会被抑制,层合板在开裂开始之前就会失效。其中一个试验[74]中用显微镜来研究基体裂纹的成因:它们是由加工缺陷、空洞和纤维体积分数高的区域,通过纤维基体脱粘逐步发展而成。

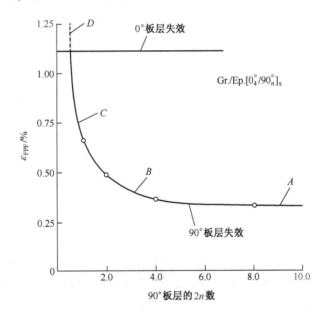

图 3.13 第一个板层失效 ε_{FPF} 处的应变作为 $[0_4/90_n]_s$ 层合板横向板层数的函数[75]

厚度对开裂开始的影响可以解释为未开裂板层对开裂板层中开裂表面位移施加的"约束"(图 3.13)。一方面,随着 90°板层厚度(开裂的)增加,0°板层的相对约束力减少导致在低应变处的板层开裂;另一方面,较厚 0°板层会在 90°板层开裂开口处施加更大的约束力,因此在这些板层处的开裂将会延迟。从性质上理解,Talreja[15]将这种约束力分为4类:A—无约束力;B—低约束力;C—高约束力;D—充分约束力。这4种情况每种的应力-应变性质区别很大,如图3.14所示。在一个极端,对于类型A来说,它看起来像一种类似于变形性质的弹性-刚性塑料;在另一个极端,对于类型D来说一种线性弹性性质。

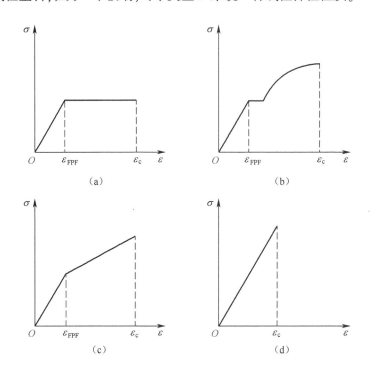

图 3.14 含有横向裂纹的正交层合板应力-应变响应示意图
(资料来源:文献[75])
(a)单一开裂,无约束;(b)多重开裂,低约束;(c)多重开裂,高约束;(d)多重开裂,全约束(含裂纹抑制)。

在过去的40年中,发现了很多分析复合材料层合板中板层开裂的方法。这些方法可以被归类为两大类:微观力学基础模型(第4章)和连续损伤模型(第5章)。在边界值问题的维度基础上,微观力学基础模型可以分为一维[59,76-81]、二维[82-85]和三维[86-88]。第4章将详细解释这些方法。

3.4 损伤力学

损伤力学可以广义地定义为"研究固体中对外部载荷响应有影响的微观结构事件的力学分析学科"。损伤力学分析的主要目标如下:

(1) 理解首次损伤开始的条件。
(2) 预测渐进式损伤的变化。
(3) 将结构中的损伤分类并量化。
(4) 分析热力学响应损伤造成的影响,例如将硬度性质作为损伤函数。
(5) 对结构失效(损伤的严重程度)和耐久性进行评估。
(6) 为总体结构分析和设计提供依据。

本章主要是关于复合材料中损伤发展的总体介绍。之后的3章将描述准静态载荷的分析方法。第4章将介绍微损伤机制(MIDM),其中第5章将介绍宏观损伤机制(MADM)。第6章主要内容为损伤的变化。第7章主要内容为寿命预测疲劳和模型的损伤。

参考文献

[1] Military handbook, *MIL-HDBK-17-3f: Composite Materials Handbook*, Vol. **3**, Department of Defense, USA, 2002.

[2] E. K. Gamstedt and B. A. Sjögren, Micromechanisms in tension-compression fatigue of composite laminates containing transverse plies. *Compos Sci Technol*, **59**:2 (1999), 167–78.

[3] C. H. Hsueh, Interfacial debonding and fiber pull-out stresses of fiber-reinforced composites. *Mater Sci Eng A*, **154** (1992), 125–32.

[4] C. H. Hsueh, Elastic load transfer from partially embedded axially loaded fibre to matrix. *J Mater Sci Lett*, **7**:5 (1988), 497–500.

[5] C. H. Hsueh, Modeling of elastic stress transfer in fiber-reinforced composites. *Trends Polym Sci*, **3**:10 (1995), 336–41.

[6] B. Lauke, W. Beckert, and J. Singletary, Energy release rate and stress field calculation for debonding crack extension at the fibre-matrix interface during single-fibre pull-out. *Compos Interfaces*, **3** (1996), 263–73.

[7] L. M. Zhou, J. K. Kim, and Y. W. Mai, Interfacial debonding and fiber pull-out stresses. *J Mater Sci*, **27** (1992), 3155–66.

[8] L. T. Drzal, The effect of polymer matrix mechanical properties on the fibre-matrix interfacial strength. *Mater Sci Eng A*, **126** (1990), 2890–3.

[9] J. M. Whitney and L. T. Drzal, Axisymmetric stress distribution around an isolated fibre fragment. In *Toughened Composites*, ed. N. J. Johnston. (Philadelphia, PA: ASTM, 1987), pp. 179–196.

[10] J. P. Fabre, P. Sigety, and D. Jacques, Stress transfer by shear in carbon fiber model composites. *J Mater Sci*, **26** (1991), 189–95.

[11] R. B. Henstenburg and S. L. Phoenix, Interfacial shear strength studies using single filament composite test. *Polym Compos*, **10** (1989), 389–408.

[12] C. H. Hsueh, Interfacial debonding and fiber pull–out stresses of fiber–reinforced composites. *Mater Sci Eng A*, **123**:1 (1990), 1–11.

[13] S. Ghosh, Y. Ling, B. Majumdar, and R. Kim, Interfacial debonding analysis in multiple fiber reinforced composites. *Mech Mater*, **32**:10 (2000), 561–591.

[14] P. Raghavan and S. Ghosh, A continuum damage mechanics model for unidirectional composites undergoing interfacial debonding. *Mech Mater*, **37**:9 (2005), 955–979.

[15] N. Chandra and H. Ghonem, Interfacial mechanics of push–out tests: Theory and experiments. *Compos A*, **32**:3-4 (2001), 575–584.

[16] G. Lin, P. H. Geubelle, and N. R. Sottos, Simulation of fiber debonding with friction in a model composite pushout test. *Int J Solids Struct*, **38**:46-47 (2001), 8547–62.

[17] Y. F. Liu and Y. Kagawa, Analysis of debonding and frictional sliding in fiber–reinforced brittle matrix composites: Basic problems. *Mater Sci Eng A*, **212**:1 (1996), 75–86.

[18] B. Harris, Micromechanisms of crack extension in composites *Metal Sci*, **14** (1980), 351–362.

[19] J. A. Nairn, Matrix microcracking in composites. In *Polymer Matrix Composites*, ed. R. Talreja and J. A. E. Manson. (Elsevier Science, 2000), pp. 403–32.

[20] C. A. Wood and W. L. Bradley, Determination of the effect of seawater on the interfacial strength of an interlayer E – glass/graphite/epoxy composite by in – situ observation of transverse cracking in an environmental sem. *Compos Sci Technol*, **57**:8 (1997), 1033–43.

[21] D. T. G. Katerelos, J. Varna, and C. Galiotis, Energy criterion for modelling damage evolution in cross–ply composite laminates. *Compos Sci Technol*, **68**:12 (2008), 2318–24.

[22] R. Talreja, *Damage in woven fabric polymer laminates*. (unpublished).

[23] D. B. Marshall and A. G. Evans, Failure mechanisms in ceramic–fiber/ceramic–matrix composites. *J Amer Ceram Soc*, **68**:5 (1985), 225–31.

[24] W. J. Cantwell and J. Morton, The impact resistance of composite materials–a review. *Composites*, 22 (1991), 347–62.

[25] W. C. Chung, *et al.*, Fracture behaviour in stitched multidirectional composites. *Mater Sci Eng A*, **112** (1989), 157–73.

[26] D. Liu, Delamination resistance in stitched and unstitched composite planes subjected to composite loading. *J Reinf Plast Compos*, **9** (1990), 59–69.

[27] J. C. Prichard and P. J. Hogg, The role of impact damage in post–impacted compression testing. *Composites*, **21** (1990), 503–11.

[28] B. Z. Jang, M. Cholakara, B. P. Jang, and W. K. Shih, Mechanical properties in multidimensional composites. *Polym Eng Sci*, **31** (1991), 40–6.

[29] K. B. Su, Delamination resistance of stitched thermoplastic matrix composite laminates. In *Advances in Thermoplastic Matrix Composite Materials*, ASTM STP 1044. (Philadelphia,

PA: ASTM, 1989), pp. 279-300.

[30] N. S. Choi, A. J. Kinloch, and J. G. Williams, Delamination fracture of multidirectional carbon-fiber/epoxy composites under mode I, mode II and mixed-mode I/II loading. *J Compos Mater*, **33**:1 (1999), 73-100.

[31] I. Verpoest, M. Wevers, P. DeMeester, and P. Declereq, 2.5D and 3D fabrics for delamination resistant composite laminates and sandwich structure. *SAMPE J*, **25** (1989), 51-6.

[32] D. J. Elder, R. S. Thomson, M. Q. Nguyen, and M. L. Scott, Review of delamination predictive methods for low speed impact of composite laminates. *Compos Struct*, **66** (2004), 677-83.

[33] W. S. Chan, Design approaches for edge delamination resistance in laminated composites. *J Compos Tech Res*, **14** (1991), 91-6.

[34] A. Mayadas, C. Pastore, and F. K. Ko, Tensile and shear properties of composites by various reinforcement concepts. In *Advancing Technology in Materials and Processes*, SAMPE 30th National Meeting (1985), pp. 1284-93.

[35] R. Jamison, On the interrelationship between fiber fracture and ply cracking in graphite/epoxy laminates. In *Composite Materials: Fatigue and Fracture*, ASTM STP907, ed. H. T. Hahn. (Philadelphia, PA: ASTM, 1986), pp. 252-73.

[36] N. J. Pagano, On the micromechanical failure modes in a class of ideal brittle matrix composites. Part 1. Coated-fiber composites. *Compos B*, **29**:2 (1998), 93-119.

[37] N. J. Pagano, On the micromechanical failure modes in a class of ideal brittle matrix composites. Part 2. Uncoated-fiber composites. *Compos B*, **29**:2 (1998), 121-30.

[38] J. K. Kim and Y. W. Mai, High strength, high fracture toughness fibre composites with interface control-a review. *Compos Sci Technol*, **41**:4 (1991), 333-78.

[39] B. W. Rosen, Tensile failure of fibrous composites. *AIAA J*, **2** (1964), 1985-91.

[40] A. Argon, Fracture of composites. In *Treatise on Materials Science and Technology*, ed. H. Herman. (New York, London: Academic Press, 1972), pp. 79-114.

[41] B. Budiansky, Micromechanics. *Computers & Structures*, **16** (1983), 3-12.

[42] K. Niu and R. Talreja, Modeling of compressive failure in fiber reinforced composites. *Int J Solids Struct*, **37**:17 (2000), 2405-28.

[43] C. Broeckmann and R. Pandorf, Influence of particle cleavage on the creep behaviour of metal matrix composites. *Comput Mater Sci*, **9** (1997), 48-55.

[44] T. Antretter and F. D. Fischer, Particle cleavage and ductile crack growth in a two-phase composite on a microscale. *Comput Mater Sci*, **13** (1998), 1-7.

[45] H. J. Böhm, A. Eckschlager, and W. Han, Multi-inclusion unit cell models for metal matrix composites with randomly oriented discontinuous reinforcements. *Comput Mater Sci*, **25** (2002), 42-53.

[46] A. Eckschlager, W. Han, and H. J. Böhm, A unit cell model for brittle fracture of particles embedded in a ductile matrix. *Comput Mater Sci*, **25** (2002), 85-91.

[47] J. Segurado and J. Llorca, A new three-dimensional interface finite element to simulate fracture in composites. *Int J Solids Struct*, **41** (2004), 2977-93.

[48] T. Mori and K. Tanaka, Average stress in matrix and average elastic energy of materials with misfitting inclusions. *Acta Metall*, **21**:5 (1973), 571-4.

[49] H. Huang and R. Talreja, Effects of void geometry on elastic properties of unidirectional fiber reinforced composites. *Compos Sci Technol*, **65**:13 (2005), 1964-81.

[50] J. R. Rice and D. M. Tracey, On the ductile enlargement of voids in triaxial stress fields. *J Mech Phys Solids*, **17** (1969), 201-17.

[51] H. S. Huang and R. Talreja, Numerical simulation of matrix micro-cracking in short fiber reinforced polymer composites: initiation and propagation. *Compos Sci Technol*, **66**:15 (2006), 2743-57.

[52] S. Sirivedin, D. N. Fenner, R. B. Nath, and C. Galiotis, Matrix crack propagation criteria for model short-carbon fibre/epoxy composites. *Compos Sci Technol*, **60**:15 (2000), 2835-47.

[53] G. Ravichandran and C. T. Liu, Modeling constitutive behavior of particulate composites undergoing damage. *Int J Solids Struct*, **32** (1995), 979-90.

[54] L. R. Cornwell and R. A. Schapery, SEM study of microcracking in strained solid propellant. *Metallography*, **8** (1975), 445-52.

[55] K. L. Reifsnider and A. Talug, Analysis of fatigue damage in composite laminates. *Int J Fatigue*, **2**:1 (1980), 3-11.

[56] W. W. Stinchcomb, K. L. Reifsnider, P. Yeung, and J. M. Masters, Effect of ply constraint on fatigue damage development in composite material laminates. In *Fatigue of Fibrous Composite Materials*, ASTM STP 723. (Philadelphia, PA: ASTM, 1981), pp. 64-84.

[57] J. M. Masters and K. L. Reifsnider, An investigation of cumulative damage development in quasi-isotropic graphite/epoxy laminates. In *Damage in Composite Materials*, ASTM STP 775, ed. K. L. Reifsnider. (Philadelphia, PA: ASTM, 1982), pp. 40-62.

[58] K. L. Reifsnider and R. Jamison, Fracture of fatigue-loaded composite laminates. *Int J Fatigue*, **4**:4 (1982), 187-197.

[59] A. L. Highsmith and K. L. Reifsnider, Stiffness-reduction mechanisms in composite laminates. In *Damage in Composite Materials*, ASTM STP 775, ed. K. L. Reifsnider. (Philadelphia, PA: ASTM, 1982), pp. 103-117.

[60] R. D. Jamison, K. Schulte, K. L. Reifsnider, and W. W. Stinchcomb, Characterization and analysis of damage mechanisms in tension-tension fatigue of graphite/epoxy laminates. In *Effects of Defects in Composite Materials*, ASTM STP 836. (Philadelphia, PA: ASTM, 1984), pp. 21-55.

[61] N. V. Akshantala and R. Talreja, A micromechanics based model for predicting fatigue life of composite laminates. *Mater Sci Eng A*, **285**:1-2 (2000), 303-13.

[62] R. Talreja, Internal variable damage mechanics of composite materials. In *Yielding, Damage, and Failure of Anisotropic Solids*, ed. J. P. Boehler. (London: Mechanical Engineering Publications, 1990), pp. 509–33.

[63] Z. Hashin, Analysis of damage in composite materials. In *Yielding, Damage, and Failure of Anisotropic Solids*, ed. J. P. Boehler. (London: Mechanical Engineering Publications, 1990), pp. 3–31.

[64] A. S. D. Wang, Fracture mechanics of sublaminate cracks in composite materials. In *Composites Technology Review*. (Philadelphia, PA: ASTM, 1984), pp. 45–62.

[65] L. J. Broutman and S. Sahu, Progressive damage of a glass reinforced plastic during fatigue. In *SPI, 24th Annual Technical Conference*, Section 11-D. (Washington, DC: SPI, 1969).

[66] J. Aveston, G. A. Cooper, and A. Kelly, Single and multiple fracture. In *The Properties of Fiber Composites*. (Surrey, UK: IPC Science and Technology Press, National Physical Laboratory, 1971).

[67] J. Aveston and A. Kelly, Theory of multiple fracture of fibrous composites. *J Mater Sci*, **8**:3 (1973), 352–62.

[68] K. W. Garrett and J. E. Bailey, Effect of resin failure strain on tensile properties of glass fiber–reinforced polyester cross–ply laminates. *J Mater Sci*, **12**:11 (1977), 2189–94.

[69] K. W. Garrett and J. E. Bailey, Multiple transverse fracture in 90 cross–ply laminates of a glass fibre–reinforced polyester. *J Mater Sci*, **12**:1 (1977), 157–68.

[70] A. Parvizi, K. W. Garrett, and J. E. Bailey, Constrained cracking in glass fibre–reinforced epoxy cross–ply laminates. *J Mater Sci*, **13**:1 (1978), 195–201.

[71] M. G. Bader, J. E. Bailey, P. T. Curtis, and A. Parvizi, eds. The mechanisms of initiation and development of damage in multi-axial fibre–reinforced plastic laminates. *Proc Third Int Conf Mech Behav Mater (ICM3)*, Vol. 3. (Cambridge, 1979), pp. 227–39.

[72] J. E. Bailey, P. T. Curtis, and A. Parvizi, On the transverse cracking and longitudinal splitting behaviour of glass and carbon fibre reinforced epoxy cross–ply laminates and the effect of Poisson and thermally generated strain. *Proc R Soc London A*, **366**:1727 (1979), 599–623.

[73] J. E. Bailey and A. Parvizi, On fiber debonding effects and the mechanism of transverse–ply failure in cross–ply laminates of glass fiber–thermoset composites. *J Mater Sci*, **16**:3 (1981), 649–59.

[74] A. Parvizi and J. E. Bailey, Multiple transverse cracking in glass–fiber epoxy cross–ply laminates. *J Mater Sci*, **13**:10 (1978), 2131–6.

[75] R. Talreja, Transverse cracking and stiffness reduction in composite laminates. *J Compos Mater*, **19**:4 (1985), 355–75.

[76] P. W. Manders, T. W. Chou, F. R. Jones, and J. W. Rock, Statistical analysis of multiple fracture in [0/90/0] glass fiber/epoxy resin laminates. *J Mater Sci*, **19** (1983), 2876–89.

[77] H. Fukunaga, T. W. Chou, P. W. M. Peters, and K. Schulte, Probabilistic failure strength analysis of graphite epoxy cross-ply laminates. *J Compos Mater*, **18**:4 (1984), 339-56.

[78] H. Fukunaga, T. W. Chou, K. Schulte, and P. W. M. Peters, Probabilistic initial failure strength of hybrid and non-hybrid laminates. *J Mater Sci*, **19**:11 (1984), 3546-53.

[79] P. S. Steif, Parabolic shear lag analysis of a [0/90]s laminate. Transverse ply crack growth and associated stiffness reduction during the fatigue of a simple cross-ply laminate. In S. L. Ogin, P. A. Smith, and P. W. R. Beaumont (eds.), Report CUED/C/MATS/TR 105, Cambridge University, Engineering Department, UK (September 1984).

[80] R. J. Nuismer and S. C. Tan, Constitutive relations of a cracked composite lamina. *J Compos Mater*, **22**:4 (1988), 306-21.

[81] S. C. Tan and R. J. Nuismer, A theory for progressive matrix cracking in composite laminates. *J Compos Mater*, **23**:10 (1989), 1029-47.

[82] Z. Hashin, Analysis of cracked laminates: a variational approach. *Mech Mater*, **4**:2 (1985), 121-36.

[83] J. A. Nairn, The strain energy release rate of composite microcracking: a variational approach. *J Compos Mater*, **23**:11 (1989), 1106-29.

[84] J. Varna and L. A. Berglund, Multiple transverse cracking and stiffness reduction in cross-ply laminates. *J Compos Tech Res*, **13**:2 (1991), 97-106.

[85] L. N. McCartney, Theory of stress transfer in a 0-degrees-90-degrees-0-degrees cross-ply laminate containing a parallel array of transverse cracks. *J Mech Phys Solids*, **40**:1 (1992), 27-68.

[86] P. Gudmundson and W. L. Zang, An analytic model for thermoelastic properties of composite laminates containing transverse matrix cracks. *Int J Solids Struct*, **30**:23 (1993), 3211-31.

[87] E. Adolfsson and P. Gudmundson, Thermoelastic properties in combined bending and extension of thin composite laminates with transverse matrix cracks. *Int J Solids Struct*, **34**:16 (1997), 2035-60.

[88] P. Lundmark and J. Varna, Constitutive relationships for laminates with ply cracks in in-plane loading. *Int J Damage Mech*, **14**:3 (2005), 235-59.

第4章

微观损伤力学

4.1 引言

如第3章中所述,损伤会影响固态连续体的总体应力-应变响应,而损伤力学就是研究这种影响的一门学科。多年来损伤力学已分化为两个截然不同的分支学科:一个学科直接在裂纹形成尺度(微观结构尺度)上进行损伤研究,称为微观损伤力学(MIDM);另一个学科研究宏观尺度或结构尺度上的总体响应,利用一些内部变量来表征损伤,称为宏观损伤力学(MADM)。这两个术语最早由哈辛(Hashin)[1]提出,宏观损伤力学也就是当前常用的连续损伤力学(CDM)。

复合材料的微观损伤力学由历史更久、更成熟的微观力学发展而来,而微观力学主要研究非均质材料的总体性能(见文献[2])。微观力学中将夹杂和空穴等非均质性看作"微观结构",在估算总体性能时采用了多种方法(如自洽平均值法、微分平均值法或变分法)来求得平均性能的边界值。研究中可将微观裂纹看作是有限几何尺寸的微观空穴,如几何尺寸远小于二维和三维的一维椭圆形空穴。如第3章中所述,复合材料中"损伤"的几何尺寸及演化特性(如固定体积内裂纹倍增)十分复杂。因为以上这些因素,对复合材料内的损伤进行简单的微观力学引申通常是不可能的,因此就出现了微观损伤力学这一分支学科。本章将探讨用于分析复合材料内某些特定损伤的微观损伤力学的主要特征。由于测定局部(微观层次)应力场或位移场是微观力学的基本特征,并非复合材料内各类损伤的任何情况都可用微观损伤力学解释。引入局部应力场或位移场的数值解,可将传统微观力学拓宽为包括计算微观力学的微观力学,从而克服了这一局限性。现在的微观损伤力学中已采用了这一策略,本章结尾将对此展开详细讨论。

接下来讨论复合材料的内部损伤问题。损伤的形成是由于不同材料间存在着连续界面(如纤维/基体界面或层合板中不同方向的铺层间界面),事实上这一点是理解复合材料内部损伤的基础。历史上,复合材料内部损伤问题最早是由 Aveston、Cooper 和 Kelly[3]进行的分析,分析结果表明导致复合材料失效的条件是单裂纹扩展成多裂纹,相关研究现已发展成著名的 ACK 理论。尽管以上研究情形考虑的几何形状简单,承受载荷单一,即单向纤维增强的脆性基体复合材料沿纤维方向承受载荷,但阐明了大多数情况下多缝开裂这一基本机理。ACK论文中的简单应力分析和相关能量平衡分析在后续研究中进行了扩展,包括采用更精确的解,但几乎未对多缝开裂机理作进一步的深入研究。

4.2 单次断裂和多次断裂现象:ACK 理论

金属和陶瓷等均质材料的内部失效模式(断成两块或多块)通常称为单次断裂,因为失效为单一来源,即单条裂纹。非均质材料在最终断成两块或多块前,其中某一相为单次断裂失效模式或保持多次断裂模式。后一种现象称为多次断裂,通常发生于水泥砂浆和玻璃等纤维增强的脆性基体复合材料。

复合材料内部损伤的发生通常伴随着基体开裂。非纤维增强玻璃和纤维增强玻璃在沿纤维方向的拉伸载荷作用下,其各向同性应力-应变响应如图 4.1 所示。除纤维方向上的应力-应变响应得到增强外,另一个显著特征是纤维增强玻璃试件呈现出非线性,这种非线性属于一种延性,其形成是由于基体(玻璃)发生了多缝开裂[4]。

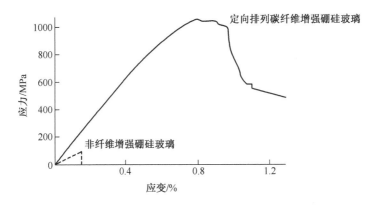

图 4.1 非纤维增强硼硅玻璃(虚线)和
定向排列碳纤维增强硼硅玻璃(实线)的应力-应变曲线[4]

尽管研究人员(如 Cooper 和 Sillwood[5])在早些时候就发现了多次断裂现象,但对多次断裂的系统性研究在文献[3]中才进行了报道,其研究成果(ACK理论)是以下分析的依据。

如图 4.2 所示,以沿纤维方向拉伸载荷作用下的单向纤维增强复合材料为研究对象,并假设如下:

(1) 纤维的直径相同,且在基体内呈均匀分布。

(2) 所有纤维彼此间均平行排列。
(3) 基体内无空穴和裂纹等预置缺陷。
(4) 基体和纤维均为线性弹性。

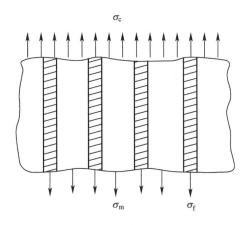

图 4.2 拉伸载荷作用下的单向纤维增强复合材料

假设纤维和基体拉伸时具有不同的失效应变,当一种组分失效时,另一种组分也会同时失效或承受附加载荷继续变形。在后一种情况下,最初失效的组分还会在别处再次失效。因此,复合材料内部发生多次断裂需具备两个必要条件:

(1) 一种组分的失效应变比另一种组分低。
(2) 当强度较低的组分失效时,即当它不再承受任何载荷时,强度较高的组分必须能够承受施加在其上的附加载荷。

若 P_c 为施加于复合材料上的总拉伸载荷,P_f 和 P_m 分别表示纤维和基体承受的载荷,则由力的平衡关系,得

$$P_c = P_f + P_m \tag{4.1}$$

除以复合材料的横截面积 A,得

$$\frac{P_c}{A} = \frac{P_f}{A} + \frac{P_m}{A} \tag{4.2}$$

或

$$\frac{P_c}{A} = \frac{P_f}{A_f}\frac{A_f}{A} + \frac{P_m}{A_m}\frac{A_m}{A} \tag{4.3}$$

假设复合材料长度为单位长度,有

$$\sigma_c = \sigma_f V_f + \sigma_m V_m \tag{4.4}$$

式中:V_f、V_m 分别为纤维和基体的体积分数。

根据最先失效的相,存在两种不同的情况,如图 4.3 所示。第一种情况纤维

的断裂应变比基体低($\varepsilon_{fu} < \varepsilon_{mu}$),而第二种情况正好相反($\varepsilon_{mu} < \varepsilon_{fu}$)。在第一种情况下,若基体可承受因纤维失效而施加于其上的附加载荷,纤维将经受多次断裂,即:若

$$P_{mu} > P_c|_{\varepsilon_{fu}}$$

则

$$\sigma_{mu} V_m > \sigma_{fu} V_f + \sigma'_m V_m \tag{4.5}$$

式中:P_{mu}为基体可承受的最大载荷;σ_{fu}、σ_{mu}分别为纤维和基体的拉伸强度值,且$\sigma'_m = E_m \varepsilon_{fu} = (\sigma_{mu}/\varepsilon_{mu})\varepsilon_{fu}$为产生与纤维断裂应变相等的应变所需的基体内部应力。

在此情况下,纤维将连续断裂为长度更短的小段,直至基体达到其失效应变,此时复合材料发生整体失效。

另外,第二种情况下的基体将经受多次断裂,若

$$P_{fu} > P_c|_{\varepsilon_{mu}} \tag{4.6}$$

则

$$\sigma_{fu} V_f > \sigma_{mu} V_m + \sigma'_f V_f$$

式中:P_{mu}为基体可承受的最大载荷;σ_{fu}、σ_{mu}分别为纤维和基体的拉伸强度值,且$\sigma'_f = E_f \varepsilon_{mu} = (\sigma_{fu}/\varepsilon_{fu})\varepsilon_{mu}$为产生与基体断裂应变相等的应变所需的纤维内部应力。

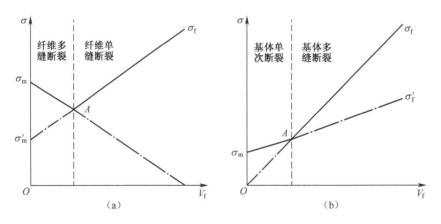

图 4.3 单向复合材料内部单次断裂和多次断裂
(断裂应力与纤维体积分数的关系:(a)第一种情况 $\varepsilon_{mu} > \varepsilon_{fu}$;(b)第二种情况 $\varepsilon_{mu} < \varepsilon_{fu}$。)

4.2.1 多缝基体开裂

下面将重点讨论多缝基体开裂的情况,并假设 $\sigma_{mu} < \sigma_{fu}$。除前面所述假设

条件外,还需做如下假设。

(1) 纤维在整个受载过程中保持完好无损;
(2) 基体裂纹在整个截面上扩展;
(3) 相邻基体裂纹间的纤维完全脱粘。

若仅考虑两根纤维间的基体区域,基体失效后释放的力 P_m 由开裂截面上的纤维承受,再经过一段距离 x' 传递回基体。发生这种载荷传递是由于纤维/基体界面存在着剪切作用,而剪切应力 τ 保持恒定。界面载荷传递机理如图 4.4 所示。

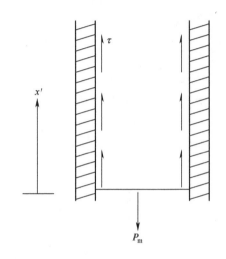

图 4.4 纤维/基体界面上的载荷传递机理

由总基体载荷 P_m 和纤维-基体界面总剪切力之间的载荷平衡,得

$$P_\mathrm{m} = \sigma_\mathrm{mu} A_\mathrm{m} = \tau \cdot 2\pi r \cdot x' \cdot N \tag{4.7}$$

式中: r 为纤维半径; N 为面积为 A 的复合材料横截面上的纤维数; x' 可定义为

$$x' = \left(\frac{\sigma_\mathrm{mu}}{\tau}\right)\frac{A_\mathrm{m}}{2\pi r N} \tag{4.8}$$

又有

$$\frac{A_\mathrm{m}}{2\pi r N} = \frac{A_\mathrm{m}/A}{2\pi r N/A} = \frac{V_\mathrm{m} \cdot r}{2(N \cdot \pi r^2/A)} = \frac{V_\mathrm{m} \cdot r}{2 V_\mathrm{f}}$$

则

$$x' = \left(\frac{\sigma_\mathrm{mu}}{\tau}\right)\frac{V_\mathrm{m}}{V_\mathrm{f}}\frac{r}{2} \tag{4.9}$$

假设界面剪切应力恒定,可以简化分析,但若裂纹表面一直无牵引力,基体裂纹与界面交汇处的剪切应力必然会变为零,当意识到这一点时,就会发现此分

析存在着不精确性。

1. 纤维和基体内部应力分布

当一根长度为 $\Delta x'$ 的纤维达到受力平衡时,纤维应力变化为 $\Delta\sigma_f$,得

$$\Delta\sigma_f \cdot \pi r^2 = \tau \cdot 2\pi r \cdot \Delta x' \tag{4.10}$$

则载荷传递速率为常量,有

$$\frac{\Delta\sigma_f}{\Delta x'} = \frac{\tau}{r} \tag{4.11}$$

最终沿纤维轴向的纤维应力 σ_f 呈线性变化,σ_m 也相应地呈线性变化。纤维内部最大应力发生在基体裂纹处,并可确定为

$$\sigma_{f,\max} = \sigma_f + \frac{P_{mu}}{A_f} = \sigma_f + \sigma_{mu}\frac{A_m}{A_f} = \sigma_f + \sigma_{mu}\frac{V_m}{V_f} \tag{4.12}$$

2. 开裂引起的附加应变

纤维内部应变从开裂处的 ε_{mu} 增至最大值,即

$$\varepsilon_{f,\max} = \frac{\sigma_{f,\max}}{E_f} = \frac{\sigma_f}{E_f} + \frac{\sigma_{mu}}{E_f}\frac{V_m}{V_f} = \varepsilon_f + \frac{\sigma_{mu}}{E_m}\frac{E_m}{E_f}\frac{V_m}{V_f} = \varepsilon_{mu}(1+\alpha) \tag{4.13}$$

且

$$\alpha = \frac{E_m}{E_f}\frac{V_m}{V_f} \tag{4.14}$$

裂纹间隔 $2x'$ 上的平均应变为

$$\varepsilon_{\text{mean},2x'} = \frac{1}{2}[\varepsilon_{mu} + \varepsilon_{mu}(1+\alpha)] = \varepsilon_{mu}\left(1+\frac{\alpha}{2}\right) \tag{4.15}$$

当裂纹间隔减小到 x' 时,平均应变增至

$$\varepsilon_{\text{mean},x'} = \varepsilon_{mu}\left(1+\frac{3\alpha}{4}\right) \tag{4.16}$$

3. 多缝开裂中的能量问题

考虑图 4.2 中固定外加载荷 ($P_c = \sigma_c A$) 下的单向复合材料,令其初始结构为状态 1,令其多缝基体开裂时的结构为状态 2。下面将描述由状态 1 到状态 2 的能量变化。

1) 能量"供给"

(1) ΔW:由于开裂导致的试件延伸,外部载荷(固定载荷)在每单位横截面积 A 上所做的功为

$$\begin{aligned}\Delta W &= \frac{1}{A}P_c \cdot 2\Delta x' = \sigma_c \cdot 2\left(\varepsilon_{mu}\frac{\alpha}{2}x'\right) = E_c\varepsilon_{mu} \cdot \varepsilon_{mu}\alpha x' \\ &= E_c\varepsilon_{mu}^2\alpha x'\end{aligned} \tag{4.17}$$

(2) ΔU_m:基体弹性应变能经过 $2x'$ 距离的减小量为

$$\Delta U_m = 2\int_0^{x'}\left[\frac{1}{2}E_m V_m \varepsilon_{mu}^2 - \frac{1}{2}E_m V_m\left(\varepsilon_{mu}\frac{x}{x'}\right)^2\right]dx$$

$$= \frac{2}{3}E_m V_m \varepsilon_{mu}^2 x'$$

$$= \frac{E_m V_m}{3\tau}\varepsilon_{mu}^3 \alpha r \tag{4.18}$$

2) 能量"消耗"

（1）基体裂纹形成过程中消耗的能量。若 γ_m 为每单位裂纹表面积上的表面能，则基体裂纹形成过程中每单位横截面积消耗的能量为

$$2\gamma_m \frac{A_m}{A} = 2\gamma_m V_m \tag{4.19}$$

（2）纤维/基体界面脱粘过程中消耗的能量。若取 G_{II} 为每单位脱粘表面积上释放的能量，则每单位横截面积的脱粘能 γ_{db} 为

$$\gamma_{db} A = G_{\mathrm{II}} \cdot 2\pi r \cdot 2x' \cdot N \tag{4.20}$$

即

$$\gamma_{db} = G_{\mathrm{II}} \cdot \frac{2\pi r N}{A} \cdot 2x' = 2G_{\mathrm{II}} \cdot \frac{A_f}{Ar} \cdot \frac{V_m}{V_f} \cdot \frac{\sigma_{mu}}{\tau} r$$

$$= 2G_{\mathrm{II}} V_m \frac{\sigma_{mu}}{\tau} \tag{4.21}$$

（3）U_s：基体经过 $2x'$ 距离滑移到纤维表面的过程中消耗的能量。每单位横截面积消耗的能量为

$$U_s = \frac{1}{A} \cdot N \cdot 2\int_0^{x'}\Delta v \cdot \tau \cdot 2\pi r dx \tag{4.22}$$

式中：Δv 为 x 方向的滑动位移，滑动位移为纤维和基体的位移差。滑动位移可通过对基体和纤维中的应变进行积分求得，即

$$\int_0^{x'}\tau\Delta v dx = \tau\int_0^{x'}\varepsilon_{mu}\left[(1+\alpha)x - \frac{\alpha}{2}\frac{x^2}{x'} - x'\left(1+\frac{\alpha}{2}\right)\frac{-x^2}{x'} + \frac{x'}{2}\right]dx$$

$$= \frac{\tau\varepsilon_{mu}x'^2}{6}(1+\alpha) \tag{4.23}$$

则

$$U_s = \frac{E_f E_m V_m}{6\tau}\varepsilon_{mu}^3 r\alpha(1+\alpha) \tag{4.24}$$

（4）ΔU_f：纤维附加应力导致的附加延伸引起的纤维弹性能增量。每单位横截面积的弹性能增量为

$$\Delta U_f = U_f^{(2)} - U_f^{(1)} = 2\int_0^{x'}\left[\frac{1}{2}E_f V_f\left\{\varepsilon_{mu}\alpha\left(1-\frac{x}{x'}\right)+\varepsilon_{mu}\right\}^2 - \frac{1}{2}E_f V_f \varepsilon_{mu}^2\right]dx$$

$$= E_f V_f \varepsilon_{mu}^2 x'\alpha\left(1+\frac{\alpha}{3}\right)$$

$$= \frac{E_f E_m V_m}{2\tau}\varepsilon_{mu}^3 r\alpha\left(1+\frac{\alpha}{3}\right) \tag{4.25}$$

4. 多缝基体开裂的条件

（1）基体中的应力大于或等于基体失效应力，即

$$\sigma_m \geq \sigma_{mu} \text{ 或 } \varepsilon_m \geq \varepsilon_{mu} \tag{4.26}$$

（2）从状态 1 到状态 2 的能量"供给"大于或等于能量"消耗"，即

$$2\gamma_m V_m + \gamma_{db} + U_s + \Delta U_f \leq \Delta W + \Delta U_m \tag{4.27}$$

将式(4.17)~式(4.25)代入式(4.27)，得

$$2V_m\left(\gamma_m + G_{\text{II}}\,\frac{\sigma_{mu}}{\tau}\right) \leq \frac{E_c E_f \varepsilon_{mu}^3 \alpha^2 r}{6\tau} \tag{4.28}$$

可以说，能量项 G_{II} 远小于其他能量贡献，假设 $G_{\text{II}}=0$，有

$$2V_m\gamma_m \leq \frac{E_c E_f \varepsilon_{mu}^3 \alpha^2 r}{6\tau} \tag{4.29}$$

则导致多缝基体开裂所需的应变表达式为

$$\varepsilon_{muc} = \left(\frac{12\tau\gamma_m E_f V_f^2}{E_c E_m V_m r}\right)^{1/3} \tag{4.30}$$

5. 应力-应变响应

当复合材料承受载荷引起的外加应变量与基体失效应变相等时，基体内部开始发生多缝开裂。若基体有明确定义的单值断裂应变，在恒定外加应力 $E_c\varepsilon_{mu}$ 下会持续开裂，直至基体断裂为一组长度为 $x'\sim 2x'$ 的小块。基体多次断裂后的复合材料应力-应变响应如图 4.5 所示。在多缝基体开裂（A 点到 B 点）过程中，当裂纹间隔从 $2x'$ 减小到 x' 时，平均应变范围为 $\varepsilon_{mu}\left(1+\frac{\alpha}{2}\right)\sim \varepsilon_{mu}\left(1+\frac{3\alpha}{4}\right)$。因此，多缝开裂范围内的总应变 ε_{mc} 满足

$$\varepsilon_{mu}\left(1+\frac{\alpha}{2}\right) < \varepsilon_{mc} < \varepsilon_{mu}\left(1+\frac{3\alpha}{4}\right) \tag{4.31}$$

当外加载荷增大时，纤维进一步拉伸，并在整个基体中滑移（从 B 点到 C 点）。由于基体不再承受任何载荷，试件的弹性模量减小到 $E_f V_f$。复合材料最终会在应力 $\sigma_{fu} V_f$ 下失效。复合材料的失效应变 ε_{cu} 满足

$$\varepsilon_{fu} - \frac{\alpha\varepsilon_{mu}}{2} < \varepsilon_{cu} < \varepsilon_{fu} - \frac{\alpha\varepsilon_{mu}}{4} \tag{4.32}$$

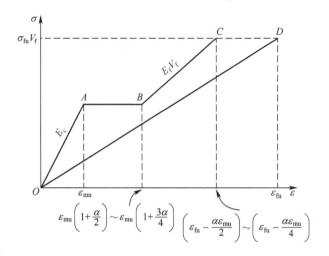

图 4.5　基于 ACK 理论的单向复合材料多次断裂后的应力-应变响应

4.2.2　粘接完好的纤维/基体界面：改进的剪滞分析

以上分析基于断裂过程中纤维与基体完全脱粘这一假设,实际上基体位移和纤维位移相互关联。完全脱粘可被视为一种极限情况,另一种极限情况是完好粘接。在完好粘接的情况下,改进的剪滞模型更为适用[6]。

在完全脱粘和完好粘接这两种情况下,由简单的力平衡原理得到纤维和基体间载荷传递的基本控制方程。连续基体内半径为 r 的离散纤维的基本控制方程为

$$\frac{\mathrm{d}F}{\mathrm{d}y} = \frac{2V_f \tau_i}{r} \tag{4.33}$$

式中:$\mathrm{d}F$ 为经过距离 $\mathrm{d}y$ 每单位横截面积上传递的载荷;τ_i 为作用于界面的剪切应力。

在脱粘的情况下,从纤维到基体的载荷传递可用式(4.11)表示;而在粘接良好的情况下,初始裂纹平面上的纤维将承受附加应力 $\Delta\sigma_0$,附加应力可表示为

$$\Delta\sigma_0 = \frac{\sigma_a}{V_f} - E_f \varepsilon_{mu} \tag{4.34}$$

式中:σ_a 为外加应力,该附加应力在基体裂纹平面上达到最大值,随该应力到裂纹表面的距离而逐渐减小。Aveston 和 Kelly 采用改进的剪滞分析[6],结果表明沿纤维方向的附加应力变化量为

$$\Delta\sigma(y) = \Delta\sigma_0 \mathrm{e}^{-\sqrt{\mathcal{K}}y} \tag{4.35}$$

且

$$\chi = \left(\frac{2G_\mathrm{m} E_\mathrm{c}}{E_\mathrm{f} E_\mathrm{m} V_\mathrm{m}}\right)\frac{1}{r^2 \ln\left(\dfrac{R}{r}\right)} \quad (4.36)$$

式中：G_m 为基体的剪切模量。

在长度为 $\mathrm{d}y$ 的一个纤维元素上进行力平衡分析，得

$$\mathrm{d}\Delta\sigma \cdot \pi r^2 + \tau_\mathrm{i} \cdot 2\pi r \cdot \mathrm{d}y = 0 \quad (4.37)$$

式中：纤维中的应力变化率为

$$\frac{\mathrm{d}\Delta\sigma}{\mathrm{d}y} = -\frac{2}{r}\tau_\mathrm{i} \quad (4.38)$$

对式(4.35)进行关于 y 的微分，并代入式(4.38)，则纤维和基体界面处的剪切应力为

$$\tau_\mathrm{i} = \frac{r}{2}\Delta\sigma_0 \chi \mathrm{e}^{-\sqrt{\chi}y} \quad (4.39)$$

将式(4.39)代入式(4.33)并积分，经过距离 l 每单位横截面积 A 上从裂纹表面传递到基体的载荷 F 可通过下式求得：

$$F = V_\mathrm{f}\Delta\sigma_0(1 - \mathrm{e}^{-\sqrt{\chi}l}) \quad (4.40)$$

若 $\Delta\sigma_0 \geqslant \sigma_\mathrm{mu}(V_\mathrm{m}/V_\mathrm{f})$，基体将继续开裂为长度为 $l \sim 2l$ 的几块，其中 l 可通过设 $F = \sigma_\mathrm{mu} V_\mathrm{m}$ 并代入式(4.40)中求得：

$$l = -\frac{1}{\sqrt{\chi}}\ln\left(1 - \frac{\sigma_\mathrm{mu}}{\Delta\sigma_0}\frac{V_\mathrm{m}}{V_\mathrm{f}}\right) \quad (4.41)$$

在此情况下，能量使基体的裂纹产生的应变为

$$\varepsilon_\mathrm{mu} = \left(\frac{2\gamma_\mathrm{m} V_\mathrm{m}\sqrt{\chi}}{\alpha E_\mathrm{c}}\right)^{1/2} \quad (4.42)$$

基体的有效弹性模量可通过对基体内分布的应力取平均值的方法确定，即

$$\overline{E}_\mathrm{m} = \frac{1}{\varepsilon_\mathrm{mu}}\frac{1}{s}\int_0^s \Delta\sigma_\mathrm{m}(y)\,\mathrm{d}y \quad (4.43)$$

式中：s 为互裂裂纹间隔的 $1/2$。

基体内应力分布可表示为

$$\sigma_\mathrm{m}(y) = \overline{E}_\mathrm{m}\varepsilon_\mathrm{mu} - \Delta\sigma\frac{V_\mathrm{f}}{V_\mathrm{m}} \quad (4.44)$$

由式(4.34)、式(4.43)和式(4.44)，得[7]

$$\overline{E}_m = E_\mathrm{m} + \frac{E_\mathrm{m}}{s\sqrt{\chi}}(\mathrm{e}^{-s\sqrt{\chi}} - 1) \quad (4.45)$$

单向复合材料的有效模量可通过混合法则确定,即

$$\overline{E}_c = E_f V_f + \overline{E}_m V_m \quad (4.46)$$

4.2.3 纤维/基体摩擦界面

如 Wang 和 Parvizi-Majidi[7] 所述,另一种重要情况是假设纤维/基体界面存在摩擦。在此情况下,假设纤维和基体间传递的载荷保持恒定不变。在基体开裂扩展后,传递到裂纹表面纤维的附加应力应在恒定界面剪切应力的作用下,经过极限基体裂纹间隙的距离 x 传递回基体。因此,远离裂纹表面的基体内应力将呈线性变化,从裂纹处的零值增大到距裂纹 x 距离处的最大值 σ_m,该应力在大于 x 的距离上将保持最大值,因此基体内的平均压力和刚度值可表示为

$$\begin{cases} \overline{\sigma}_m = \sigma_m \dfrac{2s-x}{x} \\ \overline{E}_m = E_m \dfrac{2s-x}{x} \end{cases} \quad (4.47)$$

则复合材料的总刚度可通过式(4.46)进行计算。

ACK 理论中运用的一维应力传递分析及后来的改进分析均无法实现精确预测,如预测多重开裂的初始应变。这些研究工作的主要价值在于对多缝开裂现象进行了解释。在后面的章节中,将讨论更广义的多缝开裂问题,并对自 ACK 理论出现以来采用的多种方法进行描述。

4.3 开裂层合板的应力分析(边界值问题)

4.3.1 复杂性及存在问题

常规铺设方式下开裂层合板的损伤分析是一项非常复杂的工作。下面将讨论多向层合板内部损伤分析中存在的主要问题:

(1) 各向异性和非均质性。常用的层合板分析法基于一个假设,即各铺层具有均质性和各向异性以及单向复合材料的有效特性。当在整个层厚度方向上的主要面内层合板应力的变化保持恒定或呈线性时,这一假设对未受损层合板在通常情况下薄膜力和力矩加载情况是有效的。但层间裂纹的存在会产生高应力梯度等局部条件,使各铺层均质化[1]假设无效。此外,面内应力分析也不足以解释不同铺层上裂纹间的相互作用。

(2) 应力奇点。"铺层内存在理想裂纹"这一假设会产生压力奇点。可实际上,裂纹尖端由于在层界面附近存在有限尺寸的纤维以及该处基体的局部流动现象而会变得不那么尖锐。因此,通过均质弹性介质中裂纹的常规应力分析,

可能无法精确预测裂纹尖端附近的实际应力场,在此情况下就必须采用数值法(如有限元法)。

(3) 裂纹间的相互作用。当存在高密度裂纹时,铺层内两条相邻裂纹周围的应力场开始相互作用,从而使这两条裂纹之间的区域增宽。裂纹的这种相互作用会影响裂纹表面位移和总应力场,对裂纹相互作用进行精确建模是一项复杂的工作。

(4) 边界值问题的三维性。在讨论了前3个问题后,意识到实际情况下普通层合板中的铺层裂纹有可能弯曲、间隔不等,或不会完全扩展并在宽度方向(x方向)上贯穿整个层合板,这就出现了复杂的三维边界值问题(BVP)。在开裂正交铺设层合板这一较为简单的情况下,假设裂纹具有周期性、平直的特点,而且完全扩展并在厚度方向(z方向)和宽度方向上贯穿整个铺层,则最终的边界值问题可简化为广义平面应变问题。但在偏轴铺层开裂的情况下,应力分析问题仍属于真正的三维边界值问题,而将其简化为二维问题则不能实现精确预测。

(5) 代表性体积元尺寸的定义。若使复合材料铺层等非均质性固体实现均质化,代表性体积元尺寸必须足够大,才能容纳足够多的纤维,并得到平均性能。纤维直径通常为0.01mm,铺层厚度通常为0.125mm,代表性体积元是否能沿铺层厚度延伸,取决于纤维体积分数和纤维分布的不均匀性,但在经典层合板理论中假设代表性体积元能沿铺层厚度方向延伸。当铺层内出现裂纹时,局部压力梯度骤增,使均质化铺层性能受到破坏,但远离裂纹的铺层性能保持不变。在确定多裂纹复合材料的总体(平均)性能时,代表性体积元尺寸必须足够大以表示裂纹。为了满足这一要求,代表性体积元必须在层合板长度方向(y方向)上延伸,因为在厚度方向上会受到层合板厚度的制约。

(6) 多尺度因素。与代表性体积元问题相关的因素为应力的多尺度特性及失效分析。RVE尺度为中尺度,而代表性体积元内非连续个体的尺度为微观尺度,结构分析依赖的尺度为宏观尺度。大多数微观损伤机理(MIDM)主要利用微观尺度上的应力场测定中尺度性能的变化。实际上,后面章节中大多数分析均假设裂纹呈均匀分布,并给出边界值问题解的重复性单元。

(7) 约束效应。开裂层合板中的应力扰动是由外加载荷产生的铺层裂纹的表面位移引起的,这些表面位移不会自由发生,若裂纹位于无穷厚度的均质铺层内,表面位移将会受到相邻铺层的约束。理解这些约束效应对于测定开裂层合板的有效性能十分关键,约束效应将在第5章中进行详细讨论。

(8) 偏轴铺层开裂的复杂性。与正交铺设层合板不同,非90°方向的偏轴铺层的层内开裂较为复杂。显微镜观察结果表明:由于偏轴角、铺层厚度和相邻铺层的方向不同,这些裂纹可能会出现局部扩展,而且其形状和尺寸不一致,分布也不均匀[8-9]。[0/45]$_s$层合板的拉曼光谱试验发现,45°铺层上的裂纹演化规律与正交铺设层合板中90°铺层[10]的类似裂纹不同,这似乎表明45°裂纹最初应变和扩展应变是不同的。对于含90°铺层的层合板来说,轴向拉伸作用下的铺层通常会产生裂纹,而其他偏轴铺层则要在更高载荷下才会产生裂纹。多向层合板的观察结果表明,两个相邻铺层的交角对损伤的出现和扩展可能有较大影响。相邻铺层交角较小的情况下,裂纹沿纤维方向扩展前就能观察到局部形成的裂纹。而在交角[11-12]较大的情况下,裂纹完全扩展才会发生。[0/60$_2$/90]$_s$层合板中60°铺层的损伤演化如图4.6所示。此外,剪切拉伸耦合作用可能也会给偏轴层合板分析增加一些复杂性[13-14]。

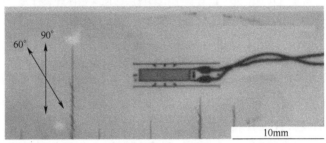

$\sigma_x=315$MPa $\varepsilon_x=0.71\%$

(a)

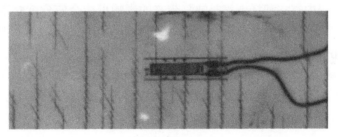

$\sigma_x=347$MPa $\varepsilon_x=0.80\%$

(b)

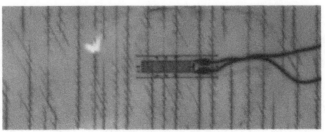

$\sigma_x=388$MPa $\varepsilon_x=0.89\%$

(c)

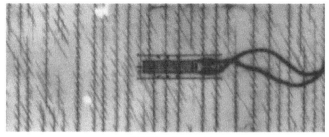

$\sigma_x=428\text{MPa} \quad \varepsilon_x=1.00\%$

(d)

图4.6 [0/60₂/90]ₛ层合板中相邻铺层的连续基体开裂行为[11]

(a)~(d)不同外加应变水平下的损伤状态。

(9) 开裂过程中的随机性。一般来说,损伤模型假设横向裂纹为均匀分布,即假设横向裂纹具有周期性和自相似性。实际上,裂纹间隔的变化可能会较大,特别是在裂纹间隔较大的情况下。近期,基体开裂的空间不均匀性对应力传递及开裂正交铺设层合板有效力学性能的影响的相关研究取得了一些进展[15,17]。

(10) 多缝损伤机理。一般来说,复合材料层合板可以表现为多种损伤模式。下面重点讨论铺层开裂,其发生通常远早于分层和纤维断裂等其他损伤机理。制造过程中空穴和纤维束等缺陷带来的影响可能会使分析变得更为复杂,这些相互作用可能对失效分析十分重要,相关研究结果见文献[18,24]。

以上几个关于开裂层合板的复杂问题,使应力和失效分析任务变得十分困难,即使是结构简单的层合板也是如此。应力分析本身的精准性可能并不总是解决当前工程问题的主要因素,通常需要结合实际应用情况合理地对分析结果进行近似和简化处理。后面章节中将按复杂程度的递增顺序对损伤及其影响展开分析。

4.3.2 假设条件

对拉伸中的正交铺设层合板进行了研究(图4.7(a))。在某一给定载荷下,90°铺层内会出现横向裂纹。如第3章中所述,这些裂纹在瞬时就可竖向贯穿90°铺层,横跨复合材料试件的宽度,即载荷在横向上均匀分布的范围。因此,将宽度方向看作是无穷宽,则边界值问题可简化为广义平面应变问题,如图4.7(b)所示,假设图中裂纹间隔2l呈周期性分布。实验观察结果表明,尽管裂纹间隔在开裂过程的早期呈不均匀分布状态,但很快就可达到均匀分布状态,并保持此状态直至裂纹饱和。

除裂纹几何形状和裂纹间隔的相关假设外,假设铺层材料具有均质性和线弹性,其对称性取决于纤维方向。假设所有纤维呈平行排列,横截面为对称面。假设垂直于横截面的两个相互正交的面,即中平面和贯穿厚度的平面均为对称面,这样可使铺层具有正交对称性。也可假设横截面为各向同性平面,这样可使铺层具有横向各向同性。

开裂正交铺设层合板的边界值问题

如上所述,可将开裂正交铺设层合板看作二维边界值问题进行分析,如图4.7(b)所示,图中 $Oxyz$ 为层合板坐标系。对于图4.7(b)中的二维构型,x-z 轴的原点位于图中所示裂纹间某一点。某一层内的局部材料坐标系为 $Ox_1x_2x_3$,可简单表示为"1-2-3"。

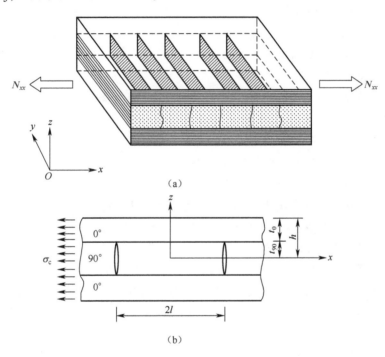

图 4.7　开裂正交铺设层合板应力分析的单元结构
(a) 拉伸中的开裂层合板;(b) 等效二维单元。

边界值问题的常用符号定义如下:

(1) 铺层材料横向各向同性:

E_1 为纵向弹性模量;

E_2 为横向弹性模量;

ν_{12} 为主泊松比;

G_{12} 为面内剪切模量;

069

$\nu_{21} = \nu_{12}\dfrac{E_2}{E_1}$ 为次泊松比；

E_x 为层合板的纵向弹性模量；

E_{x0} 或 E_c 为初始（未受损）层合板的纵向弹性模量；

E_{x0}^0 为 0°铺层（未受损层合板）的纵向弹性模量；

E_{x0}^{90} 为 90°铺层（未受损层合板）的纵向弹性模量。 (4.48)

（2）几何尺寸：

A 为横截面积；

$2t_0$ 为 0°铺层厚度；

$2t_{90}$ 为 90°铺层厚度；

$2h = 2(t_0 + t_{90})$ 为层合板总厚度；

$2l$ 为两条相邻裂纹的平均间隔。 (4.49)

（3）载荷：

N_{xx} 为 x 方向上每单位宽度的外加拉伸载荷（面内合应力）。 (4.50)

（4）应力和应变：

σ_c 为 x 方向上层合板的总外加应力；

σ_{xx}^0 为 0°铺层内 x 方向上的总应力；

σ_{xx}^{90} 为 90°铺层 x 方向上的总应力；

σ_{xx0}^0 为 0°铺层 x 方向上的初始（初始层合板）应力；

σ_{xx0}^{90} 为 90°铺层 x 方向上的初始（初始层合板）应力。 (4.51)

其他符号在需要时会给出相关定义。

边界值问题可描述为：确定拉伸载荷下开裂正交铺设层合板的位移场和应力场，需满足平衡条件和边界条件，再进一步测定其固定损伤状态下的有效刚度特性（已知裂纹间隔）。

也就是说，测定 σ_{ij} 需满足以下条件：

（1）力平衡：

$$N_{xx} = \sigma_c A \quad (4.52)$$

（2）平衡条件：

$$\sigma_{ij,j} = 0 \quad (4.53)$$

（3）边界和连续性条件：

层合板中面对称性：

$$\sigma_{xz}^{90}(x,0) = 0$$

跨界面牵引力的连续性：

$$\begin{cases} \sigma_{xz}^{90}(x,t_{90}) = \sigma_{xz}^0(x,t_{90}) \\ \sigma_{zz}^{90}(x,t_{90}) = \sigma_{zz}^0(x,t_{90}) \end{cases}$$

无牵引力边界:

$$\begin{cases} \sigma_{xz}^0(x,h) = 0 \\ \sigma_{zz}^0(x,h) = 0 \end{cases} \quad (4.54)$$

无牵引力裂纹表面:

$$\begin{cases} \sigma_{xz}^{90}(\pm l,z) = 0 & (-t_{90} \leqslant z \leqslant t_{90}) \\ \sigma_{xx}^{90}(\pm l,z) = 0 & (-t_{90} \leqslant z \leqslant t_{90}) \end{cases}$$

4.4 一维模型:剪滞分析

适用于多缝裂纹分析的一类一维模型是剪滞模型,尽管基于这些模型的应力分析本身具有不精确性,但因其能通过剪切应力捕捉界面处的应力传递,故模型分析显得十分有效。历史上,Cox[25]首次将剪滞分析用于描述非连续纤维增强复合材料中纤维与基体间的应力传递,他在分析中采用了基体内嵌入单纤维的轴对称模型。后来,Aveston和Kelly[6]对该模型进行了改进,用来预测脆性基体的单向纤维增强复合材料中产生多缝基体开裂的应变。近期基于轴对称模型的研究结果表明,Cox的初期研究结果可通过弹性理论的一系列近似法推导[26]。Garrett、Bailey、Parvizi[27-28]和Manders等[29]采用Cox的方法分析了特殊情况下的横向开裂。大多数关于横向裂纹的早期研究采用了单元剪滞分析,如图4.7(b)所示。对于同一种分析方法,已经做了很多改进和引申。关于剪滞分析的详细讨论,读者可参阅文献[30,58]。

所有剪滞分析均基于以下基本概念:

横向铺层在横向裂纹平面内并不承受轴向载荷,而远离裂纹的一部分载荷通过开裂横向铺层和相邻未开裂铺层界面处的轴向剪切被传递回横向铺层上。

剪滞分析本质上属于一维分析,采用了以下基本假设:

(1) 轴向剪切应力 $\tau_{xy} \alpha dv/dx$ 中,v 表示 y 方向上的轴向位移。这违反了线性弹性关系 $\tau_{xy} = G_{xy}\left(\dfrac{dv}{dx} + \dfrac{du}{dy}\right)$,因此该假设等效于假设 $du/dy = 0$ 或 $du/dy \ll dv/dx$。

(2) 开裂后轴向正应力在横向铺层厚度上保持恒定不变。也就是说,忽略了裂纹附近的局部应力集中。

(3) 裂纹必须保持足够远的距离,才能忽略裂纹间的相互作用。

本节中的剪滞分析所用符号和表达式与原文献一致,但形式可能有所不同。

4.4.1 初始剪滞分析

下面描述由 Garrett、Bailey 和 Parvizi[27-28]提出,而由 Manders 等[29]改进的分析方法,用来解释相邻裂纹的出现。为方便起见,采用了与 Berthelot[41]综述论文中类似的分析方法。

分析目的是确定这些铺层中裂纹形成的横向铺层内的轴向(x方向)应力变化。开始时,假设 0°铺层内在其厚度方向上的 x 位移为常量,而横向铺层的相应位移从 0°/90°铺层界面到层合板中面呈线性增大。根据上述剪滞分析的第一个假设条件,界面剪切应力为

$$\tau = G_{xz}^{90}\left(\frac{u_{90} - u_0}{t_{90}}\right) \tag{4.55}$$

式中:u_0 为 0°铺层内的 x 位移;u_{90} 为中面上的 x 位移;G_{xz}^{90} 为 90°铺层的横向剪切模量。

由 90°铺层单元内的轴向力平衡(图 4.8)可得

$$\tau = t_{90}\frac{d\sigma_{xx}^{90}}{dx} \tag{4.56}$$

式中:σ_{xx}^{90} 为轴向正应力,假设该应力在 90°铺层厚度(z 轴方向)上为常量。

将式(4.56)代入式(4.55),得

$$\frac{d\sigma_{xx}^{90}}{dx} = G_{xz}^{90}\left(\frac{u_{90} - u_0}{t_{90}^2}\right) \tag{4.57}$$

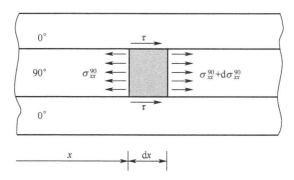

图 4.8 作用于 90°铺层单元上的应力

0°铺层和 90°铺层内轴向应力与外加应力 σ_c 的关系可表示为

$$\lambda\sigma_{xx}^0 + \sigma_{xx}^{90} = (1 + \lambda)\sigma_c \tag{4.58}$$

式中:铺层厚度比 λ 可定义为

$$\lambda = \frac{t_0}{t_{90}} \tag{4.59}$$

最后,0°铺层和90°铺层的应力-应变关系为

$$\begin{cases} \sigma_{xx}^0 = E_{x0}^0 \varepsilon_{xx}^0 & \left(\varepsilon_{xx}^0 = \dfrac{\mathrm{d}u_0}{\mathrm{d}x}\right) \\ \sigma_{xx}^{90} = E_{x0}^{90} \varepsilon_{xx}^{90} & \left(\varepsilon_{xx}^{90} = \dfrac{\mathrm{d}u_{90}}{\mathrm{d}x}\right) \end{cases} \tag{4.60}$$

式中:$E_{x0}^0 = E_1$、$E_{x0}^{90} = E_2$ 分别为0°铺层和90°铺层的初始纵向弹性模量。

将式(4.57)对 x 进行微分,由式(4.58)~式(4.60),可得横向铺层内轴向应力的微分方程为

$$\frac{\mathrm{d}^2 \sigma_{xx}^{90}}{\mathrm{d}x^2} - \frac{\beta^2}{t_{90}^2} \sigma_{xx}^{90} = -\frac{\beta^2}{t_{90}^2} \frac{E_{x0}^{90}}{E_{x0}} \sigma_c \tag{4.61}$$

式中

$$\beta^2 = G_{xz0}^{90}\left(\frac{1}{E_{x0}^{90}} + \frac{1}{\lambda E_{x0}^0}\right) \tag{4.62}$$

其中,G_{xz0}^{90} 为90°铺层的初始面内剪切模量,且 $E_{x0} = E_c$ 为混合法则给出的未受损层合板的轴向模量:

$$E_{x0} = \frac{\lambda E_{x0}^0 + E_{x0}^{90}}{1 + \lambda} \tag{4.63}$$

该值可通过经典层合板理论进行准确估算。由于裂纹表面未受牵引力作用,横向铺层内的轴向应力在裂纹平面上变为零($x = \pm l$)。因此,式(4.61)的解可表示为

$$\sigma_{xx}^{90} = \sigma_c \frac{E_{x0}^{90}}{E_{x0}}\left(1 - \frac{\cosh\beta \dfrac{x}{t_{90}}}{\cosh\beta \dfrac{l}{t_{90}}}\right) \tag{4.64}$$

式中:β 为载荷传递参数,有时也称为剪滞参数。

Dvorak 等[44]也进行了十分类似的剪滞分析,此外还进行了残余热应力分析。为了代替式(4.55),假设剪切应力为

$$\tau = K(u_{90} - u_0) \tag{4.65}$$

式中:K 为剪切参数,由试验数据确定。

Dvorak 等[44]认为 β 值可通过首层失效处应力的试验测量值确定。这种情况下轴向应力的微分方程为

$$\frac{\mathrm{d}^2 \sigma_{xx}^{90}}{\mathrm{d}x^2} - \frac{\beta^2}{t_{90}^2} \sigma_{xx}^{90} = -\frac{\beta^2}{t_{90}^2}\left(\sigma_{xxR}^{90} + \frac{E_{x0}^{90}}{E_{x0}} \sigma_c\right) \tag{4.66}$$

式中:剪滞参数可定义为

$$\beta^2 = \frac{Kt_{90}(t_0 E_{x0}^0 + t_{90} E_{x0}^{90})}{t_0 E_{x0}^0 E_{x0}^{90}} = Kt_{90}\left[\frac{1}{E_{x0}^{90}} + \frac{1}{\lambda E_{x0}^0}\right] \tag{4.67}$$

横向铺层内轴向应力的解为

$$\sigma_{xx}^{90} = \left(\sigma_{xxR}^{90} + \sigma_c \frac{E_{x0}^{90}}{E_{x0}}\right)\left(1 - \frac{\cosh\beta \dfrac{x}{t_{90}}}{\cosh\beta \dfrac{l}{t_{90}}}\right) \quad (4.68)$$

式中：σ_{xxR}^{90} 为 90°铺层内的轴向残余热应力。

4.4.2 层间剪滞分析

通过对裂纹的大量实验观察，Highsmith 和 Reifsnider[30]发现某一铺层中的剪切变形被约束到相邻铺层界面附近的狭小区域内。该区域富含树脂，因此在剪切应力作用下该区域的刚度比铺层中部低。实验中观察到横向裂纹向上延伸至该区域，但并未进入该区域。根据以上观察结果，建立了层间剪滞模型[30,45]，假设模型中剪切应力仅在该狭小区域内扩展，这一区域的厚度和剪切模量未知，这种模型的单元如图 4.9 所示。

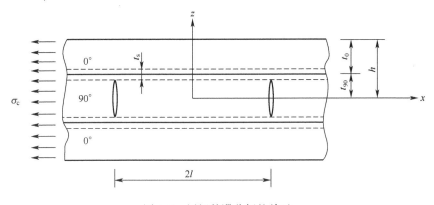

图 4.9 层间剪滞分析的单元

下面介绍 Fukunaga 等[45]提出的层间剪滞分析，他们在分析当中考虑了残余热压力和泊松效应。同上，依然假设每个铺层沿厚度在 x 方向和 y 方向上的位移保持不变，但可表示为

$$u_0 = \varepsilon_c x + U_0(x), \quad v_0 = -\frac{A_{12}}{A_{22}}\varepsilon_c y + V_0(x)$$

$$u_{90} = \varepsilon_c x + U_{90}(x), \quad v_{90} = -\frac{A_{12}}{A_{22}}\varepsilon_c y + V_{90}(x) \quad (4.69)$$

式中：系数 A_{ij} 为半个正交铺设层合板的面内刚度分量，$i=1,2;j=2$。这些分量与经典层合板理论中 A 矩阵的刚度分量相同，可用 0°铺层和 90°铺层的简化刚度分量 Q_{ij} 来表示，即

$$A_{11} = Q_{11}t_0 + Q_{22}t_{90}, \quad A_{12} = Q_{12}h, \quad A_{22} = Q_{22}t_0 + Q_{11}t_{90} \quad (4.70)$$

以上关系式说明 0°铺层和 90°铺层具有相同的弹性性能。应变 ε_c 为层合板的平均应变,可表示为

$$\varepsilon_c = \frac{\sigma_c}{E_x} \quad (4.71)$$

式中:E_x 为层合板的纵向弹性模量,

$$E_x = \frac{A_{11}A_{22} - A_{12}^2}{hA_{22}} \quad (4.72)$$

由轴向力平衡,可得

$$\begin{cases} Q_{11}\dfrac{d^2 u_0}{dx^2} + \dfrac{G}{t_0 t_s}(u_{90} - u_0) = 0 \\ Q_{22}\dfrac{d^2 u_{90}}{dx^2} - \dfrac{G}{t_{90} t_s}(u_{90} - u_0) = 0 \end{cases} \quad (4.73)$$

式中:G、t_s 分别为剪切模量和富树脂层的厚度。

再由面内剪切力平衡,可得

$$\begin{cases} Q_{66}\dfrac{d^2 v_0}{dx^2} + \dfrac{G}{t_0 t_s}(v_{90} - v_0) = 0 \\ Q_{66}\dfrac{d^2 v_{90}}{dx^2} - \dfrac{G}{t_{90} t_s}(v_{90} - v_0) = 0 \end{cases} \quad (4.74)$$

由式(4.73)和式(4.74)的解可确定位移场,而由位移场利用应力-位移关系可确定应变。最后,通过本构关系可求得应力分量。90°铺层内的轴向应力为

$$\sigma_{xx}^{90} = \left(\sigma_{xxR}^{90} + \sigma_c \frac{Q_{22}}{E_x^0}\right)\left(1 - \frac{Q_{12}A_{12}}{Q_{22}A_{22}}\right)\left(1 - \frac{\cosh\beta \dfrac{x}{t_{90}}}{\cosh\beta \dfrac{l}{t_{90}}}\right) \quad (4.75)$$

式中:剪滞参数 β 满足

$$\beta^2 = G\frac{t_{90}}{t_s}\left(\frac{1}{Q_{22}} + \frac{1}{\lambda Q_{11}}\right) \quad (4.76)$$

Highsmith 和 Reifsnider[30] 的层间剪滞模型与 Fukunaga 的分析[45] 的不同之处在于对剪滞参数的定义不同。从 Highsmith-Reifsnider 模型可得

$$\beta^2 = G\frac{t_{90}}{t_s}\left[\frac{1}{E_{x0}^{90}} + \frac{1}{\lambda E_{x0}^0}\right] \quad (4.77)$$

90°铺层内的轴向应力在不同剪滞模型中的表达式(4.64)、式(4.68)和式(4.75)十分相似。通常情况下,剪滞参数具有不同的定义。层间剪滞分析的最大局限性是必须假设边界层厚度具有一定任意性。

4.4.3 扩展的剪滞分析

Lim 和 Hong[38]改进了 Fukunaga 等[45]的层间剪滞模型,模型中考虑了裂纹相互作用的影响。控制微分方程与 Fukunaga 的分析中的方程相同(式(4.73)、式(4.74)),但是采用了对任意裂纹间隔均有效的边界条件。通过这一改进,90°铺层内的轴向应力可表示为

$$\sigma_{xx}^{90} = \sigma_{xx0}^{90}[1 - (\alpha_1 e^{\beta x/t_{90}} + \alpha_2 e^{-\beta x/t_{90}})] \tag{4.78}$$

式中

$$\alpha_1 = \frac{1 - e^{-2\beta l/t_{90}}}{e^{2\beta l/t_{90}} - e^{-2\beta l/t_{90}}}; \quad \alpha_2 = \frac{e^{2\beta l/t_{90}} - 1}{e^{2\beta l/t_{90}} - e^{-2\beta l/t_{90}}} \tag{4.79}$$

且剪滞参数 β 由式(4.76)给出。式(4.78)与式(4.75)具有不同的解,这是由于假设的边界条件不同。需要注意的是式(4.78)中的 σ_{xx0}^{90} 为开裂前横向铺层内的总应力,因此若存在残余热应力,也包括在内。

为了解释 90°铺层中的渐进剪切,Steif[46]提出了一种剪滞理论。在该理论中使用了 x 位移,x 位移在 0°铺层厚度上保持恒定不变,但在 90°铺层厚度上呈抛物线变化。分析得到了横向铺层内轴向应力的表达式,式(4.78)与轴向应力表达式(4.64)类似,但对剪滞参数进行了改进:

$$\beta^2 = 3G_{xz0}^{90}\left(\frac{1}{E_{x0}^{90}} + \frac{1}{\lambda E_{x0}^{0}}\right) \tag{4.80}$$

式中的 β^2 值为式(4.62)中 β^2 值的 3 倍。后来,Ogin 等[47-48]采用同一方法研究了玻璃纤维正交铺设层合板在准静态载荷或疲劳载荷下的刚度衰减问题。Nuismer 和 Tan[49],Lee、Daniel 和 Yaniv[31,56]都研究了 0°铺层和 90°铺层内的横向剪切效应,他们采用的应力方法均基于沿厚度每层内的线性剪切应力会发生变化这一假设,使初始剪滞分析得到了扩展。Lee 和 Daniel[31]将这些线性变化与 0°铺层和 90°铺层沿厚度 x 位移的抛物线变化联系起来。这些方法对载荷传递参数的表达式也做了改进,例如,Lee 和 Daniel 的分析得到了剪滞参数的以下表达式:

$$\beta^2 = \frac{3G_{xz0}^{90}}{1 + \lambda \frac{G_{xz0}^{90}}{G_{xz0}^{0}}}\left(\frac{1}{E_{x0}^{90}} + \frac{1}{\lambda E_{x0}^{0}}\right) \tag{4.81}$$

从式(4.81)可以看出,当 $G_{xz0}^{0} \gg G_{xz0}^{90}$ 时,式(4.81)可简化为式(4.80)。

4.4.4 二维剪滞模型

Flaggs[32]、Nuismer 和 Tan[33,49]建立了二维剪滞模型,这些模型并非作者主

张的二维模型,基本上等效于一维模型,只是做了微小改动来修正泊松效应[42]引起的收缩。

Flaggs[32]的分析解释了外加法向载荷和剪切载荷,并得到了一个由两个耦合二阶微分方程组成的方程组。仅对法向外加载荷来说,方程组可简化为与普通一维分析方程相同的单一常微分方程,而剪滞参数为

$$\beta^2 = \frac{2\left[\dfrac{1}{\lambda Q_{xx0}^0} + \dfrac{Q_{yy0}^{90} - (Q_{xy0}^{90} Q_{xy0}^0 / Q_{xx0}^0)}{Q_{xx0}^{90} Q_{yy0}^{90} - (Q_{xy0}^{90})^2}\right]}{\left(\dfrac{1}{\kappa^2} - \dfrac{1}{2}\right)\dfrac{1}{G_{xz0}^{90}} + \dfrac{\lambda}{2G_{xz0}^0}} \tag{4.82}$$

式中:k 为横向剪切修正因子;Q 为初始层合板的刚度系数。

因此,Flaggs 的分析对横坐标 y 近似包含引入的泊松收缩进行了微小修正。

Nuismer 和 Tan[33,49]进行了另一种二维弹性分析,该分析采用的剪滞参数可定义为

$$\beta^2 = \frac{\dfrac{1}{Q_{xx0}^{90}} + \dfrac{1}{\lambda Q_{xx0}^0}}{\dfrac{1}{3G_{xz0}^{90}} + \dfrac{\lambda}{3G_{xz0}^0}} \tag{4.83}$$

该分析也得到了一个非零 ω(见式(4.85)),ω 可表示为

$$\omega = \frac{1}{\lambda}\left[t_{90}\tau_i' - \beta^2 \sigma_{x0}^{90}\right] \tag{4.84}$$

式中:τ_i' 为裂纹部位上界面剪切应力的斜率。

该分析也等效于其他一维模型,仅对泊松比进行了微小修正。

最近科研人员开展的一些工作对一维和二维剪滞模型进行了改进和扩展,实现对非正交铺设层合板的预测,如等效约束模型[13,51-53]和二维位移分析[54-55],这些模型也存在上述剪滞模型中常见的缺陷。

4.4.5 剪滞模型总结

以上分析表明[42],前面讨论的所有一维应力分析均可简化为一般形式的 Garrett 和 Bailey 方程[27],即

$$\frac{\mathrm{d}^2 \Delta\sigma}{\mathrm{d}\xi^2} + \beta^2 \Delta\sigma = \omega(P) \tag{4.85}$$

式中:$\Delta\sigma$ 为从 90°铺层传递到 0°铺层的总应力,有

$$\Delta\sigma = \sigma_{xx}^0 - \sigma_{xx0}^0 \tag{4.86}$$

且 $\xi = x/t_{90}$ 为无量纲 x 坐标;β 为剪滞参数,$\omega(P)$ 与层合板结构、裂纹间隔和外

加载荷 P 存在函数依赖关系。

等效于无牵引力裂纹表面的相应边界条件为

$$\Delta\sigma(\xi = \pm\rho) = \frac{\sigma_{xx0}^{90}}{\lambda} \qquad (4.87)$$

式中：$\rho = l/t_{90}$ 为由开裂铺层厚度归一化的裂纹间隔。

除 Nuismer 和 Tan[33,49] 的一维模型外，选择的函数 ω 为零。很显然，所有一维剪滞模型基本相同，区别在于选择的剪滞参数不同。表 4.1 给出了不同的剪滞模型。

由微分方程式(4.85)的解，得

$$\Delta\sigma = -\frac{\omega}{\beta^2} + \left(\frac{\sigma_{xx0}^{90}}{\lambda} + \frac{\omega}{\beta^2}\right)\frac{\cosh\beta\xi}{\cosh\beta\rho} \qquad (4.88)$$

由式(4.88)，可得 0° 铺层内的应力为

$$\sigma_{xx}^0 = \sigma_{xx0}^0 - \frac{\omega}{\beta^2} + \left(\frac{\sigma_{xx0}^{90}}{\lambda} + \frac{\omega}{\beta^2}\right)\frac{\cosh\beta\xi}{\cosh\beta\rho} \qquad (4.89)$$

90° 铺层内的应力为

$$\sigma_{xx}^{90} = \left(\sigma_{xx0}^{90} + \frac{\lambda\omega}{\beta^2}\right)\left(1 - \frac{\cosh\beta\xi}{\cosh\beta\rho}\right) \qquad (4.90)$$

90° 铺层到 0° 铺层的载荷传递率(与式(4.56)相似)可改写为

$$\frac{\mathrm{d}\Delta\sigma}{\mathrm{d}\xi} = \frac{\tau}{\lambda} \qquad (4.91)$$

这里需要注意的是，式(4.56)和式(4.91)的差别在于 $\Delta\sigma$ 的定义不同(见式(4.86))。将式(4.88)对 ξ 进行微分，并与式(4.91)的结果进行对比，得到的界面剪切应力为

$$\tau_i = \left(\sigma_{xx0}^0 + \frac{\lambda\omega}{\beta^2}\right)\frac{\cosh\beta\xi}{\cosh\beta\rho} \qquad (4.92)$$

表 4.1　开裂正交铺设层合板分析中各种剪滞模型汇总表

剪滞模型	特　征	剪滞参数 β^2	$\omega(P)$
Garret 和 Bailey[27] Manders 等[29]	最简单的剪滞模型	$G_{xz0}^{90}\left(\dfrac{1}{E_{x0}^{90}} + \dfrac{1}{\lambda E_{x0}^0}\right)$	0
Laws 和 Dvorak[36]	首次用铺层失效数据确定 β 值	$Kt_{90}\left(\dfrac{1}{E_{x0}^{90}} + \dfrac{1}{\lambda E_{x0}^0}\right)$	0
Steif[46], Ogin 等[47-48]	抛物线位移曲线	$3G_{xz0}^{90}\left(\dfrac{1}{E_{x0}^{90}} + \dfrac{1}{\lambda E_{x0}^0}\right)$	0

(续)

剪滞模型	特 征	剪滞参数 β^2	$\omega(P)$
Highsmith 和 Reif-snider[30]	利用有效剪切传递层	$G\dfrac{t_{90}}{t_s}\left(\dfrac{1}{E_{x0}^{90}}+\dfrac{1}{\lambda E_{x0}^{0}}\right)$	0
Fukunaga 等[45]	利用有效剪切传递层	$G\dfrac{t_{90}}{t_s}\left(\dfrac{1}{Q_{22}}+\dfrac{1}{\lambda Q_{11}}\right)$	0
Lim 和 Hong[38]	利用有效剪切传递层解释裂纹相互作用	$G\dfrac{t_{90}}{t_s}\left(\dfrac{1}{Q_{22}}+\dfrac{1}{\lambda Q_{11}}\right)$	0
Nuismer 和 Tan[33,49]	解释泊松效应	$\dfrac{\dfrac{1}{Q_{xx0}^{90}}+\dfrac{1}{\lambda Q_{xx0}^{0}}}{\dfrac{1}{3G_{xz0}^{90}}+\dfrac{\lambda}{3G_{xz0}^{0}}}$	$\dfrac{1}{\lambda}(t_{90}\tau_i' - \beta^2 \sigma_{x0}^{90})$
Falggs[32]	通过二维剪滞分析解释横向载荷和剪切载荷	$\dfrac{2\left[\dfrac{1}{\lambda Q_{xx0}^{0}}+\dfrac{Q_{yy0}^{90}-\dfrac{Q_{xy0}^{90}Q_{xy0}^{0}}{Q_{xx0}^{0}}}{Q_{xx0}^{90}Q_{yy0}^{90}-(Q_{xy0}^{90})^2}\right]}{\left(\dfrac{1}{\kappa^2}-\dfrac{1}{2}\right)\dfrac{1}{G_{xz0}^{90}}+\dfrac{\lambda}{2G_{xz0}^{0}}}$	0
Lee 和 Daniel[31]	利用抛物线位移变化解释泊松效应	$\dfrac{3G_{xz0}^{90}}{1+\lambda\dfrac{G_{xz0}^{90}}{G_{xz0}^{0}}}\left(\dfrac{1}{E_{x0}^{90}}+\dfrac{1}{\lambda E_{x0}^{0}}\right)$	0

图 4.10 所示为各种剪滞模型对 $[0/90_2]_s$ 碳纤维/环氧树脂(赫克里斯公司 AS4/3501-6)层合板应力的预测结果对比,各层具有以下性能[31,56]:t_{ply} = 0.154mm,E_1 = 130GPa,E_2 = 9.7GPa,G_{12} = 5.0GPa,G_{13} = 3.6GPa,v_{12} = 0.3,v_{13} = 0.5。当载荷从 0°铺层传递回 90°铺层内,90°铺层内的轴向正应力从裂纹上的零值增至两条裂纹中间的最大值。因此,所有模型中正应力完全满足裂纹表面的无牵引力边界条件,但没有一个剪滞模型可以精确地表示界面剪切应力。剪切应力在裂纹表面上具有最大值,但在远离裂纹的过程中逐渐衰减为零。裂纹表面上的非零剪切应力显然不符合边界条件,导致所有一维分析在本质上具有不精准性。

接下来讨论刚度退化问题,这里展开的分析采用了 Nairn 和 Hu[42] 书中某一章节中提到的方法。开裂前,0°铺层和 90°铺层共同承受外加载荷;但在开裂后,90°铺层中裂纹面上不再承受任何载荷,这些平面上的总外加载荷均由 0°铺层承受。在远离裂纹的过程中,90°铺层通过剪切传递机理再次承受载荷。为了

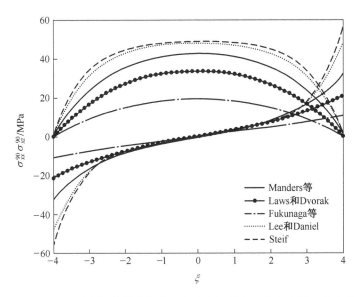

图 4.10 $[0/90_2]_s$ 层合板剪滞分析中两条裂纹间轴向正应力和界面应力的变化

(假设归一化裂纹间隔 $\rho = 4$,外加压力为 50MPa)

确定开裂层合板的模量,我们首先应确定横向铺层中两条裂纹中间区域内承载层的总 x 位移,该位移可通过对轴向应变进行积分求得,即

$$u(P) = \int_{-l}^{l} \varepsilon_{xx}^0 \mathrm{d}x = t_{90}\int_{-\rho}^{+\rho}\left(\frac{\sigma_{xx}^0}{E_x^0} - \frac{v_{xz}^0 \sigma_{zz}^0}{E_x^0} - \frac{v_{xy}^0 \sigma_{yy}^0}{E_x^0}\right)\mathrm{d}\xi \quad (4.93)$$

式中:P 为外加载荷。

需要注意的是,由于线性热弹性材料的模量与残余应力无关,所以忽略了热应变。

出现裂纹的层合板单元的柔度可定义为

$$C = \frac{u(P) - u(0)}{P} \quad (4.94)$$

接着由下式给出有效模量:

$$E = \frac{2l}{hWC} \quad (4.95)$$

假设平面应力状态为

$$\sigma_{yy}^0 = 0 \quad (4.96)$$

且在厚度 z 方向上没有外加载荷,即

$$\int_{-\rho}^{+\rho}\sigma_{zz}^0 \mathrm{d}\xi = 0 \quad (4.97)$$

对于一维分析和二维平面应力分析来说,总位移减至

$$u(P) = t_{90} \int_{-\rho}^{+\rho} \frac{\sigma_{xx}^0}{E_x^0} \mathrm{d}\xi \qquad (4.98)$$

将式(4.98)代入一维剪滞分析式(4.89),得

$$\frac{1}{E_x} = \frac{1}{E_c^0}\left(1 + \frac{E_{x0}^{90}}{\lambda E_{x0}^0}\frac{\tanh\beta\rho}{\beta\rho}\right) - \frac{\omega(P) - \omega(0)}{E_{x0}^0\beta^2\sigma_0}\left(1 - \frac{\tanh\beta\rho}{\beta\rho}\right) \qquad (4.99)$$

设 $\omega(P) - \omega(0) = 0$,这一假设适用于大多数一维分析,则有效轴向模量为

$$\frac{1}{E_x} = \frac{1}{E_c^0}\left(1 + \frac{E_{x0}^{90}}{\lambda E_{x0}^0}\frac{\tanh\beta\rho}{\beta\rho}\right) \qquad (4.100)$$

用其初始值归一化的开裂层合板轴向模量为

$$\frac{E_x}{E_c^0} = \left(1 + \frac{E_{x0}^{90}}{\lambda E_{x0}^0}\frac{\tanh\beta\rho}{\beta\rho}\right)^{-1} \qquad (4.101)$$

各种剪滞模型预测的刚度衰减及与[0/90₃]ₛ玻璃纤维/环氧树脂(Scotch Ply 1003)层合板中裂纹密度的函数关系如图4.11所示。但要注意的是,这些预测结果可能会因模型采用参数的不同而存在差异。还有一点需要注意的是,Garrett、Bailey和Parvizi[27,43]的原有剪滞模型或Manders等[29]的等效模型均可实现精确预测。更复杂的剪滞模型不但需要更复杂的分析和可调参数,而且不会得到更精确的预测结果。剪滞模型的基本缺陷在于其应力场具有一维性,而且基本上不可能有很大改进。

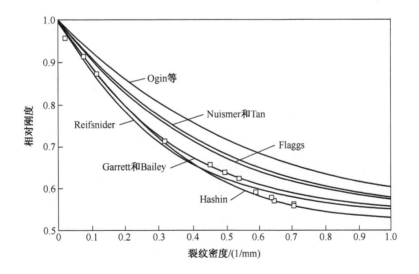

图4.11 [0/90₃]ₛ玻璃纤维/环氧树脂(Scotch Ply 1003)层合板的归一化弹性模量变化与裂纹密度的关系[42]

4.5 自洽方法

自洽方法广泛用于含夹杂、空穴和裂纹等实体的弹性固体的性能预估,详见文献[2]。采用该方法通常需要假设一个无限大固体。Laws 和 Dvorak[59]采用该方法对含有铺层裂纹的复合材料层合板的弹性性能进行了预估。他们首先假设沿纤维方向存在裂纹的一个单向铺层(层合板中)可建模为具有相同纤维体积分数和裂纹密度的无限大固体,再将无限大固体的预估平均性能看作是开裂铺层的性能,他们将复合材料层合板中的开裂铺层替换为无限大固体中性能退化的均质铺层。假设方案如图 4.12 所示。利用经典层合板理论可计算开裂复合材料层合板的弹性性能,该方法从理论上可计算任意铺层(任意裂纹方向的铺层)内裂纹密度给定的复合材料层合板的刚度退化。但无限大固体的假设是否能精确预估厚度通常不足 1mm 的铺层弹性性能是值得怀疑的。Laws 和 Dvorak[59]报道了不同铺层内存在裂纹及具有不同裂纹密度值的多个层合板的性能预测结果,但这些性能数据并未与实验数据或独立数值计算结果进行对比。

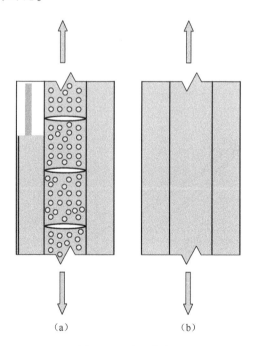

图 4.12 自洽方案
(a)含小直径纤维和周期性裂纹的开裂层合板;(b)均匀开裂层。

对自洽方法在含裂纹复合材料中的具体应用感兴趣的读者,可参考 Laws 等的研究[60],这里仅对基本概念做简要说明。从本质上来说,Hill[61]和 Budiansky[62]创建的自洽方法主要用于预测复合材料,即含夹杂的均质固体。该方法的理念是:嵌入均质弹性固体的单个夹杂具有非均质固体的未知总体性能,由此可预估局部场,然后再利用局部场得到总体性能。Laws 等[60]利用了 Eshelby[63-64]提出的椭圆形夹杂所得关键结果,即夹杂内的弹性场呈均匀分布,这一结果可用于三相体系和两相体系这两种模型。

三相体系中的纤维和裂纹被看作是嵌入弹性基体中的两相(夹杂的特殊情况),而二相体系中的纤维和基体弥散于嵌入裂纹的均质固体内。两种模型中引入的裂纹均为狭缝形式,而狭缝被认为是椭圆形空穴的一种极限情况。

当纤维直径远小于裂纹尺寸时,二相模型更适用。因此,若 Q 为开裂铺层的刚度矩阵的预估值,则 Q_0 为无裂纹时的预估值,那么两个矩阵的关系式为[60]

$$Q = Q_0 - \frac{1}{4}\beta Q_0 \Lambda Q \qquad (4.102)$$

式中:β 为裂纹密度参数;Λ 为椭圆形裂纹长宽比的函数;Q 为刚度系数矩阵。

从式(4.102)可以看出,开裂铺层刚度的预估是一个迭代过程,所需变量 Λ 要通过假设均质复合材料铺层为无限延伸铺层来预估。

上述自洽方法在不同文献中也存在着差异。值得注意的是 Hoiseth 和 Qu[65-66]的研究工作,他们采用微分自洽方法,并推导出增量微分方程,通过层内裂纹数增加引起的应变能变化的表达式描述开裂层合板的有效轴向模量。若 $\rho = t_{90}/l$ 表示归一化裂纹密度,则轴向模量为

$$\frac{d\bar{E}_c}{d\rho} = -\frac{\bar{\delta}}{4t_{90}}\left[2\bar{E}_c(\rho) - \frac{E_1}{1 - \nu_{12}\nu_{21}}\right] \qquad (4.103)$$

在初始条件下,有

$$\bar{E}_c(0) = \bar{E}_{c0} \qquad (4.104)$$

式中:$\bar{\delta}$ 为平均裂纹张开位移(COD),可定义为

$$\bar{\delta} = \frac{1}{t_{90}}\int_0^{t_{90}} \delta(z)\,dz \qquad (4.105)$$

其中,$\delta(z)$ 为 z 方向(厚度方向)上裂纹张开位移的变化,基于单元模型利用有限元计算得到 $\delta(z)$ 值。对正交铺设层合板来说,预测结果与自主运行的独立有限元模拟结果相比具有良好的一致性,但是,对于单向层合板来说,这些方法就显得比较复杂,而且不会得到精确的预估结果。

4.6 二维应力分析:变分法

4.6.1 Hashin 的变分分析

运用作用于开裂层合板体积的最小余能原理可得到改进的二维应力分析。Hashin[67]研究了正交铺设层合板,并利用最小余能原理来解决边界值问题。他构造了一个容许应力场,并假设沿铺层厚度加载方向上的正应力为常量。该容许应力场满足平衡条件、边界条件和界面条件,从而解决了边界体积问题,并给出开裂正交铺设层合板的应力和退化刚度系数。

我们利用 4.3 节中表示几何形状、材料和应力分量的常用符号,研究了含平行排列横向裂纹的对称正交铺设层合板,而且每单位层合板宽度方向(x 方向)上承受的均匀轴向载荷为 N_{xx}(图 4.13)。我们首先要研究开裂前后的应力状态,开裂前整个层合板中所有剪切应力和横向正应力均为零,即

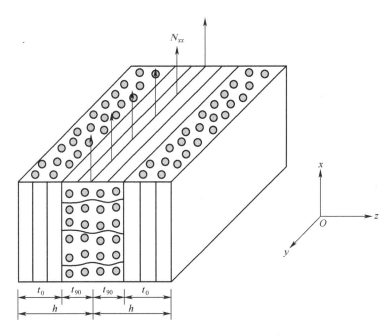

图 4.13 轴向拉伸中的正交铺设层合板

$$\sigma_{xx0}^0, \sigma_{xx0}^{90} \neq 0, \quad \sigma_{yy0}^0, \sigma_{yy0}^{90} \neq 0$$
$$\sigma_{zz0}^0 = \sigma_{zz0}^{90} = 0, \quad \sigma_{yz0}^0 = \sigma_{yz0}^{90} = 0 \quad (4.106)$$
$$\sigma_{xz0}^0 = \sigma_{xz0}^{90} = 0, \quad \sigma_{xy0}^0 = \sigma_{xy0}^{90} = 0$$

式中:上标表示层的方向。

初始层合板 0°层和 90°层内的非零轴向应力在每个层上保持恒定不变,利

用层合板理论可得轴向应力为

$$\sigma_{xx0}^0 = \frac{E_{x0}^0}{E_{x0}}\sigma_c, \quad \sigma_{xx}^{90} = \frac{E_{x0}^{90}}{E_{x0}}\sigma_c \tag{4.107}$$

式中：$\sigma_c = N_{xx}/2h$ 为层合板上的法向拉伸应力。

当拉伸载荷足够大时，90°铺层在纤维方向上出现连续层内裂纹并沿整个层合板宽度方向不断扩展，这些裂纹会使两个层中的应力场产生扰动。从理论上来讲，均质弹性材料中的应力场存在裂纹尖端奇点。但对于复合材料层合板中的横向基体开裂，裂纹尖端的应力是有限的，因为有限的纤维尺寸会使裂纹尖端钝化。在 Hashin 的分析中存在如下假设：

(1) 轴向应力 $\Delta\sigma_{xx}^{90}$ 和 $\Delta\sigma_{xx}^0$ 的扰动在铺层厚度方向（z 方向）上保持恒定不变，则

$$\Delta\sigma_{xx}^{90} = \Delta\sigma_{xx}^{90}(x), \quad \Delta\sigma_{xx}^0 = \Delta\sigma_{xx}^0(x) \tag{4.108}$$

(2) σ_{yy}、σ_{xy} 和 σ_{yz} 不存在扰动，即

$$\Delta\sigma_{yy}^{90} = \Delta\sigma_{xy}^{90} = \Delta\sigma_{yz}^{90} = \Delta\sigma_{yy}^0 = \Delta\sigma_{xy}^0 = \Delta\sigma_{yz}^0 = 0 \tag{4.109}$$

开裂层合板中 m 层的应力分量（0°铺层：$m=0$，90°铺层：$m=90$）可表示为

$$\sigma_{ij}^m = \sigma_{ij0}^m + \Delta\sigma_{ij}^m \tag{4.110}$$

式中：下标 0 表示未开裂层合板。

应力扰动可表示为

$$\begin{cases} \Delta\sigma_{xx}^{90} = -\sigma_{xx0}^{90}\phi_{90}(x) \\ \Delta\sigma_{xx}^0 = -\sigma_{xx0}^0\phi_0(x) \end{cases} \tag{4.111}$$

式中：ϕ_{90}、ϕ_0 为未知扰动函数。

铺层的平衡方程如下：

$$\begin{cases} \dfrac{\partial\sigma_{xx}^m}{\partial x} + \dfrac{\partial\sigma_{xy}^m}{\partial y} + \dfrac{\partial\sigma_{xz}^m}{\partial z} = 0 \\ \dfrac{\partial\sigma_{yx}^m}{\partial x} + \dfrac{\partial\sigma_{yy}^m}{\partial y} + \dfrac{\partial\sigma_{yz}^m}{\partial z} = 0 \\ \dfrac{\partial\sigma_{zx}^m}{\partial x} + \dfrac{\partial\sigma_{zy}^m}{\partial y} + \dfrac{\partial\sigma_{zz}^m}{\partial z} = 0 \end{cases} \tag{4.112}$$

由式(4.108)~式(4.110)，得

$$\begin{cases} \dfrac{\partial\Delta\sigma_{xx}^m}{\partial x} + \dfrac{\partial\Delta\sigma_{xz}^m}{\partial z} = 0 \\ \dfrac{\partial\Delta\sigma_{zx}^m}{\partial x} + \dfrac{\partial\Delta\sigma_{zz}^m}{\partial z} = 0 \end{cases} \tag{4.113}$$

将式(4.111)代入式(4.113)并积分，得

$$\begin{cases} \Delta\sigma_{xz}^{90} = \sigma_{xx0}^{90}[\phi_{90}'(x)z + f_{90}(x)] \\ \Delta\sigma_{zz}^{90} = -\sigma_{xx0}^{90}\left[\dfrac{1}{2}\phi_{90}''(x)z^2 + f_{90}'(x)z + g_{90}(x)\right] \end{cases} \tag{4.114}$$

式中,$m = 90$(90°铺层),且

$$\begin{cases} \Delta\sigma_{xz}^0 = \sigma_{xx0}^0 [\phi_0'(x)z + f_0(x)] \\ \Delta\sigma_{zz}^0 = -\sigma_{xx0}^0 \left[\dfrac{1}{2}\phi_0''(x)z^2 + f_0'(x)z + g_0(x)\right] \end{cases} \tag{4.115}$$

式中:$m = 0$(0°铺层);$f_0(x)$、$f_{90}(x)$、$g_0(x)$、$g_{90}(x)$ 为未知函数,带上撇的符号表示 x 的导数。

为了得到 ϕ_{90} 和 ϕ_0 之间的关系,未受损层合板在 x 方向上的平衡方程可表示为

$$N_{xx} = \int_{-h}^{h} \sigma_{xx0} \mathrm{d}z = 2(\sigma_{xx0}^{90} t_{90} + \sigma_{xx0}^0 t_0) \tag{4.116}$$

若施加于开裂层合板上的膜力相同,则 x 方向上的平衡方程可表示为

$$N_{xx} = 2(\sigma_{xx0}^{90} t_{90} + \sigma_{xx0}^0 t_0) - 2[\sigma_{xx0}^{90} t_{90} \phi_{90}(x) + \sigma_{xx0}^0 t_0 \phi_0(x)] \tag{4.117}$$

由式(4.116)和式(4.117),得

$$\sigma_{xx0}^{90} t_{90} \phi_{90}(x) + \sigma_{xx0}^0 t_0 \phi_0(x) = 0 \tag{4.118}$$

即

$$\phi_0(x) = -\frac{\sigma_{xx0}^{90}}{\sigma_{xx0}^0} \frac{1}{\lambda} \phi_{90}(x) \tag{4.119}$$

式中:$\lambda = t_0/t_{90}$ 为铺层厚度比(式(4.59))。

求解 3 个应力分量 σ_{xx}、σ_{xz} 和 σ_{zz} 的边界值问题在图 4.14 中的单元上进行了定义,图中坐标系的原点位于层合板中面上两条裂纹中间。

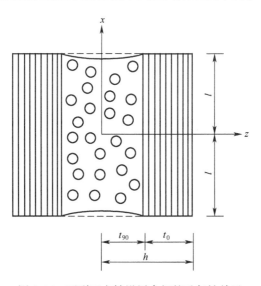

图 4.14 开裂正交铺设层合板的重复性单元

显然 $z=0$ 时为对称面,因此沿该对称面所有点上的剪切应力 $\sigma_{xz}=0$。在开裂

90°铺层和未开裂0°铺层($z=t_{90}$)的界面上,剪切应力σ_{xz}和正应力σ_{zz}必须具有连续性。此外,$z=h$时的表面不承受任何外部载荷,即该表面上的剪切应力σ_{xz}和正应力$\sigma_{zz}=0$。最后,$x=\pm l$时裂纹表面不受牵引力作用,即$x=\pm l$时,$\sigma_{xz}^{90}=\Delta\sigma_{xz}^{0}=0$,且$\sigma_{xx}^{90}=\sigma_{xx0}^{90}+\Delta\sigma_{xx}^{90}=0$。因此,总应力的所有适用边界条件可表示如下:

对称

$$\sigma_{xz}^{90}(x,0)=0 \qquad (a)$$

界面

$$\sigma_{xz}^{90}(x,t_{90})=\sigma_{xz}^{0}(x,t_{90}) \qquad (b)$$

$$\sigma_{zz}^{90}(x,t_{90})=\sigma_{zz}^{0}(x,t_{90}) \qquad (c)$$

自由边界

$$\sigma_{xz}^{0}(x,h)=0 \qquad (d)$$

$$\sigma_{zz}^{0}(x,h)=0 \qquad (e)$$

无牵引力

$$\sigma_{xz}^{90}(\pm l,z)=0 \ (-t_{90}\leqslant z\leqslant t_{90}) \quad (f)$$

$$\sigma_{xx}^{90}(\pm l,z)=0 \ (-t_{90}\leqslant z\leqslant t_{90}) \quad (g)$$

(4.120)

式中:$2l$为任意两条相邻裂纹的间隔,这些条件与前面式(4.54)中所给条件一致。

用$\phi(x)$表示$\phi_{90}(x)$,将边界条件式(4.120)代入式(4.114)~式(4.115),再由式(4.119),经过数学运算后,得到开裂层合板内的最终应力场为

$$\begin{cases}\sigma_{xx}^{90}=\sigma_{xx0}^{90}[1-\phi(x)]\\ \sigma_{xz}^{90}=\sigma_{xx0}^{90}\phi'(x)z\\ \sigma_{zz}^{90}=\sigma_{xx0}^{90}\phi''(x)\dfrac{1}{2}[(1+\lambda)t_{90}^{2}-z^{2}]\end{cases} \qquad (4.121)$$

以上为90°铺层内的应力场,而

$$\begin{cases}\sigma_{xx}^{0}=\sigma_{xx0}^{0}+\sigma_{xx0}^{90}\dfrac{1}{\lambda}\phi(x)\\ \sigma_{xz}^{0}=\sigma_{xx0}^{90}\phi'(x)\dfrac{1}{\lambda}[(1+\lambda)t_{90}-z]\\ \sigma_{zz}^{0}=\sigma_{xx0}^{90}\phi''(x)\dfrac{1}{2\lambda}[(1+\lambda)t_{90}-z]^{2}\end{cases} \qquad (4.122)$$

则为0°铺层内的应力场。由裂纹表面边界条件,即式(4.120(f)~(g)),可得未知扰动函数$\phi(x)$的补充条件:

$$\begin{cases}\sigma_{xx}^{90}=0=\sigma_{xx0}^{90}[1-\phi(x)]\\ \sigma_{xz}^{0}=0=\sigma_{xx0}^{90}\phi'(x)z\end{cases} \qquad (x=\pm l) \qquad (4.123)$$

则

$$\phi(\pm l) = l, \phi'(\pm l) = 0 \quad (-t_{90} \leq z \leq t_{90}) \tag{4.124}$$

式(4.124)对最终边界值问题进行了描述,主要是为了估算 $\phi(x)$,从而确定开裂层合板内的应力场。式(4.121)、式(4.122)中的应力场表示一个容许应力场,因为其满足所有的平衡条件和边界条件。因此,可运用最小余能原理(见 2.1.5 节)得到未知函数 $\phi(x)$,具体过程(由 Hashin[67] 提出)将在下面进行描述。

对于当前问题,可以定义相关牵引力 $\widetilde{T}_i$ 作用的开裂体的体积 V 内的容许应力场 $\widetilde{\sigma}_{ij}$,而牵引力仅满足平衡条件和牵引力边界条件,因为牵引力在开裂过程中不会发生改变,则

$$\widetilde{T}_i = T_i^0 \quad (S = S_\mathrm{T}) \tag{4.125}$$

式中: T_i^0 为作用于未开裂体上的牵引力,且裂纹表面 S_c 也不受牵引力作用,即

$$\widetilde{T}_i = 0 \quad (S = S_\mathrm{c}) \tag{4.126}$$

若将其表示为

$$\widetilde{\sigma}_{ij} = \sigma_{ij}^0 + \sigma'_{ij}, \quad \widetilde{T}_i = T_i^0 + T'_i \tag{4.127}$$

式中: σ_{ij}^0 为未开裂层合板内的应力; σ'_{ij} 为开裂产生的扰动应力; T' 为开裂产生的附加牵引力。

由式(4.125)和式(4.126)中的牵引力边界条件,得

$$\begin{cases} T'_i = 0 & (S = S_\mathrm{T}) \\ T'_i = -T_i^0 & (S = S_\mathrm{c}) \end{cases} \tag{4.128}$$

未开裂体的余能函数(见式(2.36))为

$$\Pi_0^* = \frac{1}{2}\int_V S_{ijkl}\sigma_{ij}^0\sigma_{kl}^0 \mathrm{d}V - \int_{S_\mathrm{u}} T_i^0 \hat{u}_i \mathrm{d}S \tag{4.129}$$

式中: S_{ijkl} 为柔度张量。

开裂体的余能函数为

$$\widetilde{\Pi}^* = \frac{1}{2}\int_V S_{ijkl}\widetilde{\sigma}_{ij}\widetilde{\sigma}_{kl} \mathrm{d}V - \int_{S_\mathrm{u}} \widetilde{T}_i \hat{u}_i \mathrm{d}S \tag{4.130}$$

由于仅施加了牵引力边界条件,第二项为零 ($S_\mathrm{u} = 0, S_\mathrm{T} = S_t$)。但考虑到完整性,我们运用文献[67]附录1中给出的论证法,该方法适用于混合边界条件。将式(4.127)中给出的应力场代入式(4.130)中,由式(4.129),得到开裂固体的余能表达式为

$$\widetilde{\Pi}^* = \Pi_0^* + \int_V S_{ijkl}\sigma_{ij}^0\sigma'_{kl} \mathrm{d}V + \frac{1}{2}\int_V S_{ijkl}\sigma'_{ij}\sigma'_{kl} \mathrm{d}V - \int_{S_\mathrm{u}} T'_i \hat{u}_i \mathrm{d}S \tag{4.131}$$

考虑式(4.131)等号右边的第一个积分项,由于 σ_{ij}^0 和 $\widetilde{\sigma}_{ij}$ 满足平衡条件,应力 σ_{ij}' 也满足平衡条件,则未开裂体的应变场也可表示为

$$\varepsilon_{ij}^0 = S_{ijkl}\sigma_{kl}^0 \tag{4.132}$$

因此,由虚位移功(见式(2.33)),得

$$J = \int_V S_{ijkl}\sigma_{kl}^0 \sigma_{ij}' dV = \int_{S_u} T_i' u_i^0 dS' + \int_{S_c} T_i' u_i^0 dS' \tag{4.133}$$

式中:等号右边的第二个面积分项中的牵引力可定义为 S_c 内法线的形式,由式(4.128)中的边界条件,得

$$J = \int_{S_u} T_i' \hat{u}_i dS - \int_{S_c} T_i^0 u_i^0 dS \tag{4.134}$$

式中:等号右边的第二个积分项中对每条裂纹的两个相邻表面进行积分。由于一个表面上的法线是另一个表面法线的负法线,且 T_i^0 和 u_i^0 连续穿过裂纹表面,则两个裂纹表面的积分互相抵消,最终总积分变为零。将式(4.134)中的余项引入式(4.131)中,得到开裂固体的余能为

$$\widetilde{\Pi}^* = \Pi_0^* + \frac{1}{2}\int_V S_{ijkl}\sigma_{ij}'\sigma_{kl}'dV = \Pi_0^* + \Pi' \tag{4.135}$$

式中:Π_0' 为扰动应力产生的余能。

未损坏和破坏层合板的有效弹性柔度可用余能函数表示。为确定关系式,仅考虑开裂体的均质边界条件:

$$T_i = \overline{\sigma}_{ij} n_j, \quad \overline{\sigma}_{ij} = 常数 \tag{4.136}$$

令

$$\overline{\sigma}_{ij} = \frac{1}{V}\int_V \sigma_{ij} dV \tag{4.137}$$

由式(4.130),得

$$\Pi^* = \frac{1}{2}S_{ijkl}^* \overline{\sigma}_{ij}\overline{\sigma}_{kl} V \tag{4.138}$$

式中:S_{ijkl}^* 为均质介质的有效弹性柔度张量[68]。

讨论的层合板在两个水平边沿上承受膜力 N_{xx},则该层合板的体积和平均应力为

$$V = 2Ah, \quad \overline{\sigma}_{xx} = \frac{N_{xx}}{2h} = \sigma_c \tag{4.139}$$

式中:A 为 x 轴法平面的面积。

开裂层合板和未开裂层合板的余能可表示为

$$\Pi_0^* = \frac{1}{2}\frac{\sigma_c^2}{E_{x0}} \cdot 2Ah, \quad \Pi^* = \frac{1}{2}\frac{\sigma_c^2}{E_x} \cdot 2Ah \tag{4.140}$$

式中:E_{x0}、E_x分别为未受损层合板和受损层合板的纵向模量。

根据最小余能原理,若将容许应力方程组式(4.121)、式(4.122)及其边界条件式(4.124)引入式(4.135),有

$$\widetilde{\Pi}^* \geqslant \Pi^* \tag{4.141}$$

由式(4.135),并将式(4.140)代入式(4.141)中,得

$$\frac{1}{2}\frac{\sigma_c^2}{E_{x0}} \cdot 2Ah + \Pi' \geqslant \frac{1}{2}\frac{\sigma_c^2}{E_x} \cdot 2Ah \tag{4.142}$$

式中:Π'为开裂引起的余能扰动。

$$\frac{1}{E_x} \leqslant \frac{1}{E_{x0}} + \frac{\Pi'}{\sigma_c^2 Ah} \tag{4.143}$$

因此,变分边界值问题带来了变分问题的相关计算,即对使Π'最小化的$\phi(x)$求解。

余能变化量Π'为各层内扰动应力产生的能量之和,即

$$\Pi' = 2\int_{-l}^{l}\int_{0}^{t_{90}} W_{90} dz dx + 2\int_{-l}^{l}\int_{t_{90}}^{h} W_0 dz dx \tag{4.144}$$

式中:W_{90}、W_0分别为90°铺层和0°铺层内扰动应力产生的应力能密度。

横向各向同性单向纤维复合材料中的应力能密度为

$$W = \frac{1}{2}\sigma_{ij}\varepsilon_{ij}$$
$$= \frac{1}{2}\left[\frac{\sigma_{11}^2}{E_1} + \frac{(\sigma_{22}^2 + \sigma_{33}^2)}{E_2} - \frac{2\nu_{12}\sigma_{11}(\sigma_{22}+\sigma_{33})}{E_1} - \frac{2\nu_{23}\sigma_{22}\sigma_{33}}{E_2} + \frac{\sigma_{23}^2}{G_{23}} + \frac{(\sigma_{12}^2+\sigma_{13}^2)}{G_{12}}\right]$$
$$\tag{4.145}$$

式中:1表示纤维方向;2、3表示横向;弹性模量由式(4.48)定义。

为了确定扰动应力能,可将90°铺层和0°铺层内的应力能密度表示为相应层内扰动应力的形式。每层内应力的扰动应力为

$$\sigma_{22} = \Delta\sigma_{xx}^{90}, \quad \sigma_{23} = \Delta\sigma_{xz}^{90}, \quad \sigma_{33} = \Delta\sigma_{zz}^{90}, \quad \sigma_{11} = \sigma_{12} = \sigma_{13} = 0 \tag{4.146}$$

式(4.146)对应于90°铺层,而式(4.147)对应于0°铺层:

$$\sigma_{11} = \Delta\sigma_{xx}^{0}, \quad \sigma_{13} = \Delta\sigma_{xz}^{0}, \quad \sigma_{33} = \Delta\sigma_{zz}^{0}, \quad \sigma_{12} = \sigma_{22} = \sigma_{23} = 0 \tag{4.147}$$

则两组层内能量密度为

$$\begin{cases} W_{90} = \frac{1}{2}\left[\frac{(\Delta\sigma_{xx}^{90})^2}{E_2} + \frac{(\Delta\sigma_{zz}^{90})^2}{E_2} - \frac{2\nu_{23}\Delta\sigma_{xx}^{90}\Delta\sigma_{zz}^{90}}{E_2} + \frac{(\Delta\sigma_{xz}^{90})^2}{G_{23}}\right] \\ W_0 = \frac{1}{2}\left[\frac{(\Delta\sigma_{xx}^{0})^2}{E_1} + \frac{(\Delta\sigma_{zz}^{0})^2}{E_2} - \frac{2\nu_{12}\Delta\sigma_{xx}^{0}\Delta\sigma_{zz}^{0}}{E_1} + \frac{(\Delta\sigma_{xz}^{0})^2}{G_{12}}\right] \end{cases} \tag{4.148}$$

再次讨论由两个穿过相邻裂纹的横断面约束的层合板区(图4.14)。由于$z=0$时对称,取层合板的一半$-l \leqslant x \leqslant l$,$0 \leqslant z \leqslant h$,$y$方向上的单位宽度。再由$x$轴

对称,得

$$\phi(x) = \phi(-x) \tag{4.149}$$

将式(4.121)、式(4.122)和式(4.148)代入式(4.144),并沿 z 轴进行积分,得

$$\Pi' = (\sigma_{xx0}^{90})^2 \int_{-l}^{l} [t_{90}C_{00}\phi^2 + t_{90}^3 C_{02}\phi\phi'' + t_{90}^3 C_{11}\phi'^2 + t_{90}^5 C_{22}\phi''^2] \mathrm{d}x \tag{4.150}$$

式中

$$\begin{cases} C_{00} = \dfrac{1}{E_2} + \dfrac{1}{\lambda E_1} \\ C_{02} = \left(\lambda + \dfrac{2}{3}\right)\dfrac{\nu_{23}}{E_2} - \dfrac{\lambda}{3}\dfrac{\nu_{12}}{E_1} \\ C_{11} = \dfrac{1}{3}\left(\dfrac{1}{G_{23}} + \dfrac{\lambda}{G_{12}}\right) \\ C_{22} = (\lambda + 1)(3\lambda^2 + 12\lambda + 8)\dfrac{1}{60E_2} \end{cases} \tag{4.151}$$

引入一个无量纲的几何参数 $\xi = x/t_{90}$,式(4.150)可改写为

$$\Pi' = (\sigma_{xx0}^{90})^2 t_{90}^2 \int_{-\rho}^{\rho} \left[C_{00}\phi^2 + C_{02}\phi \dfrac{\mathrm{d}^2\phi}{\mathrm{d}\xi^2} + C_{11}\left(\dfrac{\mathrm{d}\phi}{\mathrm{d}\xi}\right)^2 + C_{22}\left(\dfrac{\mathrm{d}^2\phi}{\mathrm{d}\xi^2}\right)^2 \right] \mathrm{d}\xi \tag{4.152}$$

式中: $\rho = l/t_{90}$ 为用开裂铺层厚度归一化的裂纹间隔。

$\phi(x)$ 的欧拉-拉格朗日公式为

$$\dfrac{\mathrm{d}^4\phi}{\mathrm{d}\xi^4} + p\dfrac{\mathrm{d}^2\phi}{\mathrm{d}\xi^2} + q\phi = 0 \tag{4.153}$$

式中: p、q 为系数,可定义为

$$p = \dfrac{C_{02} - C_{11}}{C_{22}}, \quad q = \dfrac{C_{00}}{C_{22}} \tag{4.154}$$

式(4.153)为四阶常微分方程,其特征方程为

$$r^4 + pr^2 + q = 0 \tag{4.155}$$

以上特征方程的根为

$$\begin{cases} r = \pm(\alpha_1 + \mathrm{i}\alpha_2), \mathrm{i} = \sqrt{-1} \\ \alpha_1 = q^{1/4}\cos\dfrac{\theta}{2}, \alpha_2 = q^{1/4}\sin\dfrac{\theta}{2} \\ \theta = \arctan\sqrt{\dfrac{4q}{p^2} - 1} \end{cases} \tag{4.156}$$

若 $4q/p^2 > 1$,式(4.153)的通解包含 $\mathrm{e}^{\pm\alpha_1\xi}\cos\alpha_2\xi$ 和 $\mathrm{e}^{\pm\alpha_1\xi}\sin\alpha_2\xi$ 这两项。但由于在对称条件(式(4.149))下,所以用双曲函数比用指数函数更方便。因为仅当积函数为容许解时,由四阶常微分方程(式(4.153))的解可得 $\phi(x)$ 的表达

式为

$$\phi = A_1\cosh\alpha_1\xi\cos\alpha_2\xi + A_2\sinh\alpha_1\xi\sin\alpha_2\xi \qquad (4.157)$$

式中：A_1、A_2 为边界条件确定的常量，由下式定义，即

$$\begin{cases} A_1 = \dfrac{2(\alpha_1\cosh\alpha_1\rho\sin\alpha_2\rho + \alpha_2\sinh\alpha_1\rho\cos\alpha_2\rho)}{\alpha_1\sin2\alpha_1\rho + \alpha_2\sinh2\alpha_2\rho} \\ A_2 = \dfrac{2(\alpha_2\cosh\alpha_1\rho\sin\alpha_2\rho - \alpha_1\sinh\alpha_1\rho\cos\alpha_2\rho)}{\alpha_1\sin2\alpha_1\rho + \alpha_2\sinh2\alpha_2\rho} \end{cases} \qquad (4.158)$$

当 $4q/p^2 < 1$ 时，$\phi(x)$ 的表达式为[68]

$$\phi = \dfrac{\alpha_2'\cosh\alpha_1'\xi}{\sinh\alpha_1'\rho(\alpha_2'\coth\alpha_1'\rho - \alpha_1'\coth\alpha_2'\rho)} + \dfrac{\alpha_1'\cosh\alpha_2'\xi}{\sinh\alpha_2'\rho(\alpha_1'\coth\alpha_2'\rho - \alpha_2'\coth\alpha_1'\rho)} \qquad (4.159)$$

式中：α_1'、α_2' 由下式定义，即

$$\alpha_1', \alpha_2' = \sqrt{\dfrac{-p}{2} \pm \sqrt{\dfrac{p^2}{4} - q}} \qquad (4.160)$$

假设 $p<0$，式(4.159)通常适用于典型的玻璃纤维/环氧树脂和石墨/环氧树脂材料[69]。一旦 ϕ 值已知，由式(4.121)、式(4.122)可计算应力场，然后通过计算平均应力和应变来确定开裂层合板的有效刚度系数。

这里需要注意的是，变分分析给出了开裂层合板刚度特性的下界，这一点从式(4.143)中就可看出。

4.6.2 残余应力的影响

当层合板从固化温度开始冷却时，由于0°铺层和90°铺层不同的热膨胀率产生了热残余应力，这些残余应力易于用未开裂层合板的层合板理论来解释。热应力对裂纹最初形成的影响在文献[70]中进行了详尽分析，而存在热残余应力的开裂正交铺设层合板的变分应力公式在文献[69,71]中进行了推导。与式(4.152)相似的余能公式为[69]

$$\Pi' = \Pi_0' + \\ t_{90}^2\int_{-\rho}^{\rho}\left[C_{00}\psi^2 + C_{02}\psi\dfrac{d^2\psi}{d\xi^2} + C_{11}\left(\dfrac{d\psi}{d\xi}\right)^2 + C_{22}\left(\dfrac{d^2\psi}{d\xi^2}\right)^2 - 2\Delta\alpha\Delta T\psi + C_{2T}\dfrac{d^2\psi}{d\xi^2}\right]d\xi \qquad (4.161)$$

其中

$$\begin{cases} \psi = \left(\sigma_{xx0}^{90} - \dfrac{\Delta\alpha\Delta T}{C_{00}}\right)\phi + \dfrac{\Delta\alpha\Delta T}{C_{00}} & (a) \\ \Delta\alpha = \alpha_{22} - \alpha_{11}, \Delta T = T_0 - T_{\text{ref}} & (b) \\ C_{2T} = \left(\alpha_{22}\Delta T - \dfrac{\nu_{23}\sigma_c}{E_c}\right)\left(\dfrac{2}{3} + \lambda\right) + \left(\alpha_{22}\Delta T - \dfrac{\nu_{12}\sigma_c}{E_c}\right)\dfrac{\lambda^2}{3} & (c) \end{cases} \qquad (4.162)$$

其中：α_{11}、α_{22}分别为纵向和横向热膨胀系数；T_0为工作温度；T_{ref}为层合板的无应力（参考/固化）温度，此情况下相应的欧拉-拉格朗日公式为

$$\frac{d^4\psi}{d\xi^4} + p\frac{d^2\psi}{d\xi^2} + q\psi = \frac{\Delta\alpha\Delta T}{C_{22}} \quad (4.163)$$

ϕ的解与式(4.158)~式(4.160)中相同,利用该解,由式(4.162(a)),可求得ψ的值。然后由式(4.121)、式(4.122),可计算出应力值。

4.6.3 $[0_m/90_n]_s$和$[90_n/0_m]_s$层合板的比较

$[0_m/90_n]_s$层合板中由于开裂而导致的刚度变化与$[90_n/0_m]_s$层合板不同,原因是$[0_m/90_n]_s$层合板在90°内层中出现了裂纹,而$[90_n/0_m]_s$层合板中的裂纹暴露于自由边界。对于相同面积的裂纹表面,$[90_n/0_m]_s$层合板裂纹表面上(式(4.128))的牵引力在裂纹表面闭合（或张开）时所做的功更大,产生的扰动余能值也就更大,因此该层合板的有效轴向刚度相对于内层出现裂纹的层合板就更低。

Nairn[69]对$[90_n/0_m]_s$层合板横向开裂的解进行了变分分析,过程与$[0_m/90_n]_s$层合板相同。除了式(4.150)和式(4.162)中的一些常量不同外,所得ϕ的解也相同。新的常量为

$$\begin{cases} C_{02} = \left(1 + \frac{2}{3}\lambda\right)\frac{\nu_{12}}{E_1} - \frac{\nu_{23}}{3E_2} \\ C_{22} = (\lambda + 1)(3 + 12\lambda + 8\lambda^2)\frac{1}{60E_2} \\ C_{2T} = \frac{1}{3}\left(\frac{\nu_{23}\sigma_c}{E_c} - \alpha_{22}\Delta T\right) + \left(\frac{\nu_{12}\sigma_c}{E_c} + \alpha_{22}\Delta T\right)\left(\lambda + \frac{2}{3}\lambda^2\right) \end{cases} \quad (4.164)$$

$[0/90_2]_s$和$[90_2/0]_s$层合板的应力曲线如图4.15(b)、(c)所示,后面将对此进行讨论。

4.6.4 改进的变分分析

Varna和Berglund[71,73]对Hashin的变分分析提出了一些主要改进,最精细的模型在文献[73]中进行了描述。在Hashin的方法中,假设沿厚度方向的轴向应力变化为常数,而Varna-Berglund的方法则通过进一步运用最小余能原理确定轴向应力变化。选择的90°铺层和0°铺层的应力函数为

$$\begin{cases} \Phi^{90} = \sigma_{xx0}^{90}\left\{\left[\frac{\bar{z}^2}{2} - \psi(\bar{x})\left(\frac{\bar{z}^2}{2} + A^*\right)\right] + \psi_1(\bar{x})\varphi_2(\bar{z})\right\}t_{90}^2 \\ \Phi^0 = \left\{\left[\sigma_{xx0}^0\frac{\bar{z}^2}{2} - \sigma_{xx0}^{90}\varphi_1(\bar{z})\psi(\bar{x})\right] + \sigma_{xx0}^{90}\psi_1(\bar{x})\varphi_3(\bar{z})\right\}t_{90}^2 \end{cases} \quad (4.165)$$

式中：σ_{xx0}^0、σ_{xx0}^{90}分别为未开裂层合板0°铺层和90°铺层内的轴向应力；$\bar{x}=x/t_{90}$、$\bar{z}=z/t_{90}$为无量纲坐标；A^*为常量。

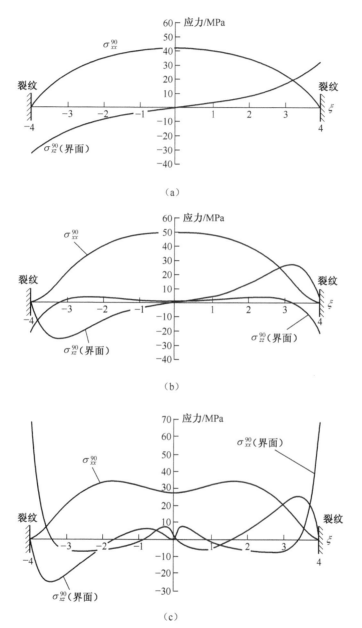

图 4.15 碳纤维/环氧基树脂正交铺设层合板中两条相邻铺层裂纹间的应力分布[42]
(a) $[0/90_2]_s$ 层合板的一维剪滞分析; (b) $[0/90_2]_s$ 层合板的二维变分分析;
(c) $[90_2/0]_s$ 层合板的二维变分分析。整个 90° 铺层组中的正应力 σ_{xx}^{90} 都相同,
图中剪切应力 σ_{xz}^{90} 和横向应力 σ_{zz}^{90} 位于 0/90 铺层界面 $\xi=1$。

在以上表达式中,任意函数 $\varphi_2(\bar{z})$ 表示 z 方向上裂纹附近 90°铺层中 x 轴应力分布的不均匀性,而 $\psi_1(\bar{x})$ 表征 x 方向上的应力变化。0°铺层的应力场再分配分别用 x 方向上的 $\psi_1(\bar{x})$ 和 z 方向上的 $\varphi_3(\bar{z})$ 描述。若忽略 $\varphi_2(\bar{z})$、$\varphi_3(\bar{z})$ 和 $\psi_1(\bar{x})$,并设 $A^* = -h/2t_{90}, \varphi_1(\bar{z}) = -(h-z)^2/2t_0 t_{90}$,则应回到 Hashin 的模型。

对于当前模型,m 层内的应力分量可表示为

$$\sigma_{xx}^m = \frac{\partial^2 \Phi^m}{\partial z^2}, \quad \sigma_{zz}^m = \frac{\partial^2 \Phi^m}{\partial x^2}, \quad \sigma_{xz}^m = \frac{\partial^2 \Phi^m}{\partial x \partial z} \tag{4.166}$$

在 90°和 0°铺层中的应力如下:

在 90°铺层中:

$$\begin{cases} \sigma_{xx}^{90} = \sigma_{xx0}^{90} [1 - \psi(\bar{x}) + \psi_1(\bar{x}) \varphi_2''(\bar{z})] \\ \sigma_{xz}^{90} = \sigma_{xx0}^{90} [-\psi'(\bar{x})\bar{z} - \psi_1'(\bar{x}) \varphi_2'(\bar{z})] \\ \sigma_{zz}^{90} = \sigma_{xx0}^{90} \left[\psi''(\bar{x}) \left(\frac{\bar{z}^2}{2} + A^* \right) + \psi_1''(\bar{x}) \varphi_2(\bar{z}) \right] \end{cases} \tag{4.167}$$

在 0°铺层中:

$$\begin{cases} \sigma_{xx}^0 = \sigma_{xx0}^0 - \sigma_{xx0}^{90} [\psi(\bar{x}) \varphi_1''(\bar{z}) - \psi_1(\bar{x}) \varphi_3''(\bar{z})] \\ \sigma_{xz}^0 = \sigma_{xx0}^{90} [\psi'(\bar{x}) \varphi_1'(\bar{z}) - \psi_1'(\bar{x}) \varphi_3'(\bar{z})] \\ \sigma_{zz}^0 = \sigma_{xx0}^{90} [-\psi''(\bar{x}) \varphi_1(\bar{z}) + \psi_1''(\bar{x}) \varphi_3(\bar{z})] \end{cases} \tag{4.168}$$

当边界条件和界面条件与式(4.120)中保持一致时,由式(4.167)和式(4.168),得

$$\varphi_1'(1) = 0, \quad \varphi_1(1) = A^* + \frac{1}{2}, \quad \varphi_1'(\bar{h}) = \varphi_1(\bar{h}) = 0,$$

$$\varphi_3'(\bar{h}) = \varphi_3(\bar{h}) = 0, \quad \varphi_2'(1) = \varphi_3'(1) = 1, \quad \varphi_2(1) = \varphi_3(1),$$

$$\psi(\pm\rho) = 1, \quad \psi'(\pm\rho) = \psi_1'(\pm\rho) = \psi_1(\pm\rho) = 0 \tag{4.169}$$

式中:$\bar{h} = h/t_{90}$。显然该模型较为复杂,需要确定常数 A^*,以及函数 $\psi(\bar{x})$、$\psi_1(\bar{x})$、$\varphi_1(\bar{z})$、$\varphi_2(\bar{z})$ 和 $\varphi_3(\bar{z})$。我们发现选择下列函数 $\varphi_1(\bar{z})$、$\varphi_2(\bar{z})$、$\varphi_3(\bar{z})$ 十分有效:

$$\begin{cases} \varphi_1(\bar{z}) = \dfrac{1 - \cosh \Delta_1 (\bar{z} - \bar{h})}{\Delta_1 \sinh \Delta_1 \lambda} \\ \varphi_2(\bar{z}) = A + \dfrac{\bar{z}^{2n}}{2n} \\ \varphi_3(\bar{z}) = \dfrac{1 - \cosh \Delta_3 (\bar{z} - \bar{h})}{\Delta_3 \sinh \Delta_3 \lambda} \end{cases} \tag{4.170}$$

式中:A 为常数;Δ_1、Δ_3、n 为任意形状参数,其中 n 为整数。

由式(4.169)中的边界条件,得

$$A^* = -\frac{1}{2} + \frac{1-\cosh\Delta_1\lambda}{\Delta_1\sinh\Delta_1\lambda}, \quad A = -\frac{1}{2n} + \frac{1-\cosh\Delta_3\lambda}{\Delta_3\sinh\Delta_3\lambda} \quad (4.171)$$

则开裂层合板体系的总余能为

$$\Pi' = \Pi_0' + \int_{-\rho}^{\rho} v(\psi,\psi',\psi'',\psi_1,\psi_1',\psi_1'')\,\mathrm{d}\bar{x} \quad (4.172)$$

式中:Π_0' 为初始层合板的余能;v 为扰动应力产生的余能密度。

运用上述最小化方法,最终得到含常量系数的下列常微分方程组:

$$\begin{cases} C_{22}^0\psi''' + (C_{02}^0 - C_{11}^0)\psi'' + C_{00}^0\psi - C_{22}^{01}\psi_1''' - C_R\psi_1'' - C_{00}^{01}\psi_1 = 0 \\ -C_{22}^{01}\psi''' - C_R\psi'' - C_{00}^{01}\psi + C_{22}^1\psi_1''' + (C_{02}^1 - C_{11}^1)\psi_1'' + C_{00}^1\psi_1 = 0 \end{cases} \quad (4.173)$$

以上方程组中含式(4.169)中给出的边界条件,而常量可表示为

$$\begin{cases} C_{00}^0 = 1 + \dfrac{E_2}{E_1}I_1, & C_{22}^0 = \dfrac{1}{20} + \dfrac{A^*}{3} + A^{*2} + I_2 \\[6pt] C_{11}^0 = \dfrac{E_2}{3G_{23}} + \dfrac{E_2}{G_{12}}I_3, & C_{02}^0 = -2v_{23}\left(A^* + \dfrac{1}{6}\right) - 2v_{12}\dfrac{E_2}{E_1}I_4 \\[6pt] C_{00}^1 = I_1^T + \dfrac{E_2}{E_1}I_1^L, & C_{22}^1 = I_2^T + I_2^L \\[6pt] C_{11}^1 = \dfrac{E_2}{G_{23}}I_3^T + \dfrac{E_2}{G_{12}}I_3^L, & C_{02}^1 = -2v_{23}I_4^T - 2v_{12}\dfrac{E_2}{E_1}I_4^L \\[6pt] C_{00}^{01} = 1 + \dfrac{E_2}{E_1}I_1^C, & C_{22}^{01} = F_3 + I_2^C \\[6pt] C_{11}^{01} = \dfrac{E_2}{G_{23}}F_1 + \dfrac{E_2}{G_{12}}I_3^C, & C_{02}^{01} = -2v_{23}F_2 - 2v_{12}\dfrac{E_2}{E_1}I_4^{C2} \\[6pt] C_{20}^{01} = -2v_{23}F_4 - 2v_{12}\dfrac{E_2}{E_1}I_4^{C1}, & C_R = \dfrac{1}{2}(C_{20}^{01} + C_{02}^{01}) - C_{11}^{01} \end{cases} \quad (4.174)$$

式中

$$\begin{cases}
I_1 = \int_1^{\bar{h}} [\varphi_1''(\bar{z})]^2 d\bar{z}, & I_2 = \int_1^{\bar{h}} [\varphi_1(\bar{z})]^2 d\bar{z}, & I_3 = \int_1^{\bar{h}} [\varphi_1'(\bar{z})]^2 d\bar{z} \\
I_4 = \int_1^{\bar{h}} \varphi_1(\bar{z})\varphi_1''(\bar{z}) d\bar{z}, & I_1^T = \int_0^1 [\varphi_2''(\bar{z})]^2 d\bar{z}, & I_2^T = \int_0^1 [\varphi_2(\bar{z})]^2 d\bar{z} \\
I_3^T = \int_0^1 [\varphi_2'(\bar{z})]^2 d\bar{z}, & I_4^T = \int_0^1 \varphi_2(\bar{z})\varphi_2''(\bar{z}) d\bar{z}, & F_1 = \int_0^1 \bar{z}\varphi_2(\bar{z}) d\bar{z} \\
F_2 = \int_0^1 \varphi_2(\bar{z}) d\bar{z}, & F_3 = \int_0^1 \varphi_2(\bar{z})\left(\dfrac{\bar{z}^2}{2}+A^*\right) d\bar{z}, & F_4 = \dfrac{1}{2} + A^* - \varphi_2(1) + F_2 \\
I_1^L = \int_1^{\bar{h}} [\varphi_3''(\bar{z})]^2 d\bar{z}, & I_2^L = \int_1^{\bar{h}} [\varphi_3(\bar{z})]^2 d\bar{z}, & I_3^L = \int_1^{\bar{h}} [\varphi_3'(\bar{z})]^2 d\bar{z} \\
I_4^L = \int_1^{\bar{h}} \varphi_3(\bar{z})\varphi_3''(\bar{z}) d\bar{z}, & I_1^C = \int_1^{\bar{h}} \varphi_1''(\bar{z})\varphi_3''(\bar{z}) d\bar{z}, & I_2^C = \int_1^{\bar{h}} \varphi_1(\bar{z})\varphi_3(\bar{z}) d\bar{z} \\
I_3^C = \int_1^{\bar{h}} \varphi_1'(\bar{z})\varphi_3'(\bar{z}) d\bar{z}, & I_4^{C1} = \int_1^{\bar{h}} \varphi_1(\bar{z})\varphi_3''(\bar{z}) d\bar{z}, & I_4^{C2} = \int_1^{\bar{h}} \varphi_1''(\bar{z})\varphi_3(\bar{z}) d\bar{z}
\end{cases}$$

(4.175)

与所得解对应的余能最小值为[73]

$$\Pi'_{\min} = \Pi'_0 + \frac{(\sigma_{xx0}^{90} t_{90})^2}{2E_2}[C_{22}^{01}\psi_1'''(\rho) - C_{22}^{0}\psi'''(\rho)] \quad (4.176)$$

在对开裂产生的应力计算中,首先对一对常微分方程组成的方程组式(4.173)求解得到扰动函数,再将其代入一组方程式(4.167)、式(4.168),由应力的平均值可得开裂层合板的平均刚度特性。该模型中,用初始状态值归一化的纵向弹性模量可表示为[73]

$$\frac{E_x}{E_{x0}} = \frac{1}{1 + \dfrac{E_2}{\lambda E_1}\dfrac{f(\rho)}{\rho}} \quad (4.177)$$

式中

$$f(\rho) = \frac{1}{2}\int_{-\rho}^{+\rho}[\Psi(\bar{x}) - \Psi_1(\bar{x})]d\bar{x} \quad (4.178)$$

开裂正交铺设层合板的归一化有效泊松比可表示为

$$\frac{v_{xy}}{v_{xy}^0} = \frac{1 - \left(1 - \dfrac{E_2}{E_1}\right)\dfrac{t_{90}}{h}\dfrac{f(\rho)}{\rho}}{1 + \dfrac{E_2}{\lambda E_1}\dfrac{f(\rho)}{\rho}} \quad (4.179)$$

4.6.5 相关研究工作

基于变分分析法的研究工作已取得了一些进展，Hashin 在其早期发表的论文[67]中对承受剪切载荷的正交铺设层合板中的横向裂纹进行了分析，后来他又用变分法预测了开裂正交铺设层合板的热膨胀系数[74]（将在 4.11 节进行讨论），他还在另一篇论文[75]中对正交开裂情况下的正交铺设层合板进行了分析。Kuriakose 和 Talreja[76]对正交铺设层合板进行了另一种重要分析，即分析了弯矩作用下的正交铺设层合板。

4.6.6 一维应力模型和二维应力模型比较

将$[0/90_2]_s$碳纤维/环氧基树脂层合板的一维剪滞分析[27]和二维变分分析[67]的应力预测结果进行了对比，如图 4.15(a)、(b)所示。层合板承受的外加机械应力为 100MPa，温度变化 $\Delta T = -125$℃，归一化裂纹间隔 $\rho = 4$。

如图 4.15(b)所示，$\xi = \pm\rho$ 处 $\sigma_{xx}^{90} = 0$，裂纹表面没有牵引力，且横向铺层在裂纹面上不承受轴向载荷。在远离裂纹表面的过程中，应力从 0°铺层传递回 90°铺层，σ_{xx}^{90} 逐渐增大，该应力在两条横向裂纹之间达到最大值，应力值取决于裂纹间隔。当裂纹相距足够远（相邻两条裂纹间不会相互作用）时，σ_{xx}^{90} 在该处（$\xi = 0$）等于 σ_{xx0}^{90}。σ_{xx}^{90} 的分布在性质上与剪滞模型和变分模型相似，但这两种模型中 σ_{xx}^{90} 的最大值不同。此外，变分模型的准确预测结果表明该应力在裂纹表面（$\xi = \pm\rho$）上的斜率为 0，而剪滞模型中所示应力斜率不为零。

剪滞分析可预测裂纹表面上界面剪切应力 $\tau_i = \sigma_{xz}^{90}(z = t_{90})$ 的最大值，不符合裂纹面上要求 $\tau_i = 0$ 的边界条件（图 4.15(a)）。此外，剪滞分析不能得到横向正应力 σ_{zz}^{90}。剪滞模型的一维特性决定了$[0/90]_s$和$[90/0]_s$层合板的预测结果没有差别，但实验观察结果表明两种层合板的开裂行为和最终刚度退化存在差异。这些差异可通过图 4.15(c)中$[90_2/0]_s$层合板的变分解进行合理预示，该层合板的应力变化与$[0/90_2]_s$层合板不同。$[90_2/0]_s$层合板近裂纹表面处的界面横向应力 σ_{zz}^{90} 为压缩应力，而$[90/0]_s$层合板为拉伸应力，这说明$[90/0]_s$层合板中的裂纹更易使层合板产生分层（模式Ⅰ）。

Varna 等[77,79]采取另一种方式，他们从平均裂纹张开位移（COD）的角度研究了剪滞分析法和变分法，他们注意到两种模型的根本区别在于平均裂纹张开位移的建模方法不同。平均裂纹张开位移可定义为

$$\bar{u} = \frac{1}{t_{90}}\int_0^{t_{90}} u(z)\,\mathrm{d}z \qquad (4.180)$$

考虑对称均衡层合板$[S/90_n]_s$中的横向开裂，该层合板包含两个均衡子层

合板外层和90°中间层,则层合板的纵向模量和泊松比可表示为

$$E_{xx} = \frac{\sigma_0}{\bar{\varepsilon}_{xx}^S}, \quad \nu_{xy} = -\frac{\bar{\varepsilon}_{yy}^S}{\bar{\varepsilon}_{xx}^S} \tag{4.181}$$

式中:σ_0 为外加应力;上画线表示体积平均数;上标 S 表示子层合板。

该层合板的平均裂纹张开位移为

$$\bar{u} = l(\bar{\varepsilon}_{xx}^S - \bar{\varepsilon}_{xx}^{90}) \tag{4.182}$$

根据文献[79],开裂层合板呈现的刚度特性为

$$\frac{E_{xx}}{E_{xx0}} = \frac{1}{1 + a\rho R(\bar{l})}, \quad \frac{\nu_{xy}}{\nu_{xy0}} = \frac{1 - c\rho R(\bar{l})}{1 - a\rho R(\bar{l})} \tag{4.183}$$

式中:$\rho = 1/2l$ 为裂纹密度;a、c、g 为层合板材料的已知函数和厚度;$R(\bar{l})$ 为平均应力扰动函数;$\bar{l} = l/t_{90}$ 为90°层厚度归一化的 1/2 裂纹间隔。不同方法对 $R(\bar{l})$ 的模拟过程也不相同。

(1)剪滞模型:

$$R(\bar{l}) = \frac{2}{\beta}\tanh(\beta\bar{l}) \tag{4.184}$$

式中:β 为剪滞参数,不同的剪滞模型对该参数的定义不同[78]。

(2)变分法:

$$R(\bar{l}) = \frac{4\alpha_1\alpha_2}{\alpha_1^2 + \alpha_2^2} \frac{\cosh(2\alpha_1\bar{l}) - \cos(2\alpha_2\bar{l})}{\alpha_2\sinh(2\alpha_1\bar{l}) + \alpha_1\sin(2\alpha_2\bar{l})} \tag{4.185}$$

式中:α_1、α_2 为每个模型定义的常量。

Joffe 和 Varna[79] 对 [S/90$_4$]$_s$ 层合板的不同模型进行了比较,结果如图 4.16~图 4.19 所示,图中 θ 的值不同。2-D-0 模型中应力扰动函数的表达式与 Hashin 的变分分析相同,但系数不相同[79]:

$$\begin{cases} C_{00} = \frac{1}{E_2} + \frac{1}{E_x^S}I_1 \\ \\ C_{02} = -2\frac{\nu_{32}}{E_2}\left(\frac{1}{6} + A^*\right) - 2\frac{\nu_{xz}^S}{E_x^S}I_4 \\ \\ C_{11} = \frac{1}{2G_{23}} + \frac{1}{G_{xz}^S}I_3 \end{cases} \tag{4.186}$$

以上比较结果说明变分分析可连续得到刚度特性的下界,该方法明显优于剪滞模型,变分分析的预测结果也十分接近有限元方法的预测结果。

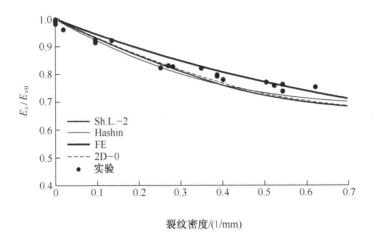

(a)

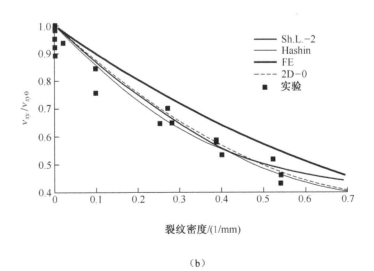

(b)

图 4.16 $[0_2/90_4]_s$ 玻璃纤维/环氧树脂层合板的弹性刚度模量与裂纹密度的关系曲线[79]

(a)归一化弹性模量;(b)归一化泊松比与裂纹密度的关系。

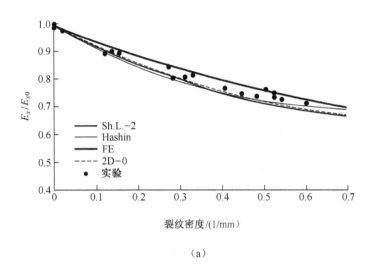

(a)

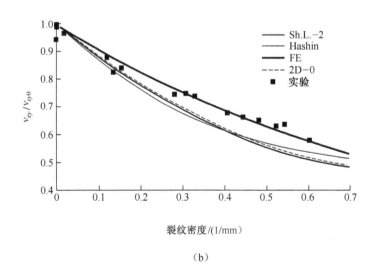

(b)

图 4.17 $[\pm 15/90_4]_s$ 玻璃纤维/环氧树脂层合板的弹性刚度模量与裂纹密度的关系曲线[79]
(a)归一化弹性模量;(b)归一化泊松比与裂纹密度的关系。

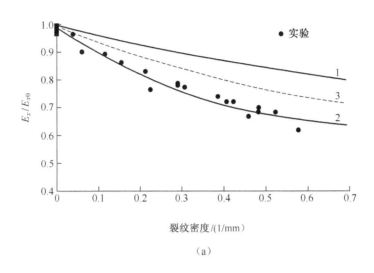

(a)

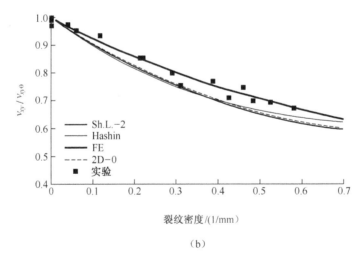

(b)

图 4.18 [±30/90$_4$]$_s$ 玻璃纤维/环氧树脂层合板的弹性刚度模量与裂纹密度的关系曲线[79]
(a)归一化弹性模量;(b)归一化泊松比与裂纹密度的关系。

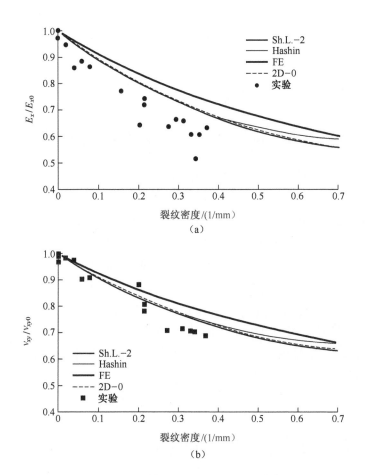

图 4.19 [±40/90$_4$]$_s$ 玻璃纤维/环氧树脂层合板的弹性刚度模量与裂纹密度的关系曲线[79]
(a)归一化弹性模量;(b)归一化泊松比与裂纹密度的关系。

4.7 广义平面应变分析:McCartney 模型

这些模型可看作是基于应力分析的开裂层合板损伤模型的进一步发展。在广义平面应变条件下,开裂正交铺设层合板关于中面对称,因此可减少开裂层合板中三维基本应力场的方向依赖性。McCartney[80]假设 90°铺层内完全扩展的水平裂纹呈规则排列,他提出了 0°铺层和 90°铺层间的应力传递理论,并保留了所有相关的应力和应变分量。

在 Hashin 的公式中,平衡方程由式(4.112)给出。假设层性能为横向各向同性(或正交各向异性),在材料(层板)坐标系中 0°铺层和 90°铺层的热力学本构关系可表示为

$$\begin{cases} \varepsilon_{11}^m = \dfrac{\sigma_{11}^m}{E_{11}^m} - \dfrac{\nu_{21}^m \sigma_{22}^m}{E_{22}^m} - \dfrac{\nu_{31}^m \sigma_{33}^m}{E_{33}^m} + \alpha_{11}^m \Delta T \\ \varepsilon_{22}^m = - \dfrac{\nu_{12}^m \sigma_{11}^m}{E_{11}^m} + \dfrac{\sigma_{22}^m}{E_{22}^m} - \dfrac{\nu_{32}^m \sigma_{33}^m}{E_{33}^m} + \alpha_{22}^m \Delta T \\ \varepsilon_{33}^m = - \dfrac{\nu_{13}^m \sigma_{11}^m}{E_{11}^m} - \dfrac{\nu_{23}^m \sigma_{22}^m}{E_{22}^m} + \dfrac{\sigma_{33}^m}{E_{33}^m} + \alpha_{33}^m \Delta T \\ \varepsilon_{12}^m = \dfrac{\sigma_{12}^m}{2G_{12}^m}, \varepsilon_{13}^m = \dfrac{\sigma_{13}^m}{2G_{13}^m}, \varepsilon_{23}^m = \dfrac{\sigma_{23}^m}{2G_{23}^m} \end{cases} \quad (4.187)$$

式中:$m=0$ 和 $m=90$ 分别对应于 0°铺层和 90°铺层;E_{ij}、G_{ij}、ν_{ij} 分别为相应方向和平面上的弹性模量、剪切模量和泊松比($i,j=1,2,3$)。

根据平面应变假设,受损层合板的位移场的表达式为

$$u_m = u_m(x,z), \quad v_m = \varepsilon_T^c y, \quad w_m = w_m(x,z) \quad (4.188)$$

式中:ε_T^c 为开裂层合板沿横 y 方向的均匀应变。若铺层裂纹产生于 x 方向的法向平面,而且距层合板边缘很远,则位移场的表达式是有效的。

若再假设在 0°铺层和 90°铺层的纵向应力分量与横坐标 z 轴无关,则相关的应力分量可用下列函数表示:

$$\sigma_{xx}^0 = \sigma_{xx0}^0 + C(x), \quad \sigma_{xx}^{90} = \sigma_{xx0}^{90} - \lambda C(x) \quad (4.189)$$

式中

$$\sigma_{xx0}^0 = Q_{11}^0 \left(\varepsilon_c + \dfrac{\nu_{12}^0 E_{22}^0}{E_{11}^0} - \alpha_{11}'^0 \Delta T \right); \quad \sigma_{xx0}^{90} = Q_{11}^{90}(\varepsilon_c + \nu_{12}^0 \varepsilon_T^c - \alpha_{22}'^{90} \Delta T)$$

$$(4.190)$$

式中:ε_c 为施加于层合板的平均纵向应变;Q_{11}^0、Q_{11}^{90} 分别为 0°铺层和 90°铺层的简化刚度,即

$$Q_{11}^m = \dfrac{E_{11}^m}{1 - \nu_{12}^m \nu_{21}^m} \quad (m=0,90) \quad (4.191)$$

而 $\alpha_{11}'^0$、$\alpha_{22}'^{90}$ 可定义为

$$\alpha_{11}'^0 = \alpha_{11}^0 + \nu_{12}^0 \dfrac{E_{22}^0}{E_{11}^0} \alpha_{22}^0, \quad \alpha_{22}'^{90} = \alpha_{11}^{90} + \nu_{12}^0 \alpha_{11}^{90} \quad (4.192)$$

为了充分表达开裂层合板的内部应力状态,基本任务是确定式(4.189)中的未知函数 $C(x)$。应力场的边界条件为:关于中面对称;关于两条相邻裂纹之

间裂纹的平行面对称;应力在 0°铺层和 90°铺层界面上具有连续性;裂纹表面和外铺层外表面上的牵引力为零(边界条件与 Hashin 的分析类似,见式(4.120))。此外,根据力平衡原理,得

$$\sigma_c h = \int_0^{t_{90}} \sigma_{xx}^{90} dz + \int_{t_{90}}^h \sigma_{xx}^0 dz \quad (4.193)$$

而且,由于在层合板横向上没有外加载荷,平均横向应力的和必须为零,即

$$\int_0^{t_{90}} \int_0^l \sigma_{yy}^{90} dx dz + \int_{t_{90}}^h \int_0^l \sigma_{yy}^{90} dx dz = 0 \quad (4.194)$$

将式(4.189)代入式(4.112),进行积分并应用边界条件,可得开裂层合板的应力场,则层合板中的横向正应力和剪切应力可表示为

$$\begin{cases} \sigma_{xz}^0 = C'(x)[(1+\lambda)t_{90} - z], \sigma_{xz}^{90} = \lambda C'(x)z \\ \sigma_{zz}^0 = \frac{1}{2}C''(x)[(1+\lambda)t_{90} - z]^2, \sigma_{zz}^{90} = \frac{1}{2}C''(x)[(1+\lambda)t_{90}^2 - z^2] \end{cases}$$

$$(4.195)$$

可以看出,以上关系式与 Hashin(式(4.121)和式(4.122))得到的公式在形式上十分相似。事实上,当 $C(x) = (1/\lambda)\sigma_{xx}^{90}\phi(x)$ 时,这些关系式是一致的。合并式(4.189)与式(4.195),可得到全应力场。

将应力场引入本构关系式(4.187),并进行积分,可得到位移场,用式(4.188)表示。但从平均意义上讲,必须满足应力-应变关系,则应力场和应变场必须在每一铺层厚度上进行平均,由这些平均关系式可得到未知函数 $C(x)$ 的下列四阶微分方程:

$$FC^{IV}(x) - GC''(x) + HC(x) = 0 \quad (4.196)$$

式中,系数 F、G、H 由下式给出:

$$\begin{cases} F = \frac{1}{20E_{22}^0} + \frac{2}{15E_{22}^{90}} \frac{t_{90}}{t_0}\left[\left(\frac{t_{90}}{t_0}\right)^2 + \frac{5}{2}\frac{t_{90}}{t_0} + \frac{15}{8}\right] \\ G = \frac{1}{3}\left[\frac{1}{G_{12}^0} + \frac{1}{G_{23}^0}\frac{t_{90}}{t_0} + \frac{\nu_{12}^0}{E_{11}^0} - \frac{\nu_{23}^{90}}{E_{22}^{90}}\left(2\frac{t_{90}}{t_0} + 3\right)\right] \\ H = \frac{1}{E_{11}^0} + \frac{t_{90}}{t_0}\frac{1}{E_{22}^0} \end{cases} \quad (4.197)$$

当内铺层和外铺层的材料相同时,微分方程式(4.196)与 Hashin 推导的欧拉-拉格朗日方程的形式相同。值得注意的是,当在平均意义上满足本构关系式和平衡方程时,Reissner 能量函数具有固定值。因此,McCartney 的方法与 Hashin 的方法非常相似:前者用位移公式(等效于最小化 Reissner 能量函数),后者则用了应力公式(等效于最小化余能函数)。

McCartney 的二维方法得到了开裂正交铺设层合板的有效纵向模量,用以下

关系式表示：

$$E_{xx} = \frac{E_{xx0}}{1 + \dfrac{t_{90}}{l}\dfrac{E_{22}^0}{E_{11}^0}\Phi} \qquad (4.198)$$

式中

$$\begin{cases} \Phi = \dfrac{2\Lambda pq}{p^2 + q^2} + \left(\cosh^2\dfrac{pl}{t_0} - \cosh^2\dfrac{ql}{t_0}\right) \\ \dfrac{1}{\Lambda} = q\sinh\dfrac{pl}{t_0}\cosh\dfrac{pl}{t_0} + p\sin\dfrac{ql}{t_0}\cos\dfrac{ql}{t_0} \\ p = \sqrt{\dfrac{r+s}{2}}, q = \sqrt{\dfrac{|r-s|}{2}} \\ r = \dfrac{G}{2F} > 0, s = \sqrt{\dfrac{H}{F}} > 0 \end{cases} \qquad (4.199)$$

若铺层的厚度较大，不建议对应力和应变进行平均，因为平均会造成预测不准。为改进该方法，McCartney[81-86]采用了"铺层-细化"法，该方法将每一铺层在厚度上分成 N 段，在平均意义上满足每一铺层分段的最终应力-应变关系式。因此，第 i 个铺层分段 ($i=1,2,\cdots,N$) 的未知函数 $C_i(x)$ 满足以下 N 阶齐次微分方程：

$$\sum_{i=1}^N F_{ij} C_i^{\mathrm{IV}}(x) - \sum_{i=1}^N G_{ij} C_i''(x) + \sum_{i=1}^N H_{ij} C_i(x) = 0 \quad (j=1,2,\cdots,N) \qquad (4.200)$$

式中：系数 F_{ij}、G_{ij}、H_{ij} 的数值计算采用了有效的常微分方程解算器。McCartney[82,84,86]后来又对该方法在多层正交铺设层合板和三轴加载中的应用进行了广义分析。

McCartney[82,84,86]也将该方法用于分析开裂正交铺设层合板及相关模量。Nairn[87]也独立推导出泊松比、横向模量和纵向模量之间的相互关系式。若将损伤参数或归一化刚度参数定义为

$$D = \frac{1}{E_{xx}} - \frac{1}{E_{xx0}} \qquad (4.201)$$

于是开裂正交铺设层合板的另一个模量的关联式为

$$\begin{cases} \dfrac{\nu_{xy0}}{E_{xx0}} - \dfrac{\nu_{xy}}{E_{xx}} = k_1 D, \dfrac{1}{E_{yy}} - \dfrac{1}{E_{yy0}} = k_1^2 D \\ \dfrac{\nu_{xz0}}{E_{xx0}} - \dfrac{\nu_{xz}}{E_{xx}} = k_2 D, \dfrac{1}{E_{zz}} - \dfrac{1}{E_{zz0}} = k_2^2 D \\ \dfrac{\nu_{yz0}}{E_{yy0}} - \dfrac{\nu_{yz}}{E_{yy}} = k_1 k_2 D \end{cases} \qquad (4.202)$$

且

$$\alpha_{xx} - \alpha_{xx0} = k_3 D, \quad \alpha_{yy} - \alpha_{yy0} = k_1 k_3 D, \quad \alpha_{zz} - \alpha_{zz0} = k_2 k_3 D \quad (4.203)$$

式中

$$\begin{cases} k_1 = \dfrac{E_{xx0}}{E_{yy0}} \dfrac{B - \nu_{xy0}(E_{yy0}/E_{xx0})}{1 - \nu_{xy0} B} \\ k_2 = \dfrac{E_{xx0} A - \nu_{xz0} - \nu_{xz0}(E_{xx0}/E_{yy0}) B}{1 - \nu_{xy0} B} \\ k_3 = \dfrac{E_{xx0} [\sigma_{xx0} + B\alpha_{yy0} - C]}{1 - \nu_{xy0} B} \end{cases} \quad (4.204)$$

有

$$A = \dfrac{\nu_{13}}{E_{22}} + \dfrac{\nu_{23}\nu_{12}}{E_{11}}, \quad B = \nu_{12}, \quad C = \alpha_{22} + \nu_{12}\alpha_{11} \quad (4.205)$$

这些关联式原则上可缓解基体开裂后每个模量变化的估算压力,而通过估算纵向模量退化足以预测其他模量,但该结果仍需通过实验进行验证。

4.8 基于裂纹张开位移的方法

有一种途径可观察介质中存在裂纹引起的弹性响应变化,即考虑代表性体积元中各裂纹的裂纹表面位移导致的代表性体积元的附加总体(全量)应变。反之,若代表性体积元中没有一条裂纹发生了表面位移,则代表性体积元的总体弹性响应不会发生变化。这一结果主要针对裂纹表面位移,尽管这些位移通常可表示为裂纹张开位移(COD)和裂纹滑动位移(CSD),但通常情况下仅表示裂纹张开位移。以下讨论中将通过解析法[88-96]或数值法[97-101]计算刚度与裂纹张开位移的关系。

4.8.1 三维层合板理论:Gudmundson 模型

分析中考虑一个包含 N 个铺层的(图 4.20)普通三维层合板,每一铺层可用材料特性、铺角和厚度进行了定义。未开裂层合板的全量平均应力 $\bar{\sigma}_{ij}$ 和平均应变 $\bar{\varepsilon}_{ij}$ 可定义为[102]

$$\bar{\sigma}_{ij} = \sum_{k=1}^{N} V_k \sigma_{ij}^k, \quad \bar{\varepsilon}_{ij} = \sum_{k=1}^{N} V_k \varepsilon_{ij}^k \quad (4.206)$$

式中:σ_{ij}^k、ε_{ij}^k 分别为第 k 铺层($k=1,2,\cdots,N$)的平均应力和平均应变;V_k 为第 k 铺层的体积分数,$\sum\limits_{k=1}^{N} V_k = 1$。

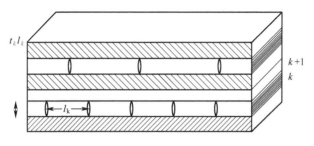

图 4.20 偏轴层含有裂纹的一般三维层合板

需要注意的是,未开裂层合板中铺层的平均应力和应变与各独立铺层的应力(恒定不变)一致。为简化起见,我们用变量符号下"~"表示张量。现在,我们将应力、应变和热膨胀系数分为面内和面外两部分,则

$$\underset{\sim}{\sigma} = \begin{pmatrix} \underset{\sim}{\sigma}_\mathrm{I} \\ \underset{\sim}{\sigma}_\mathrm{O} \end{pmatrix}, \quad \underset{\sim}{\varepsilon} = \begin{pmatrix} \underset{\sim}{\varepsilon}_\mathrm{I} \\ \underset{\sim}{\varepsilon}_\mathrm{O} \end{pmatrix}, \quad \underset{\sim}{\alpha} = \begin{pmatrix} \underset{\sim}{\alpha}_\mathrm{I} \\ \underset{\sim}{\alpha}_\mathrm{O} \end{pmatrix} \tag{4.207}$$

其中

$$\underset{\sim}{\sigma}_\mathrm{I} = \begin{pmatrix} \sigma_{xx} \\ \sigma_{yy} \\ \sigma_{xy} \end{pmatrix}, \quad \underset{\sim}{\varepsilon}_\mathrm{I} = \begin{pmatrix} \varepsilon_{xx} \\ \varepsilon_{yy} \\ 2\varepsilon_{xy} \end{pmatrix}, \quad \underset{\sim}{\alpha}_\mathrm{I} = \begin{pmatrix} \alpha_{xx} \\ \alpha_{yy} \\ 2\alpha_{xy} \end{pmatrix} \tag{4.208}$$

表示面内应力、应变和热膨胀系数,而

$$\underset{\sim}{\sigma}_\mathrm{O} = \begin{pmatrix} \sigma_{zz} \\ \sigma_{xz} \\ \sigma_{yz} \end{pmatrix}, \quad \underset{\sim}{\varepsilon}_\mathrm{O} = \begin{pmatrix} \varepsilon_{zz} \\ 2\varepsilon_{xz} \\ 2\varepsilon_{yz} \end{pmatrix}, \quad \underset{\sim}{\alpha}_\mathrm{O} = \begin{pmatrix} \alpha_{zz} \\ 2\alpha_{xz} \\ 2\alpha_{yz} \end{pmatrix} \tag{4.209}$$

表示面外应力、应变和热膨胀系数。全量平均应力张量和平均应变张量之间的本构关系为

$$\overline{\underset{\sim}{\varepsilon}} = \overline{\underset{\sim}{S}} \, \overline{\underset{\sim}{\sigma}} + \overline{\underset{\sim}{\alpha}} \Delta T$$

$$\Rightarrow \begin{pmatrix} \overline{\underset{\sim}{\varepsilon}}_\mathrm{I} \\ \overline{\underset{\sim}{\varepsilon}}_\mathrm{O} \end{pmatrix} = \begin{bmatrix} \overline{\underset{\sim}{S}}_\mathrm{II} & \overline{\underset{\sim}{S}}_\mathrm{IO} \\ (\overline{\underset{\sim}{S}}_\mathrm{IO})^\mathrm{T} & \overline{\underset{\sim}{S}}_\mathrm{OO} \end{bmatrix} \begin{pmatrix} \overline{\underset{\sim}{\sigma}}_\mathrm{I} \\ \overline{\underset{\sim}{\sigma}}_\mathrm{O} \end{pmatrix} + \begin{pmatrix} \overline{\underset{\sim}{\alpha}}_\mathrm{I} \\ \overline{\underset{\sim}{\alpha}}_\mathrm{O} \end{pmatrix} \Delta T \tag{4.210}$$

式中:$\underset{\sim}{S}$ 为柔度张量;上标 T 表示转置。

同理,铺层应力张量和铺层应变张量之间的关系可表示为

$$\underset{\sim}{\varepsilon}^k = \underset{\sim}{S}^k (\underset{\sim}{\sigma}^k - \underset{\sim}{\sigma}^{k(r)}) + \underset{\sim}{\alpha} \Delta T$$

$$\Rightarrow \begin{pmatrix} \underset{\sim}{\varepsilon}_\mathrm{I}^k \\ \underset{\sim}{\varepsilon}_\mathrm{O}^k \end{pmatrix} = \begin{bmatrix} \underset{\sim}{S}_\mathrm{I}^k & \underset{\sim}{S}_\mathrm{IO}^k \\ (\underset{\sim}{S}_\mathrm{IO}^k)^\mathrm{T} & \underset{\sim}{S}_\mathrm{OO}^k \end{bmatrix} \begin{pmatrix} \underset{\sim}{\sigma}_\mathrm{I}^k - \underset{\sim}{\sigma}_\mathrm{I}^{k(r)} \\ \underset{\sim}{\sigma}_\mathrm{O}^k \end{pmatrix} + \begin{pmatrix} \underset{\sim}{\sigma}_\mathrm{I}^k \\ \underset{\sim}{\sigma}_\mathrm{O}^k \end{pmatrix} \Delta T \tag{4.211}$$

式中:$\sigma^{k(r)}$ 为除热失配外的其他因素产生的残余应力,如制造过程中的化学收缩。

根据力平衡原理,全量平均面内和面外残余应力变为零。层合板中的相容性和平衡条件可表示为

$$\varepsilon_I^k = \bar{\varepsilon}_I, \quad \sigma_O^k = \bar{\sigma}_O \tag{4.212}$$

将式(4.212)代入式(4.210),得

$$\sigma_I^k = [S_{II}^k]^{-1}(\bar{\varepsilon}_I - S_{IO}^k \bar{\sigma}_O - \alpha_I^k \Delta T) + \sigma_I^{k(r)} \tag{4.213}$$

由式(4.206),并考虑到残余应力的体积平均值变为零这一点,式(4.213)可改写为

$$\bar{\varepsilon}_I = \bar{S}_{II} \bar{\sigma}_I + \bar{S}_{IO} \bar{\sigma}_O + \bar{\alpha}_I \Delta T \tag{4.214}$$

式中

$$\begin{cases} \bar{S}_{II} = \Big[\sum_{k=1}^N V_k (S_{II}^k)^{-1} \Big]^{-1} \\ \bar{S}_{IO} = \bar{S}_{II} \Big[\sum_{k=1}^N V_k (S_{II}^k)^{-1} S_{IO}^k \Big] \\ \bar{\alpha}_I = \bar{S}_{II} \Big[\sum_{k=1}^N V_k (S_{II}^k)^{-1} \alpha_I^k \Big] \end{cases} \tag{4.215}$$

同理,将式(4.212)代入式(4.211),由式(4.206),得

$$\bar{\varepsilon}_O = (\bar{S}_{IO})^T \bar{\sigma}_I + \bar{S}_{OO} \bar{\sigma}_O + \bar{\alpha}_O \Delta T \tag{4.216}$$

式中

$$\begin{cases} \bar{S}_{OO} = (\bar{S}_{IO})^T (\bar{S}_{II})^{-1} \bar{S}_{IO} + \sum_{k=1}^N V_k [S_{OO}^k - (S_{IO}^k)^T (S_{II}^k)^{-1} S_{IO}^k] \\ \bar{\alpha}_O = (\bar{S}_{IO})^T (\bar{S}_{II})^{-1} \bar{\alpha}_I + \sum_{k=1}^N V_k [\alpha_O^k - (S_{IO}^k)^T (S_{II}^k)^{-1} \alpha_I^k] \end{cases} \tag{4.217}$$

式(4.215)和式(4.217)表示有效层合板性能与局部铺层性能之间的关系,以上关系式构成了三维层合板理论的基础,而二维层合板理论的相应关系式推导仅考虑面内张量。为获得开裂层合板的有效层合板性能,可将第 k 铺层的无量纲裂纹密度定义为

$$\rho^k = \frac{t_k}{l_k} \tag{4.218}$$

式中:t_k、l_k 分别为第 k 铺层的厚度和平均裂纹间隔。

横向开裂过程使层合板的弹性能降低,而弹性能的变化与裂纹表面上释放的牵引力有关。Gudmundson 和 Ostlund[92]给出了未开裂层合板的弹性能与由

于基体开裂消失导致的弹性能变化之间的耦合项(也可参见本章中前面所述 Hashin[67]的证明式(4.135))。

值得注意的是,开裂层合板的有效应变不同于平均应变,但全量有效应力与平均应力没有区别。有效应变为全局尺度上测得的应变值,而平均应变为代表性体积元上各独立铺层内应变的平均值。有效应变和平均应变的差值等于由裂纹张开位移引起的应变增量。则平均应力可定义为(见式(4.206))

$$\overline{\sigma}_{ij}^{(a)} = \sum_{k=1}^{N} V_k \sigma_{ij}^{k(a)} \qquad (4.219)$$

式中:上标(a)代表平均变量。全量有效应变可定义为

$$\overline{\varepsilon}_{ij}^{(e)} = \frac{1}{2V} \int_{\Gamma^{\text{out}}} (\boldsymbol{u}_i \boldsymbol{n}_j + \boldsymbol{u}_j \boldsymbol{n}_i) \mathrm{d}\Gamma \qquad (4.220)$$

式中:$\boldsymbol{u}_i(i=1,2,3)$ 为位移矢量;$\boldsymbol{n}_i$ 为典型体积 V 外边界面 Γ^{out} 上的单位法向矢量;上标(e)表示有效变量。

同理,有效铺层应变可定义为[102]

$$\varepsilon_{ij}^{k(e)} = \frac{1}{2V^k} \int_{\Gamma^{k\text{out}}} (u_i^k n_j^k + u_j^k n_i^k) \mathrm{d}\Gamma \qquad (4.221)$$

式中:V^k 为第 k 铺层的体积。

在第 k 铺层外边界上进行面积分,显然有

$$\frac{1}{2V} \int_{\Gamma^{\text{out}}} (\boldsymbol{u}_i \boldsymbol{n}_j + \boldsymbol{u}_j \boldsymbol{n}_i) \mathrm{d}\Gamma = \sum_{k=1}^{N} V_k \left[\frac{1}{2V^k} \int_{\Gamma^{k\text{out}}} (u_i^k n_j^k + u_j^k n_i^k) \mathrm{d}\Gamma \right] \qquad (4.222)$$

于是,由式(4.220)~式(4.222),得

$$\overline{\varepsilon}_{ij}^{(e)} = \sum_{k=1}^{N} V_k \varepsilon_{ij}^{k(e)} \qquad (4.223)$$

将散度定理用于式(4.221),得

$$\varepsilon_{ij}^{k(e)} = \frac{1}{2V^k} \int_{V^k} (u_{i,j}^k + u_{j,i}^k) \mathrm{d}\Gamma - \frac{1}{2V^k} \int_{\Gamma^{kc}} (u_i^k n_j^k + u_j^k n_i^k) \mathrm{d}\Gamma \qquad (4.224)$$

式中:等号右边第一个积分项等于平均铺层应变,可表示为

$$\varepsilon_{ij}^{(a)} = \frac{1}{2V^k} \int_{V^k} (u_{i,j}^k + u_{j,i}^k) \mathrm{d}\Gamma \qquad (4.225)$$

等号右边第二个积分项为基体裂纹 $\Delta\varepsilon_{ij}^k$ 导致的应变增量,可表示为

$$\Delta\varepsilon_{ij}^k = -\frac{1}{2V^k} \int_{\Gamma^{kc}} (u_i^k n_j^k + u_j^k n_i^k) \mathrm{d}\Gamma = \frac{\rho^k}{2t_k} (\Delta\overline{u}_i^k n_j^k + \Delta\overline{u}_j^k n_i^k) \qquad (4.226)$$

式中

$$\Delta\overline{u}_i^k = \frac{1}{t_k} \int_0^{t_k} (\overline{u}_i^{k(+)} - \overline{u}_i^{k(-)}) \mathrm{d}t_k = \frac{1}{t_k} \int_0^{t_k} \Delta\overline{u}_i^k \mathrm{d}t_k \qquad (4.227)$$

式(4.227)为第 k 铺层的平均裂纹张开位移,则可将有效铺层应变表示为
$$\varepsilon_{ij}^{k(e)} = \varepsilon_{ij}^{k(a)} + \Delta\varepsilon_{ij}^k \quad (4.228)$$

最后,Gudmundson 和 Zang[89]采用合理的边界条件,得到了开裂层合板有效性能的以下表达式:

$$\begin{cases} \overline{\underline{S}}_{\text{II}(c)} = \left[(\overline{\underline{S}}_{\text{II}})^{-1} - \sum_{k=1}^N v^k \rho^k (\underline{A}^k)^{\text{T}} \sum_{i=1}^N \underline{\beta}^{ki} \underline{A}^k\right]^{-1} \\[6pt]
\overline{\underline{S}}_{\text{JO}(c)} = \overline{\underline{S}}_{\text{II}(c)} \left[(\overline{\underline{S}}_{\text{II}})^{-1} \overline{\underline{S}}_{\text{JO}} + \sum_{k=1}^N v^k \rho^k (\underline{A}^k)^{\text{T}} \sum_{i=1}^N \underline{\beta}^{ki} \underline{B}^i\right]^{-1} \\[6pt]
\overline{\underline{S}}_{\text{OO}(c)} = (\overline{\underline{S}}_{\text{JO}(c)})^{\text{T}} (\overline{\underline{S}}_{\text{II}(c)})^{-1} \overline{\underline{S}}_{\text{JO}(c)} - (\overline{\underline{S}}_{\text{JO}})^{\text{T}} (\overline{\underline{S}}_{\text{II}})^{-1} \overline{\underline{S}}_{\text{JO}} + \overline{\underline{S}}_{\text{OO}} + \sum_{k=1}^N v^k \rho^k (\underline{B}^k)^{\text{T}} \sum_{i=1}^N \underline{\beta}^{ki} \underline{B}^i \\[6pt]
\overline{\underline{\alpha}}_{\text{I}(c)} = \overline{\underline{\alpha}}_{\text{I}} + \overline{\underline{S}}_{\text{II}(c)} \sum_{k=1}^N v^k \rho^k (\underline{A}^k)^{\text{T}} \sum_{i=1}^N \underline{\beta}^{ki} \underline{C}^i \\[6pt]
\overline{\underline{\alpha}}_{\text{O}(c)} = \overline{\underline{\alpha}}_{\text{O}} + (\overline{\underline{S}}_{\text{JO}(c)})^{\text{T}} (\overline{\underline{S}}_{\text{II}(c)})^{-1} (\overline{\underline{\alpha}}_{\text{I}(c)} - \overline{\underline{\alpha}}_{\text{I}}) + \sum_{k=1}^N v^k \rho^k (\underline{B}^k)^{\text{T}} \sum_{i=1}^N \underline{\beta}^{ki} \underline{C}^i
\end{cases}$$
(4.229)

式中:矩阵 $\overline{\underline{S}}_{\text{II}}$、$\overline{\underline{S}}_{\text{JO}}$、$\overline{\underline{S}}_{\text{OO}}$、$\overline{\underline{\alpha}}_{\text{I}}$、$\overline{\underline{\alpha}}_{\text{O}}$ 在式(4.215)和式(4.217)中给出;$\boldsymbol{\beta}$ 为含平均裂纹张开位移(COD)的矩阵,矩阵 $\underline{A}$、$\underline{B}$、$\underline{C}$ 为

$$\underline{A}^k = \underline{N}_{\text{I}}^k (\overline{\underline{S}}_{\text{II}}^k)^{-1}, \quad \underline{B}^k = \underline{N}_{\text{O}}^k - \underline{N}_{\text{I}}^k (\overline{\underline{S}}_{\text{II}}^k)^{-1} \overline{\underline{S}}_{\text{JO}}^k, \quad \underline{C}^k = \underline{A}^k (\overline{\underline{\alpha}}_{\text{I}} - \underline{\alpha}^k) \quad (4.230)$$

式中:矩阵 $\underline{N}_{\text{I}}^k$ 和 $\underline{N}_{\text{O}}^k$ 为第 k 铺层中裂纹表面上的单位法向矢量,即

$$\underline{N}_{\text{I}}^k = \begin{bmatrix} n_1^k & 0 & n_2^k \\ 0 & n_2^k & n_1^k \\ 0 & 0 & 0 \end{bmatrix}, \quad \underline{N}_{\text{O}}^k = \begin{bmatrix} 0 & 0 & 0 \\ 0 & 0 & 0 \\ 0 & n_1^k & n_2^k \end{bmatrix} \quad (4.231)$$

假设采用均质化方法,式(4.229)表示的开裂层合板刚度为精确值,但主要问题是要确定开裂层合板的平均裂纹张开位移。由于复合材料层合板的非均质性以及周围未开裂铺层对裂纹表面的约束效应,所以不可能得到精确的解析解。但 Gudmundson 等为了估算平均裂纹张开位移,做了如下假设:

(1) 有限厚度层合板中一条铺层裂纹的表面位移等于无限大均质横观各向同性介质中一条裂纹的表面位移。假设在裂纹表面上均匀牵引力的作用下,无限大均质横观各向同性介质中等距裂纹无限排的应力强度因子(由 Benthem 和 Koiter[104]以及 Tada 等[105]提出)仅对横观各向同性介质的当前情况有效。

(2) 开裂铺层的方向不受影响,这说明式(4.229)中的矩阵 $\underline{\beta}^{ki}$ 对于层合板中偏轴裂纹来说是不准确的。

(3) 裂纹密度较低($\rho \ll 1$)。

(4) 不同铺层的裂纹张开位移之间未发生耦合,则矩阵 $\underset{\sim}{\boldsymbol{\beta}}^{ki}$ 为对角矩阵。

基于以上假设,矩阵 $\underset{\sim}{\boldsymbol{\beta}}^{ki}$ 可表示为

$$\underset{\sim}{\boldsymbol{\beta}}^{ki} = \underset{\sim}{\boldsymbol{0}}(对所有 k \neq i)$$

或

$$\underset{\sim}{\boldsymbol{\beta}}^{kk} = \begin{bmatrix} \beta_1^k & 0 & 0 \\ 0 & \beta_2^k & 0 \\ 0 & 0 & \beta_3^k \end{bmatrix} \quad (4.232)$$

式中:β_1^k、β_2^k、β_3^k 由 Gudmundson 用数值积分确定,即

$$\begin{cases} \beta_1^k = \dfrac{4}{\pi}\gamma_1 \dfrac{\ln\left[\cosh\left(\dfrac{\pi\rho^k}{2}\right)\right]}{(\rho^k)^2} \\ \beta_2^k = \dfrac{\pi}{2}\gamma_2 \sum_{j=1}^{10} \dfrac{a_j}{(1+\rho^k)^j} \\ \beta_3^k = \dfrac{\pi}{2}\gamma_3 \sum_{j=1}^{9} \dfrac{b_j}{(1+\rho^k)^{j-2}} \end{cases} \quad (4.233)$$

以上矩阵对应于内铺层内的裂纹,其中

$$\gamma_1 = \frac{1}{2G_{12}}, \quad \gamma_2 = \gamma_3 = \frac{1-\nu_{12}\nu_{21}}{E_2} \quad (4.234)$$

a_j 和 b_j 为数值参数,如表 4.2 所列。而对于表面裂纹(或外铺层内的裂纹),则

$$\begin{cases} \beta_1^{k(s)} = \dfrac{8}{\pi}\gamma_1 \dfrac{\ln[\cosh(\pi\rho^k)]}{(2\rho^k)^2} \\ \beta_2^{k(s)} = 2(1.12)^2\left[\dfrac{\pi}{2}\gamma_2 \sum_{j=1}^{10} \dfrac{c_j}{(1+\rho^k)^j}\right] \end{cases} \quad (4.235)$$

式中:c_j 为另一组数值参数,见表 4.2。

尽管裂纹张开位移计算中采用了假设条件,但显然上述方法十分复杂,很难在数值求解方案中得以运用。类似关系也存在于拉伸载荷和弯曲载荷共存的情况下[94-95]。

表 4.2 裂纹张开位移矩阵系数 β_1^k、β_2^k 和 β_3^k 计算中的数值参数

j	a	b	c
1	0.63666	0.63666	0.25256
2	0.51806	-0.08945	0.27079
3	0.51695	0.15653	-0.49814
4	-1.04897	0.13964	8.62962

(续)

j	a	b	c
5	8.95572	0.16463	-51.2466
6	-33.0944	0.06661	180.9631
7	74.32002	0.54819	-374.298
8	-103.064	-1.07983	449.5947
9	73.60337	0.45704	-286.51
10	-20.3433	—	73.84223

4.8.2 Lundmark-Varna 模型

Lundmark 和 Varna[98-99,106-107]近期采用与 Gudmundson 方法非常接近的均质化方法进行了有效性能的推导。不过,他们采用了较简单的关系式和有限元模拟得到的裂纹表面位移的数值解,这使得其模型预测更为精准,但其模型只用正交铺设层合板的实验数据进行了验证。下面仅给出其推导的主要关系式。某一铺层中的平均应变(类似于式(4.228))可定义为

$$\{\overline{\varepsilon}_{ij}\}_k^a = \{\overline{\varepsilon}_{ij}\}^{\mathrm{LAM}} + \{\overline{\beta}_{ij}\}_k \tag{4.236}$$

式中:变量上的横线表示"平均",且

$$\{\overline{\varepsilon}_{ij}\}_k^a = \begin{Bmatrix} \overline{\varepsilon}_{11} \\ \overline{\varepsilon}_{22} \\ 2\overline{\varepsilon}_{12} \end{Bmatrix}_k^a, \quad \{\overline{\varepsilon}_{ij}\}^{\mathrm{LAM}} = \begin{Bmatrix} \overline{\varepsilon}_{11} \\ \overline{\varepsilon}_{22} \\ 2\overline{\varepsilon}_{12} \end{Bmatrix}^{\mathrm{LAM}}, \quad \{\overline{\beta}_{ij}\}_k = \begin{Bmatrix} \overline{\beta}_{11} \\ \overline{\beta}_{22} \\ 2\overline{\beta}_{12} \end{Bmatrix}_k \tag{4.237}$$

式中:$\{\overline{\beta}_{ij}\}_k$ 为 Vakulenko-Kachanov 张量,并定义为

$$\{\overline{\beta}_{ij}\}_k = \frac{1}{2V^k}\int_{\Gamma^{kc}}(u_i^k n_j^k + u_j^k n_i^k)\mathrm{d}\Gamma \tag{4.238}$$

$\{\overline{\beta}_{ij}\}_k$ 与式(4.226)中的 $\Delta\varepsilon_{ij}^k$ 相同。在裂纹表面位移项中,开裂铺层的 $\{\overline{\beta}_{ij}\}_k$ 可表示为

$$\{\overline{\beta}\}_k = \frac{-\rho_{kn}}{E_2}\boldsymbol{A}_k\boldsymbol{U}_k\boldsymbol{A}_k\overline{\boldsymbol{Q}}_k[\{\varepsilon_0\}^{\mathrm{LAM}} - \{\overline{\alpha}_0\}_k\Delta T] \tag{4.239}$$

式中:$\boldsymbol{A}_k$ 为第 k 铺层的变换矩阵;$\boldsymbol{U}_k$ 为位移矩阵,由下式给出:

$$\boldsymbol{U}_k = 2 = \begin{bmatrix} 0 & 0 & 0 \\ 0 & u_{2\mathrm{an}}^k & 0 \\ 0 & 0 & \dfrac{E_2}{G_{12}}u_{1\mathrm{an}}^k \end{bmatrix} \tag{4.240}$$

式中：$u_{1\mathrm{an}}^k$ 和 $u_{2\mathrm{an}}^k$ 分别为归一化平均裂纹面滑动位移和张开位移，计算公式为

$$u_{1\mathrm{an}}^k = u_{1\mathrm{a}}^k \frac{G_{12}}{t_k \sigma_{120}^k}, \quad u_{2\mathrm{an}}^k = u_{2\mathrm{a}}^k \frac{E_2}{t_k \sigma_{20}^k} \tag{4.241}$$

$u_{1\mathrm{a}}^k$ 和 $u_{2\mathrm{a}}^k$ 为平均裂纹表面位移，可定义为

$$u_{1\mathrm{a}}^k = \frac{1}{2t_k}\int_{-\frac{t_k}{2}}^{\frac{t_k}{2}} \Delta u_1(z)\mathrm{d}z, \quad u_{2\mathrm{a}}^k = \frac{1}{2t_k}\int_{-\frac{t_k}{2}}^{\frac{t_k}{2}} \Delta u_2(z)\mathrm{d}z \tag{4.242}$$

式中：Δu_1、Δu_2 为沿裂纹表面和垂直于裂纹表面的两个裂纹面的相对分离。

于是全量坐标系中第 k 铺层的平均应力-应变关系为

$$\{\overline{\sigma}\}_k^{\mathrm{a}} = \overline{\boldsymbol{Q}}_k[\{\overline{\varepsilon}\}_k^{\mathrm{a}} - \{\overline{\alpha}\}_k \Delta T] \tag{4.243}$$

由于层合板的平均应力与外加应力相等，则

$$\{\sigma\}^{\mathrm{LAM}} = \{\overline{\sigma}\}^{\mathrm{a}} = \sum_{k=1}^{N} \{\overline{\sigma}\}_k^{\mathrm{a}} \frac{t_k}{H} \tag{4.244}$$

式中：H 为层合板的总厚度。

将式(4.236)和式(4.239)代入式(4.244)，得

$$\{\sigma\}^{\mathrm{LAM}} = \boldsymbol{Q}_0^{\mathrm{LAM}}[\{\varepsilon\}^{\mathrm{LAM}} - \{\varepsilon_0\}_{\mathrm{th}}^{\mathrm{LAM}}] + \frac{1}{H}\sum_{k=1}^{N} t_k \overline{\boldsymbol{Q}}_k \{\overline{\beta}\}_k \tag{4.245}$$

式中：$\boldsymbol{Q}_0^{\mathrm{LAM}}$ 为未受损层合板的刚度矩阵；$\{\varepsilon_0\}_{\mathrm{th}}^{\mathrm{LAM}} = (1/H)\sum_{k=1}^{N} t_k \{\overline{\alpha}\}_k \Delta T$ 为未受损层合板中的热应变。

将式(4.239)代入式(4.245)，受损层合板的平均热力学响应表达式为

$$\{\sigma\}^{\mathrm{LAM}} = [\boldsymbol{Q}_0]^{\mathrm{LAM}}[\{\varepsilon\}^{\mathrm{LAM}} - \{\varepsilon_0\}_{\mathrm{th}}^{\mathrm{LAM}}]$$
$$- \frac{1}{HE_2}\sum_{k=1}^{N} \rho_{kn} t_k [\overline{\boldsymbol{Q}}]_k [\boldsymbol{A}]_k [\boldsymbol{U}]_k [\boldsymbol{A}]_k [\overline{\boldsymbol{Q}}]_k [\{\varepsilon_0\}^{\mathrm{LAM}} - \{\overline{\alpha}_0\}_k \Delta T] \tag{4.246}$$

对于单一力学响应，受损层合板的刚度矩阵为

$$\boldsymbol{Q}^{\mathrm{LAM}} = \left(\boldsymbol{I} + \frac{1}{HE_2}\sum_{k=1}^{N} \rho_{kn} t_k \overline{\boldsymbol{Q}}_k \boldsymbol{A}_k \boldsymbol{U}_k \boldsymbol{A}_k \overline{\boldsymbol{Q}}_k \boldsymbol{S}_0^{\mathrm{LAM}}\right)^{-1} \boldsymbol{Q}_0^{\mathrm{LAM}} \tag{4.247}$$

式中：$\boldsymbol{S}_0^{\mathrm{LAM}} = (\boldsymbol{Q}_0^{\mathrm{LAM}})^{-1}$ 为未受损层合板的柔度张量。

该模型中唯一的未知量为 $\boldsymbol{U}_k$，即式(4.240)。为确定裂纹表面位移，Lundmark 和 Varna[98]建议在开裂层合板的单元上使用实际的有限元计算。他们对正交铺设层合板做了一组有限元计算得到了铺层厚度和刚度这两个变化值，并

通过曲线拟合得到了归一化平均裂纹张开位移的幂率表达式:

$$u_{2\mathrm{an}} = A + B\left(\frac{E_2}{E_x^{\mathrm{s}}}\right)^p \tag{4.248}$$

式中:A、B、p 为依赖于开裂铺层和未开裂铺层的厚度比以及裂纹类型(内铺层或外铺层中)的常数。例如,对于 GFRP$[S_n/90_m]_s$ 层合板的内部裂纹对应的 A、B 和 p 值分别为

$$\begin{cases} A = 0.52 \\ B = 0.3075 + 0.1652\left(\dfrac{t_{90} - 2t_s}{2t_s}\right) \\ p = 0.0307\left(\dfrac{t_{90}}{2t_s}\right)^2 - 0.0626\left(\dfrac{t_{90}}{2t_s}\right) + 0.7037 \end{cases} \tag{4.249}$$

式中:t_{90}、t_s 分别为开裂 90°层厚度和未开裂子层合板中每一层厚度。

90°层中心出现裂纹的 $[\pm30/90_4]_s$ 层合板的模型及实验数据如图 4.21 所示。

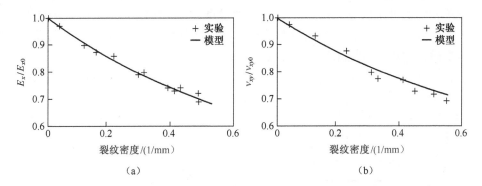

图 4.21　Lundmark-Varna 模型[98]中石墨/环氧树脂$[\pm30/90_4]_s$
复合材料层合板纵向模量(a)和泊松比(b)的减少[98]

4.9　计算方法

通常可应用多种计算方法模拟复合材料层合板中的损伤效应,如有限元法(FEM)、有限差法(FDM)和边界元法(BEM)。对于横向开裂等特殊问题,最常用的数值工具为有限元法。还有一些更简单的数值工具,如由 Li 等[108]提出的有限条法和 Reddy[109]提出的逐层理论,本小节将简要介绍其中一些方法和理论。

4.9.1 有限元法

有限元法是应用最广泛的一种分析复合材料层合板内部损伤的数值方法,其优点在于能模拟非常复杂的情况,并得到非常精确的结果。从前面的讨论可以看出,开裂分析模型受到层合板铺设方式和受载情况的严格制约。但所有的数值方法均存在一个独特的局限性:每次都要根据层合板几何形状、受载情况或材料变化重新进行模拟,这样可能需要生成新网格并进行计算。因此,开裂层合板的有限元建模过程耗时较长,而且该方法本身不能揭示深层损伤机理。但即使存在这些局限性,有限元法仍可成功用于分析模型的校准或验证,以及分析方法中参数和常数的计算(如有限元法可用于 Talreja 连续损伤模型中的常数估算,第 5 章将对此进行详细介绍)。有限元建模也可用于模拟复杂的实验情况,模拟任务相当于开展"数值实验",随时可取代烦琐的实验法。

有限元建模的首要任务是定义开裂层合板的几何模型,通常需要建立代表性单元模型,并假设自相似裂纹的周期阵列(图 4.7(a))。正交铺设层合板的三维单元模型可简化为二维平面应力/应变模型(图 4.7(b))。此外,最终边界值问题的对称性也可缩减单元模型的尺寸。例如,[0/90]$_s$ 层合板开裂可用 1/4 典型单元进行建模,如图 4.22 所示。

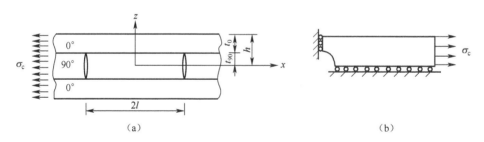

图 4.22 开裂正交铺设层合板的有限元模型建模
(a)二维代表性单元;(b)有限元模型(1/4 单元)。

但对于存在一个以上方向裂纹的层合板,由于不同铺层内的裂纹方向和裂纹相互间隔不同,不能只定义一个重复性单元。定义一个重复性单元最多可用于两个偏轴开裂模式,其中开裂表面在非正交边界上表示[110]。因此,此情况下的代表性体积元呈三维偏斜分布(x-y 平面内为非正交,z 为厚度方向)。在此情况下,两个维度通常不可能简化。

在微观力学中,跨重复性单元的位移场、应变场和应力场通常必须呈周期性分布。因此,在有限元模型中可应用以下周期性边界条件[111]:

$$\begin{cases} u_i(x_\alpha + \Delta x_\alpha) = u_i(x_\alpha) + \Delta x_\beta \left\langle \dfrac{\partial u_i}{\partial x_\beta} \right\rangle \\ \varepsilon_{ij}(x_\alpha + \Delta x_\alpha) = \varepsilon_{ij}(x_\alpha) \\ \sigma_{ij}(x_\alpha + \Delta x_\alpha) = \sigma_{ij}(x_\alpha) \end{cases} \quad (4.250)$$

式中：u_i、$\langle \partial u_i/\partial u_\beta \rangle$、$\Delta x_\beta (i,\beta=1,2,3)$ 分别为位移、体积平均位移梯度和周期性矢量。

对于偏斜代表性体积元，施加周期性边界条件可能比较复杂。关于偏斜代表性体积元、周期性边界条件及复合材料对称性的详细讨论可参见文献[110,112-114]。

一旦得到有限元结果，受损层合板的整体刚度特性可通过对代表性体积元内部应力和应变进行体积平均来计算。例如，承受面内载荷的开裂层合板的面内弹性特性可由下式计算：

$$E_x = \frac{\langle \sigma_{xx} \rangle}{\langle \varepsilon_{xx} \rangle}, E_y = \frac{\langle \sigma_{yy} \rangle}{\langle \varepsilon_{yy} \rangle}, G_{xy} = \frac{\langle \sigma_{xy} \rangle}{\langle \gamma_{xy} \rangle}, v_{xy} = -\frac{\langle \varepsilon_{yy} \rangle}{\langle \varepsilon_{xx} \rangle} \quad (4.251)$$

式中：$\langle g \rangle$ 为场 g 的体积平均数。

关于开裂复合层合板分析的重要数值研究可参见文献[110-113,115-116]。

4.9.2 有限条法

为了实现任意铺设方式下复合材料层合板的预测，Li[110,117-118]提出了基于广义平面应变公式的近似数值法。尽管存在一个以上的开裂铺层，但由于所有开裂铺层必须具有相同的方向，因此该方法不能用于预测存在多个方向裂纹的层合板。

首先考虑未开裂层合板。假设广义应变 $\{e\}$ 为

$$\{e\} = [\varepsilon_{xx0}, \varepsilon_{yy0}, 2\varepsilon_{xy0}, \kappa_{xx}, \kappa_{yy}, 2\kappa_{xy}]^T \quad (4.252)$$

基于无刚性体位移的经典层合板理论的位移场可表示为

$$\begin{cases} u_0 = x\varepsilon_{xx0} + y\varepsilon_{xy0} + xz\kappa_{xx} + yz\kappa_{xy} \\ v_0 = y\varepsilon_{yy0} + x\varepsilon_{xy0} + yz\kappa_{yy} + xz\kappa_{xy} \\ w_0 = -\dfrac{x^2}{2}\kappa_{xx} - \dfrac{y^2}{2}\kappa_{yy} - xy\kappa_{xy} + \omega(z) \end{cases} \quad (4.253)$$

式中：ω 为依赖于边界条件的一个任意积分函数。

当出现横向裂纹时，会对该位移场产生扰动。由于属于线性问题，这些扰动可简单叠加于位移之上。假设裂纹足够长，扰动与 y 无关，则开裂层合板的位移场为

$$\begin{cases} u = u_0 + U(x,z) \\ v = v_0 + V(x,z) \\ w = w_0 + W(x,z) \end{cases} \quad (4.254)$$

式中：U、V、W 为由于裂纹存在引起的变化，产生的应变可运用无穷小形变理论进行计算。

我们的下一个目标是对 U、V 和 W 求解。有限条法是将开裂层合板典型分段的平面区域划分成平行于 x 轴的有限个条元。在每个条元中沿其位移引入 M 节点线，其位移仅为 x 的函数，再由 z 方向上的多项式对条元位移进行插值。一个典型条元的位移场可表示为

$$\begin{Bmatrix} U \\ V \\ \omega + W \end{Bmatrix}^e = \sum_{i=1}^{3} N_i(\zeta) \begin{Bmatrix} U_i \\ V_i \\ W_i \end{Bmatrix}^e \quad (4.255)$$

式中：上标 e 为条元数；N_i 为形函数，与一维有限元分析中所用函数相同[119]，形函数为

$$N_1 = \frac{1}{2}\zeta(1-\zeta), \quad N_2 = 1-\zeta^2, \quad N_3 = \frac{1}{2}\zeta(1+\zeta) \quad (4.256)$$

式中：$-1 \leqslant \zeta \leqslant 1$ 为沿 z 轴的无量纲坐标；z 可表示为

$$z = \sum_{i=1}^{3} N_i(\zeta) z_i \quad (4.257)$$

式中：z_i 为条元中第 i 个节点线的 z 坐标。

根据常用有限元公式，Li 等得到了最终变分问题的一组边界条件和下列微分方程组：

$$-\boldsymbol{K}_2\{\ddot{\theta}\} + (\boldsymbol{K}_1 - \boldsymbol{K}_1^{\mathrm{T}})\{\dot{\theta}\} + \boldsymbol{K}_0\{\theta\} = \{F_0\} \quad (4.258)$$

式中：$\boldsymbol{K}_2$、$\boldsymbol{K}_1$、$\boldsymbol{K}_0$ 为 Li 等[108]定义的矩阵；$\{\theta\}$ 可表示为

$$\{\theta\} = \begin{Bmatrix} U \\ V \\ W \end{Bmatrix} \quad (4.259)$$

微分方程式(4.258)不存在直接解，其近似解可通过取节点位移作为未知常数的傅里叶级数来求得，即

$$\begin{cases} U_n = U_n^h \dfrac{x}{l} + \sum_{k=1}^{K_n} U_n^k \sin\dfrac{k\pi x}{l} \\ V_n = V_n^h \dfrac{x}{l} + \sum_{k=1}^{K_n} V_n^k \sin\dfrac{k\pi x}{l} \\ W_n = W_n^h \left(\dfrac{x}{l}\right)^2 + W_n^0 + \sum_{k=1}^{K_n} U_n^k \cos\dfrac{k\pi x}{l} \end{cases} \quad (4.260)$$

对于 $n=1,2,\cdots,M$，系数 U_n^h、V_n^h、W_n^h、U_n^k、V_n^k、V_n^k 和 W_n^0 为待测未知常数，K_n 为截断的傅里叶级数近似解的阶次，M 为层合板中节点线个数。

将式(4.260)代入式(4.258)中，重排后得到类似于有限元法的代数方程：

$$A\{\Theta\} = \{\Phi\} \tag{4.261}$$

采用合理的边界条件，由这些代数方程的解可得到位移场，由位移场又可得到应变场。

4.9.3 逐层理论

Reddy[109]提出的逐层理论的出发点是开发一个比常规三维有限元模型[119]更有效的计算模型，该模型能分析层状介质中的横向裂纹和分层等损伤效应。该模型基于三维动力学，每一层内的位移场利用拉格朗日系列有限元进行扩展分析。对于可比网格，在同等精度下逐层理论与传统三维有限元法相比所用计算时间更短。

逐层理论中，整个层合板沿其厚度可分为多个子板。层合板中的位移场可表示为

$$u_i(x,y,z) = \sum_{J=1}^{N} U_i^J(x,y) \Phi^J(z) \quad (i=1,2,3) \tag{4.262}$$

式中：N 为沿层合板厚度的子板数；Φ^J 是定义为拉格朗日插值函数形式的全量插值函数，该函数与跨层合板厚度的第 J 界面连接层有关；U_i^J 为节点位移。

必要时也可使用 u_1、u_2 和 u_3 的独立插值函数，使用 von Karman 非线性理论可确定应变场，然后用虚拟位移原理[120-121]来推导出节点位移的控制方程。最终的偏微分方程组可转化为与有限元法相似的方程组，转化过程与 4.9.2 节中的方法类似。该方程组的解给出了节点位移，由节点位移可确定应变场和应力场，具体方法及其实施过程见文献[122-127]。Na 和 Reddy 分别在其近期发表的论文[128-129]中针对正交铺设层合板内横向开裂和分层给出了逐层理论的直接实施方法。

4.10 其他方法

关于开裂层合板的分析还有其他一些研究方法，这里不再进行详细讨论，仅重点介绍这些方法的主要方面，读者可以通过相关文献了解这些方法的具体细节。但应指出的是，这些方法主要是之前建立理论的引申，而实际上不能改善预测结果。此外，这些方法大多为复杂的半分析法，不易实施，而且有时可能需要很多次计算。

Aboudi 等[130-131]建立了一种近似于 Hashin 提出的变分分析的三维半分析方法,该方法运用了 Lagendre 多项式形式的级数展开式来求位移场的近似解析解。

按照某种程度上类似的方法,Li 和 Hong[132]利用一个级数多项式展开式对剪滞方法进行了细化,该方法解释了裂纹张开位移、热应力和泊松效应,但传统剪滞方法并未得到较大改善。

Gamby 和 Rebiere[133]提出了另一种类似方法,即将 0°层和 90°层内的横向剪切应力作为 x 轴(纵坐标)和 z 轴(横坐标)上的两个傅里叶级数,而将裂纹表面上的零牵引力用作边界条件。为了得到开裂层合板内部应力和应变,运用了本构方程和平衡方程,最后利用最小余能原理推导出了傅里叶级数的系数。

最近,Zhang 等[134-135]建立了一种用于分析开裂偏轴层合板的"状态空间法",该方法利用了傅里叶级数展开式中给出的位移场和应力场,并利用平衡方程、边界条件和铺层细化得到了展开式中系数项的数值解。

Shoeppner 和 Pagano[136-138]利用薄壳建模线,建立了用于模拟平面层合的复合材料热弹性响应的一种方法。该方法运用了以下理论:由于半径厚度比趋于无穷大,轴对称圆柱体内部应力场近似于长平板内部应力场。因此,平面层合板和大半径轴对称空心分层圆柱体模型内的应力场基本相同。为了得到应力场,他们应用了 Reissner 的变分原理和平衡方程,预测结果与有限元模拟结果具有良好的一致性。但是,控制方程十分复杂,需要运用数值工具对其求解,因而限制了该方法的可用性。McCartney 和 Shoeppner-Pagano 的模型对比见文献[139]。

4.11 热膨胀系数的变化

Hashin[74]和 Nairn[140]建立了变分模型用于预测铺层开裂引起的热膨胀系数变化。根据 Hashin 的分析(详见文献[74]),热膨胀系数的变化可用一种相对直观的方式推导出。开裂正交铺设层合板的纵向膨胀系数为

$$\alpha_{xx}^{90} = \alpha_c + \frac{\alpha_{11} - \alpha_{22}}{1+\lambda}\left(1 + \frac{B_0}{C_0}\right)k_x^{90}\overline{\phi} \quad (4.263)$$

式中:α_c 为未开裂正交铺设复合材料层合板的纵向热膨胀系数,且

$$\begin{cases} \overline{\phi} = \frac{1}{2l}\int_{-l}^{l}\phi(x)\mathrm{d}x \\ B_0 = -(1+\lambda)\frac{\nu_{12}}{E_1} \end{cases} \quad (4.264)$$

Lundmark 和 Varna[98]也建立了预测热膨胀系数的模型。按照 4.8.2 节的

分析,注意当仅出现热载荷时,层合板内部应变场可由下式给出(设式(4.245)中的机械载荷为零):

$$\{\varepsilon\}^{\text{LAM}} = \{\varepsilon_0\}_{\text{th}}^{\text{LAM}} - S_0^{\text{LAM}} \frac{1}{H} \sum_{k=1}^{N} t_k \overline{Q}_k \{\overline{\beta}\}_k \quad (4.265)$$

将式(4.239)代入式(4.265),除以 ΔT,得

$$\{\alpha\}^{\text{LAM}} = \left(I + \sum_{k=1}^{N} t_k \rho_{kn} D_k\right) \{\alpha\}_0^{\text{LAM}} - \frac{1}{H} \sum_{k=1}^{N} t_k \rho_{kn} D_k \{\overline{\alpha}\}_k \quad (4.266)$$

式中

$$D_k = S_0^{\text{LAM}} \frac{1}{E_2} \overline{Q}_k T_k^{\text{T}} U_k T_k \overline{Q}_k \quad (4.267)$$

$[0/90]_s$ 碳纤维/环氧树脂层合板纵向热膨胀系数的模型预测结果如图4.23所示,并与Kim等[141]的实验和模型数据进行了对比。

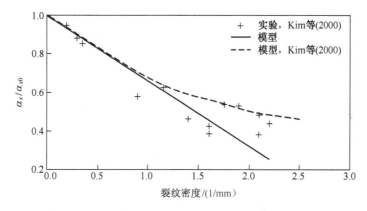

图4.23 碳纤维/环氧树脂$[0_2/90_2]_s$层合板纵向热膨胀系数的变化曲线[98]
(Lundmark-Varna模型与Kim等[141]的模型及实验结果对比)

4.12 总结

本章阐述了评定复合材料内多缝开裂对其形变响应的影响的主要概念和方法。首先讨论了运用一维应力分析的早期剪滞方法,然后在尽可能大的范围内讨论了精确测定局部应力场的计算方法。应力场不断在发生着演化,相关文献中涌现出的方法也越来越多,希望通过本书中的分析和讨论,能使该领域的研究人员从此类方法中获得启发。选择何种方法应根据研究目标而定,若以材料筛

选为目标,需要快速评估弹性模量,此时剪滞方法就可以满足要求;若以结构分析为目标,需要评估所有性能以及方法的适用性,而方法是结构分析方案不可缺少的一个组成部分。总之,本章探讨的微观损伤机理(MIDM)是损伤机理的一部分,第5章主要针对复合材料内复杂的损伤问题对宏观损伤机理(MADM)展开讨论。

参考文献

[1] Z. Hashin, Analysis of damage in composite materials. In *Yielding, Damage, and Failure of Anisotropic Solids*, ed. J. P. Boehler. (London: Mechanical Engineering Publications, 1990), pp. 3-31.

[2] S. Nemat-Nasser and M. Hori, *Micromechanics: Overall Properties of Heterogeneous Materials*, 2nd edn. (Amsterdam: North Holland, 1999).

[3] J. Aveston, G. A. Cooper, and A. Kelly, Single and multiple fracture. In *The Properties of Fiber Composites*. (Surrey, UK: IPC Science and Technology Press, National Physical Laboratory, 1971), pp. 15-26.

[4] A. Kelly, The 1995 Bakerian Lecture: composite materials. *Phil Trans R Soc London A*, **354**: 1714 (1996), 1841-74.

[5] G. A. Cooper and J. M. Sillwood, Multiple fracture in a steel reinforced epoxy resincomposite. *J Mater Sci*, **7**:3 (1972), 325-33.

[6] J. Aveston and A. Kelly, Theory of multiple fracture of fibrous composites. *J Mater Sci*, **8**:3 (1973), 352-62.

[7] S. W. Wang and A. Parvizi-Majidi, Experimental characterization of the tensile behaviour of Nicalon fibre-reinforced calcium aluminosilicate composites. *J Mater Sci*, **27**:20(1992), 5483-96.

[8] J. E. Masters and K. L. Reifsnider, An investigation of cumulative damage development in quasi-isotropic graphite/epoxy laminates. In *Damage in Composite Materials*, ASTM STP **775**, ed. K. L. Reifsnider. (Philadelphia, PA: ASTM, 1982), pp. 40-62.

[9] J. Tong, F. J. Guild, S. L. Ogin, and P. A. Smith, On matrix crack growth in quasi-isotropiclaminates – I. Experimental investigation. *Compos Sci Technol*, **57**:11 (1997), 1527-35.

[10] D. T. G. Katerelos, P. Lundmark, J. Varna, and C. Galiotis, Analysis of matrix cracking in GFRP laminates using Raman spectroscopy. *Compos Sci Technol*, **67**:9(2007), 1946-54.

[11] T. Yokozeki, T. Aoki, and T. Ishikawa, Consecutive matrix cracking in contiguous plies of composite laminates. *Int J Solids Struct*, **42**:9-10 (2005), 2785-802.

[12] T. Yokozeki, T. Aoki, T. Ogasawara, and T. Ishikawa, Effects of layup angle and plythickness on matrix crack interaction in contiguous plies of composite laminates. *Compos A*, **36**:9 (2005), 1229-35.

[13] M. Kashtalyan and C. Soutis, Stiffness and fracture analysis of laminated composites with off

-axis ply matrix cracking. *Compos A*, **38**:4 (2007), 1262-9.

[14] M. Kashtalyan and C. Soutis, Modelling off-axis ply matrix cracking in continuous fibre-reinforced polymer matrix composite laminates. *J Mater Sci*, **41**:20(2006), 6789-99.

[15] L. N. McCartney and G. A. Schoeppner, Predicting the effect of non-uniform ply cracking on the thermoelastic properties of cross-ply laminates. *Compos Sci Technol*, **62**:14 (2002), 1841-56.

[16] V. V. Silberschmidt, Effect of micro-randomness on macroscopic properties and fracture of laminates. *J Mater Sci*, **41**:20 (2006), 6768-76.

[17] V. V. Silberschmidt, Matrix cracking in cross-ply laminates: effect of randomness. *Compos A*, **36** (2005), 129-35.

[18] L. E. Asp, L. A. Berglund, and R. Talreja, A criterion for crack initiation in glassypolymers subjected to a composite-like stress state. *Compos Sci Technol*, **56**:11 (1996), 1291-301.

[19] L. E. Asp, L. A. Berglund, andR. Talreja, Effects of fiber and interphase onmatrix-initiatedtransverse failure in polymer composites. *Compos Sci Technol*, **56**:6 (1996), 657-65.

[20] L. E. Asp, L. A. Berglund, and R. Talreja, Prediction of matrix-initiated transversefailure in polymer composites. *Compos Sci Technol*, **56**:9 (1996), 1089-97.

[21] H. S. Huang and R. Talreja, Numerical simulation of matrix micro-cracking in short fiber reinforced polymer composites: initiation and propagation. *Compos Sci Technol*, **66**:15 (2006), 2743-57.

[22] H. Huang and R. Talreja, Effects of void geometry on elastic properties of unidirectional fiber reinforced composites. *Compos Sci Technol*, **65**:13 (2005), 1964-81.

[23] K. A. Chowdhury, R. Talreja, and A. A. Benzerga, Effects of manufacturing-induced voids on local failure in polymer-based composites. *J Eng Mater Tech*, *Trans ASME*, **130**:2 (2008), 021010.

[24] K. A. Chowdhury, Damage initiation, progression and failure of polymer based composites due to manufacturing induced defects. Ph. D. thesis, Texas A&M University, College Station, TX (2007).

[25] H. L. Cox, The elasticity and strength of paper and other fibrous materials. *Br J Appl Phys*, **3**(1952), 72-9.

[26] J. A. Nairn, On the use of shear-lag methods for analysis of stress transfer unidirectional composites. *Mech Mater*, **26**:2 (1997), 63-80.

[27] K. W. Garrett and J. E. Bailey, Multiple transverse fracture in 90 degrees cross-plylaminates of a glass fiber-reinforced polyester. *J Mater Sci*, **12**:1 (1977), 157-68.

[28] A. Parvizi, K. W. Garrett, and J. E. Bailey, Constrained cracking in glass fiber-reinforced epoxy cross-ply laminates. *J Mater Sci*, **13**:1 (1978), 195-201.

[29] P. W. Manders, T. W. Chou, F. R. Jones, and J. W. Rock, Statistical analysis of multiple fracture in 0°/90°/0° glass fibre/epoxy resin laminates. *J Mater Sci*, **18**:10(1983),

2876-89.

[30] A. L. Highsmith and K. L. Reifsnider, Stiffness-reduction mechanisms in composite laminates. In *Damage in Composite Materials*, ASTM STP **775**, ed. K. L. Reifsnider. (Philadelphia, PA: ASTM, 1982), pp. 103-17.

[31] J. W. Lee and I. M. Daniel, Progressive transverse cracking of crossply composite laminates. *J Compos Mater*, **24**:11 (1990), 1225-43.

[32] D. L. Flaggs, Prediction of tensile matrix failure in composite laminates. *J Compos Mater*, **19**:1 (1985), 29-50.

[33] S. C. Tan and R. J. Nuismer, A theory for progressive matrix cracking in composite laminates. *J Compos Mater*, **23**:10 (1989), 1029-47.

[34] Y. M. Han and H. T. Hahn, Ply cracking and property degradations of symmetric balanced laminates under general in-plane loading. *Compos Sci Technol*, **35**:4 (1989), 377-97.

[35] Y. M. Han, H. T. Hahn, and R. B. Croman, A simplified analysis of transverse ply cracking in cross-ply laminates. *Compos Sci Technol*, **31**:3 (1988), 165-77.

[36] N. Laws and G. J. Dvorak, Progressive transverse cracking in composite laminates. *J Compos Mater*, **22**:10 (1988), 900-16.

[37] H. L. McManus and J. R. Maddocks, On microcracking in composite laminates under thermal and mechanical loading. *Polymers & Polymer Composites*, **4**:5 (1996), 305-14.

[38] S. G. Lim and C. S. Hong, Prediction of transverse cracking and stiffness reduction in cross-ply laminate composites. *J Compos Mater*, **23**(1989), 695-713.

[39] M. Caslini, C. Zanotti, and T. K. O'Brien, Fracture mechanics of matrix cracking and delamination in glass/epoxy laminates. *J Compos Tech Res*, **9**:4 (1987), 121-30.

[40] J. A. Nairn and D. A. Mendels, On the use of planar shear-lag methods for stress-transfer analysis of multilayered composites. *Mech Mater*, **33**:6 (2001), 335-62.

[41] J. M. Berthelot, Transverse cracking and delamination in cross-ply glass-fiber and carbon-fiber reinforced plastic laminates: static and fatigue loading. *Appl Mech Rev*, **56**:1 (2003), 111-47.

[42] J. A. Nairn and S. Hu, Micromechanics of damage: A case study of matrix microcracking. In *Damage Mechanics of Composite Materials*, ed. R. Talreja. (Amsterdam: Elsevier, 1994), pp. 187-243.

[43] A. Parvizi and J. E. Bailey, Multiple transverse cracking in glass-fiber epoxy cross-ply laminates. *J Mater Sci*, **13**:10 (1978), 2131-6.

[44] G. J. Dvorak, N. Laws, and M. Heiazi, Analysis of progressive matrix cracking in composite laminates - I. Thermoelastic properties of a ply with cracks. *J Compos Mater*, **19** (1985), 216-34.

[45] H. Fukunaga, T.-W. Chou, P. W. M. Peters, and K. Schulte, Probabilistic failure strength analysis of graphite/epoxy cross-ply laminates. *J Compos Mater*, **18**:4 (1984), 339-56.

[46] P. S. Steif, Parabolic shear lag analysis of a [0/90]s laminate. Transverse ply crack growth and associated stiffness reduction during the fatigue of a simple cross-ply laminate. In S. L. Ogin, P. A. Smith, and P. W. R. Beaumont (eds.), Report CUED/C/MATS/TR 105, Cambridge University, Engineering Department, UK (September 1984).

[47] S. L. Ogin, P. A. Smith, and P. W. R. Beaumont, Matrix cracking and stiffness reduction during the fatigue of [0/90]s GFRP laminate. *Compos Sci Technol*, **22**:1(1985), 23-31.

[48] S. L. Ogin, P. A. Smith, and P. W. R. Beaumont, Stress intensity factor approach to the fatigue growth of transverse ply cracks. *Compos Sci Technol*, **24**:1 (1985), 47-59.

[49] R. J. Nuismer and S. C. Tan, Constitutive relations of a cracked composite lamina. *J Compos Mater*, **22**:4 (1988), 306-21.

[50] J. Fan and J. Zhang, In-situ damage evolution and micro/macro transition for laminated composites. *Compos Sci Technol*, **47**:2 (1993), 107-18.

[51] M. Kashtalyan and C. Soutis, Stiffness degradation in cross-ply laminates damaged by transverse cracking and splitting. *Compos A*, **31**:4 (2000), 335-51.

[52] J. Q. Zhang, K. P. Herrmann, and J. H. Fan, A theoretical model of matrix cracking in composite laminates under thermomechanical loading. *Acta Mech Solida Sin*, **14**:4(2001), 299-305.

[53] M. Kashtalyan and C. Soutis, Analysis of composite laminates with intra- and inter-laminar damage. *Prog Aerosp Sci*, **41**:2 (2005), 152-73.

[54] J. M. Berthelot, Analysis of the transverse cracking of cross-ply laminates: a generalized approach. *J Compos Mater*, **31**:18 (1997), 1780-805.

[55] J. M. Berthelot, P. Leblond, A. El Mahi, and J. F. Le Corre, Transverse cracking of crossply laminates: part 1. Analysis. *Compos A*, **27**:10 (1996), 989-1001.

[56] J. W. Lee, I. M. Daniel, and G. Yaniv, Fatigue life prediction of cross-ply compositelaminates. *Compos Mater: Fatigue and Fracture*, **2**(1989), 19-28.

[57] J. A. Nairn and S. F. Hu, The formation and effect of outer-ply microcracks in cross-ply laminates - a variational approach. *Eng Fract Mech*, **41**:2 (1992), 203-21.

[58] P. W. Manders, T. W. Chou, F. R. Jones, and J. W. Rock, Statistical analysis ofmultiple fracture in [0/90/0] glass fiber/epoxy resin laminates. *J Mater Sci*, **18**:10 (1983),2876-89.

[59] N. Laws and G. J. Dvorak, The loss of stiffness of cracked laminates. In *Proceedings of the IUTAM Eshelby Memorial Symposium*. (Cambridge: Cambridge University Press, 1985).

[60] N. Laws, G. J. Dvorak, and M. Hejazi, Stiffness changes in unidirectional composites caused by crack systems. *Mech Mater*, **2**:2 (1983), 123-37.

[61] R. Hill, A self-consistent mechanics of composite materials. *J Mech Phys Solids*, **13**:4 (1965), 213-22.

[62] B. Budiansky, On elastic moduli of some heterogeneous materials. *J Mech Phys Solids*, **13**:4 (1965), 223-7.

[63] J. D. Eshelby, The determination of the elastic field of an ellipsoidal inclusion, and related problems. *Proc R Soc London A*, **241**:1226 (1957), 376-96.

[64] J. D. Eshelby, Elastic inclusion and inhomogeneities. In *Progress in Solid Mechanics*. (Amsterdam: North Holland, 1961), pp. 89-140.

[65] K. Hoiseth, A micromechanics study of transverse matrix cracking in cross-plycomposites. M. Sc. thesis, Georgia Institute of Technology, Atlanta, GA (1995).

[66] J. Qu and K. Hoiseth, Evolution of transverse matrix cracking in cross-ply laminates. *Fatigue Fract Eng Mater Struc*, **21**:4 (1998), 451-64.

[67] Z. Hashin, Analysis of cracked laminates: A variational approach. *Mech Mater*, **4**:2 (1985), 121-36.

[68] Z. Hashin, Analysis of composite materials - a survey. *J Appl Mech, Trans ASME*, **50**:3 (1983), 481-505.

[69] J. A. Nairn, The strain energy release rate of composite microcracking: A variational approach. *J Compos Mater*, **23**:11 (1989), 1106-29.

[70] J. E. Bailey, P. T. Curtis, and A. Parvizi, On the transverse cracking and longitudinal-splitting behavior of glass and carbon-fiber reinforced epoxy cross-ply laminates and the effect of Poisson and thermally generated strain. *Proc R Soc London A*, **366**:1727(1979), 599-623.

[71] J. Varna and L. A. Berglund, Multiple transverse cracking and stiffness reduction in cross-ply laminates. *J Compos Tech Res*, **13**:2 (1991), 97-106.

[72] J. Varna and L. Berglund, Two-dimensional transverse cracking in [0(m)/90(n)](s) cross-ply laminates. *Eur J Mech A-Solids*, **12**:5 (1993), 699-723.

[73] J. Varna and L. A. Berglund, Thermoelastic properties of composite laminates with transverse cracks. *J Compos Tech Res*, **16**:1 (1994), 77-87.

[74] Z. Hashin, Thermal-expansion coefficients of cracked laminates. *Compos Sci Technol*, **31**:4 (1988), 247-60.

[75] Z. Hashin, Analysis of orthogonally cracked laminates under tension. *J Appl Mech, Trans ASME*, **54**:4 (1987), 872-9.

[76] S. Kuriakose and R. Talreja, Variational solutions to stresses in cracked cross-plylaminates under bending. *Int J Solids Struct*, **41**:9-10 (2004), 2331-47.

[77] J. Varna and A. Krasnikovs, Transverse cracks in cross-ply laminates 2. Stiffness degradation. *Mech Compos Mater*, **34**:2 (1998), 153-70.

[78] J. Varna, L. Berglund, A. Krasnikovs, and A. Chihalenko, Crack opening geometry incracked composite laminates. *Int J Damage Mech*, **6** (1997), 96-118.

[79] R. Joffe and J. Varna, Analyticalmodeling of stiffness reduction in symmetric and balanced laminates due to cracks in 90 degrees layers. *Compos Sci Technol*, **59**:11 (1999), 1641-52.

[80] L. N. McCartney, Theory of stress transfer in a 0-degrees-90-degrees-0-degreescross-ply laminate containing a parallel array of transverse cracks. *J Mech Phys Solids*, **40**:1 (1992),

27-68.

[81] L. N. McCartney, Energy-based prediction of failure in general symmetric laminates. *Eng Fract Mech*, **72**:6 (2005), 909-30.

[82] L. N. McCartney, Physically based damage models for laminated composites. *Proc Inst Mech Engineers L - J Mater Design App*, **217**:L3 (2003), 163-99.

[83] L. N. McCartney, Prediction of ply crack formation and failure in laminates. *Compos Sci Technol*, **62**:12-13 (2002), 1619-31.

[84] L. N. McCartney, Model to predict effects of triaxial loading on ply cracking in general symmetric laminates. *Compos Sci Technol*, **60**:12-13 (2000), 2255-79.

[85] L. N. McCartney, Predicting transverse crack formation in cross-ply laminates. *Compos Sci Technol*, **58**:7 (1998), 1069-81.

[86] Errata to "Model to predict effects of triaxial loading on ply cracking in general symmetric laminates." [Compos Sci Technol 2000; 60(12-13):2255-2279], *Compos Sci Technol*, **62**:9 (2002), 1273-4.

[87] J. A. Nairn, Fracture mechanics of composites with residual thermal stresses. *J Appl Mech, Trans ASME*, **64** (1997), 804-10.

[88] S. Ostlund and P. Gudmundson, Numerical analysis of matrix-crack-induced delaminations in [+/_55-degrees] GFRP laminates. *Compos Eng*, **2**:3 (1992), 161-75.

[89] P. Gudmundson and W. L. Zang, An analytic model for thermoelastic properties of composite laminates containing transverse matrix cracks. *Int J Solids Struct*, **30**:23(1993), 3211-31.

[90] P. Gudmundson and W. Zang, Thermoelastic properties of microcracked composite laminates. *Mech Compos Mater Struct*, **29**:2 (1993), 107-14.

[91] P. Gudmundson and S. Ostlund, Numerical verification of a procedure for calculation of elastic-constants in microcracking composite laminates. *J Compos Mater*, **26**:17(1992), 2480-92.

[92] P. Gudmundson and S. Ostlund, 1st order analysis of stiffness reduction due to matrix cracking. *J Compos Mater*, **26**:7 (1992), 1009-30.

[93] P. Gudmundson and S. Ostlund, Prediction of thermoelastic properties of composite laminates with matrix cracks. *Compos Sci Technol*, **44**:2 (1992), 95-105.

[94] E. Adolfsson and P. Gudmundson, Matrix crack initiation and progression in composite laminates subjected to bending and extension. *Int J Solids Struct*, **36**:21(1999), 3131-69.

[95] E. Adolfsson and P. Gudmundson, Thermoelastic properties in combined bending and extension of thin composite laminates with transverse matrix cracks. *Int J Solids Struct*, **34**:16 (1997), 2035-60.

[96] E. Adolfsson and P. Gudmundson, Matrix crack induced stiffness reductions in[(0_m/90_n/+theta_p/_theta_q)(s)](m) composite laminates. *Compos Eng*, **5**:1(1995), 107-23.

[97] J. Varna, N. V. Akshantala, and R. Talreja, Crack opening displacement and the associa-

ted response of laminates with varying constraints. *Int J Damage Mech*, **8**(1999), 174-93.

[98] P. Lundmark and J. Varna, Constitutive relationships for laminates with ply cracks in in-plane loading. *Int J Damage Mech*, **14**:3 (2005), 235-59.

[99] P. Lundmark, Damage mechanics analysis of inelastic behaviour of fiber composites. Ph. D. thesis, Luleå University of Technology, Luleå, Sweden (2005), p. 175.

[100] A. Krasnikovs and J. Varna, Transverse cracks in cross-ply laminates. I. Stress analysis. *Mech Compos Mater Struct*, **33**:6 (1997), 565-82.

[101] R. Joffe, A. Krasnikovs, and J. Varna, COD-based simulation of transverse cracking and stiffness reduction in [S/90n]s laminates. *Compos Sci Technol*, **61**:5 (2001), 637-56.

[102] R. Hill, Elastic properties of reinforced solids: Some theoretical principles. *J Mech Phy Solids*, **11**:5 (1963), 357-72.

[103] O. Rubenis, E. Sparniņš, J. Andersons, and R. Joffe, The effect of crack spacing distribution on stiffness reduction of cross-ply laminates. *Appl Compos Mater*, **14**:1 (2007), 59-66.

[104] J. P. Benthem and W. T. Koiter, Asymptotic approximations to crack problems. In *Mechanics of Fracture I: Methods of Analysis and Solutions of Crack Problems*, ed. G. C. Sih. (Leyden: Noordhoff, 1972), pp. 131-78.

[105] H. Tada, P. Paris, and G. Irwin, *The Stress Analysis of Cracks Handbook*. (St. Louis, MO: Del Research Corporation, 1973).

[106] P. Lundmark and J. Varna, Crack face sliding effect on stiffness of laminates with ply-cracks. *Compos Sci Technol*, **66**:10 (2006), 1444-54.

[107] J. Varna, Physical interpretation of parameters in synergistic continuum damage mechanics model for laminates. *Compos Sci Technol*, **68**:13 (2008), 2592-600.

[108] S. Li, S. R. Reid, and P. D. Soden, A finite strip analysis of cracked laminates. *Mech Mater*, **18**:4 (1994), 289-311.

[109] J. N. Reddy, A generalization of two-dimensional theories of laminated composite plates. *Commun Appl Nume Mthds*, **3**:3 (1987), 173-80.

[110] S. Li, C. V. Singh, and R. Talreja, A representative volume element based on translational symmetries for FE analysis of cracked laminates with two arrays of cracks. *Int J Solids Struct*, **46**:7-8 (2009), 1793-804.

[111] J. Noh and J. Whitcomb, Effect of various parameters on the effective properties of a cracked ply. *J Compos Mater*, **35**(2001), 689-712.

[112] S. Li, General unit cells for micromechanical analyses of unidirectional composites. *Compos A*, **32**:6 (2001), 815-26.

[113] S. Li, On the unit cell for micromechanical analysis of fibre-reinforced composites. *Proc R Soc London A*, **455**:1983 (1999), 815-38.

[114] S. Li, Boundary conditions for unit cells from periodic microstructures and their implications. *Compos Sci Technol*, **68**:9 (2008), 1962-74.

[115] S. G. Li and A. Wongsto, Unit cells for micromechanical analyses of particle-reinforced composites. *Mech Mater*, **36**:7 (2004), 543-72.

[116] K. Srirengan and J. D. Whitcomb, Finite element based degradation model for composites with transverse matrix cracks. *J Thermoplast Compos Mater*, **11**:2 (1998), 113-23.

[117] J. Tong, F. J. Guild, S. L. Ogin, and P. A. Smith, Onmatrix crack growth in quasi-isotropiclaminates - II. Finite element analysis. *Compos Sci Technol*, **57**:11 (1997), 1537-45.

[118] F. G. Yuan and M. C. Selek, Transverse cracking and stiffness reduction in composite laminates. *J Reinf Plas Compos*, **12**:9 (1993), 987-1015.

[119] R. Cook, D. Malkus, M. Plesha, and R. Witt, *Concepts and Applications of Finite Element Analysis*. (John Wiley & Sons, 2002).

[120] J. Reddy, *Energy Principles and Variational Methods in Applied Mechanics*, 4th edn. (Hoboken, New Jersey: John Wiley & Sons, Inc., 2002).

[121] J. N. Reddy, *Mechanics of Laminated Composite Plates and Shells: Theory and Analysis*, 2nd edn. (Boca Raton: CRC Press, 2004).

[122] D. H. Robbins and J. N. Reddy, Analysis of piezoelectrically actuated beams using a layer-wise displacement theory. *Computers & Structures*, **41**:2 (1991), 265-79.

[123] D. H. Robbins, J. N. Reddy, and F. Rostam-Abadi, An efficient continuum damage model and its application to shear deformable laminated plates. *Mech Adv Mater Struc*, **12**:6 (2005), 391-412.

[124] J. E. S. Garcao, C. M. M. Soares, C. A. M. Soares, and J. N. Reddy, Analysis of laminated adaptive plate structures using layerwise finite element models. *Computers & Structures*, **82**:23-26 (2004), 1939-59.

[125] J. N. Reddy, An evaluation of equivalent-single-layer and layer-wise theories of composite laminates. *Compos Struct*, **25**:1-4 (1993), 21-35.

[126] Y. S. N. Reddy, C. M. D. Moorthy, and J. N. Reddy, Nonlinear progressive failure analysis of laminated composite plates. *Int J Non Linear Mech*, **30**:5 (1995), 629-49.

[127] D. H. Robbins and J. N. Reddy, Modeling of thick composites using a layerwise laminate theory. *Int J Numer Methods Eng*, **36**:4 (1993), 655-77.

[128] W. J. Na and J. N. Reddy, Multiscale analysis of transverse cracking in cross-plylaminates beams using the layerwise theory. *J Solid Mech*, **2**:1 (2010), 1-18.

[129] W. J. Na and J. N. Reddy, Delamination in cross-ply laminated beams using the layerwise theory. *Asian J Civil Eng*, **10**:4 (2009), 451-80.

[130] J. Aboudi, S. W. Lee, and C. T. Herakovich, Three-dimensional analysis of laminate swith cross cracks. *J Appl Mech, Trans ASME*, **55**:2 (1988), 389-97.

[131] S. W. Lee and J. Aboudi, *Analysis of Composites Laminates with Matrix Cracks*, 3rd edn. Report CCMS-88-03, College of Engineering, Virginia Polytechnic Institute and State University, Blacksburg, Virginia (1988).

[132] J. H. Lee and C. S. Hong, Refined two-dimensional analysis of cross-ply laminates with

transverse cracks based on the assumed crack opening deformation. *Compos Sci Technol*, **46**:2 (1993), 157-66.

[133] D. Gamby and J. L. Rebiere, A two-dimensional analysis of multiple matrix cracking in a laminated composite close to its characteristic damage state. *Compos Struc*, **25**:1-4(1993), 325-37.

[134] D. Zhang, J. Ye, and D. Lam, Properties degradation induced by transverse cracks in general symmetric laminates. *Int J Solids Struct*, **44**:17 (2007), 5499-517.

[135] D. Zhang, J. Ye, and D. Lam, Ply cracking and stiffness degradation in cross-ply laminates under biaxial extension, bending and thermal loading. *Compos Struct*, **75**: 1 - 4 (2006), 121-31.

[136] N. J. Pagano, On the micromechanical failure modes in a class of ideal brittle matrix composites. Part 1. Coated-fiber composites. *Compos B*, **29**:2 (1998), 93-119.

[137] N. J. Pagano, G. A. Schoeppner, R. Kim, and F. L. Abrams, Steady-state cracking and edge effects in thermo-mechanical transverse cracking of cross-ply laminates. *Compos Sci Technol*, **58**:11 (1998), 1811-25.

[138] G. A. Schoeppner and N. J. Pagano, Stress fields and energy release rates in cross-ply laminates. *Int J Solids Struc*, **35**:11 (1998), 1025-55.

[139] L. N. McCartney, G. A. Schoeppner, and W. Becker, Comparison of models for transverse ply cracks in composite laminates. *Compos Sci Technol*, **60**:12-13 (2000), 2347-59.

[140] J. A. Nairn, The strain-energy release rate of composite microcracking - a variational approach. *J Compos Mater*, **23**:11 (1989), 1106-29.

[141] R. Y. Kim, A. S. Crasto, and G. A. Schoeppner, Dimensional stability of composite in a space thermal environment. *Compos Sci Technol*, **60**:12-13 (2000), 2601-8.

第 5 章

宏观损伤力学

5.1 简 介

前面曾经介绍过,解决复合材料损伤问题的两个主要方法是微观损伤力学(MIDM)和宏观损伤力学(MADM)。在本章中,将重点介绍 MADM,这一方法通常也称为连续损伤力学(CDM)。

假设一个未受损连续体(图 5.1(a))代表了均质的实体,边界曲面 S_t 和 S_u 分别承受着规定的牵引力 t 和位移 u。假设实体的平均响应为线弹性的,应力 - 应变关系式可写为

$$\sigma_{ij} = C_{ijkl}\varepsilon_{kl} \tag{5.1}$$

式中:σ_{ij}、ε_{kl}、C_{ijkl} 分别为连续体的一点在未损坏状态下的应力、应变和刚度的量。

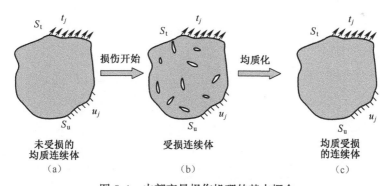

图 5.1 内部变量损伤机理的基本概念

在加载状态下,连续体会形成并发展为孔隙、微裂纹、空腔等形式的损伤(图 5.1(b))。这些损伤将会导致连续体的局部应力和应变状态发生扰动。在一个确定损伤状态下代表性体积元(RVE)应力 - 应变响应的平均值也可由式(5.1)求得,但现在 C_{ijkl} 表示受到损伤的均质连续体的刚度数值。CDM 方法的主要目标是表征损伤均质分布的连续体的 C_{ijkl}。

CDM 的中心概念是代表损伤实体的"内部"状态,它们均质分布在连续体中

(图5.1(c))。这一概念是由Kachanov[1-2]提出的,他引入了"连续性"来表达金属的变化状态,从而可以描述由于蠕变而造成的退化。因此,单标量变量(用ϕ表示),可以用来描述在原始状态下数值为1以及在断裂状态下数值为零的连续性。"连续性"的减少表示材料的退化,且其发生的速度由下式表示:

$$\frac{\mathrm{d}\phi}{\mathrm{d}t} = -A\left(\frac{\sigma}{\phi}\right)^m \tag{5.2}$$

式中:A、m为材料常数;σ为最大的主拉伸应力。

变量ϕ代表材料中不连续体的表面密度,可用于描述"有效"应力。因此,在式(5.2)中,有效应力等于σ/ϕ,这表示了会导致材料进一步退化的当前应力等级。随后,Robotnov[3]阐释了"不连续性",可以由参数$\omega = 1 - \phi$定义,来衡量减少的净面积(图5.2)。相应地,ω可以由下式表示:

$$\omega = \frac{S_\mathrm{D}}{S} = \frac{S - S^*}{S} \tag{5.3}$$

式中:S_D为"受损伤"的横截面积,$S_\mathrm{D} = S - S^*$,其中,S为未损伤状态下的横截面积,S^*为损伤样本的净面积,不包含损伤实体(不连续体)的面积。

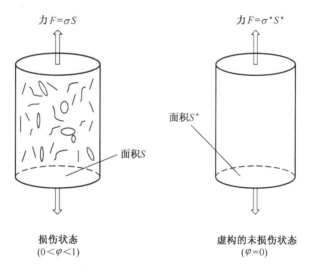

图5.2 单轴加载的各向同性损伤有效应变的概念图

因此,样本的净面积有效地承载了外载荷。损伤参数$\omega = 0$表示一种未损伤状态,而$\omega = \omega_\mathrm{c}$则表示了一种与样本断裂相对应的临界状态。根据这一方法,Robotnov[3]假设蠕变应变速率为

$$\frac{\mathrm{d}\varepsilon}{\mathrm{d}t} = B\left(\frac{\sigma}{1-\omega}\right)^n \tag{5.4}$$

式中:B、n为常量。

需要注意的一点是,在 Kachanov 的理论中,有效应力无限增大直至失效;而在 Robotnov 的理论中,有效应力仅仅增长了几个百分点,这是由于金属微观结构研究发现,在失效时孔洞或者不连续体的体积分数都非常小。

Robotvov 有关有效应力的理论随后被 Murakami 和 Ohno[4] 所沿用,用来研究多晶金属蠕变损伤,又被 Lemaitre 及其同事[5-6] 引用,用以研究有效弹性性质。通过下式计算式(5.4)括号项中的量,即

$$\tilde{\sigma} = \frac{\sigma}{1-\omega} \tag{5.5}$$

胡克定律可以用下列两种形式表示:

$$\sigma = \tilde{E}\varepsilon_e, \quad \tilde{\sigma} = E\varepsilon_e \tag{5.6}$$

式中:ε_e 为弹性应变;$\tilde{E}$ 为有效弹性模量,它与损伤参数 ω 的关系为

$$\tilde{\sigma} = \frac{\sigma}{1-\omega} = \frac{E}{\tilde{E}}\sigma \Rightarrow \omega = 1 - \frac{\tilde{E}}{E} \tag{5.7}$$

对于脆性蠕变损伤,Lemaitre 和 Chaboche[7] 以类似方式依据应变率定义了损伤变量。应用幂次定律,二级蠕变(未损状态)期间的应变率 $\dot{\varepsilon}_s$ 为

$$\dot{\varepsilon}_s = \left(\frac{\sigma}{\lambda}\right)^N \tag{5.8}$$

式中:λ 为材料常数;指数 N 可以由实验测试得到。

在三级蠕变过程中的损伤变量 $\dot{\varepsilon}$ 可以由应变率的测量得出,应用有效应力概念,则

$$\omega = 1 - \left(\frac{\dot{\varepsilon}}{\dot{\varepsilon}_s}\right)^{1/N} \tag{5.9}$$

与有效应力概念一样,"应变等效原理"也是由 Lemaitre 及其同事[6-8] 所提出的,他们指出,"损伤材料的任何应变本构方程都有可能由与原材料相同的方法推导出,只有一点不同,即常应力被有效应力所替代"。

在金属蠕变以及陶瓷、岩石、水泥等材料的脆性断裂过程中,孔隙和裂纹通常沿所倾向的方向形成,例如,在晶界和弱面。可以明显看出,标量损伤变量并不能解释孔隙和裂纹影响的方向依赖性。Murakami 和 Ohno[4] 考虑了包含任意分布孔隙的固体的一个任意方向的平面,并定义了一个二阶张量用以描述各向异性净面积减少的现象。普遍认为这一张量可以代表不连续体的定向性,因此将其称为损伤张量。

Murakami-Ohno 损伤张量 Ω 将一个任意定向平面上的单元面 dA(单位法

线 n 在受损结构上)与同一平面上的单元面 dA^*(单位法线 n^* 在虚构结构上)相联系。因此,有

$$n^* dA^* = (I - \Omega) n dA \tag{5.10}$$

式中:I 为二阶等同张量。

有效应力张量 σ^* 为虚拟结构放大的(净面积)应力,通过式(5.11)与损伤结构中的应力相联系:

$$\sigma^* = (I - \Omega)^{-1} \sigma \tag{5.11}$$

根据式(5.7),Chaboche[9-11]概括了弹性常数和损伤变量之间的关系,用损伤张量 D 替代了 ω。通常来说,这一损伤张量为非对称的四阶张量,可用式(5.12)表示:

$$\widetilde{E} = (I - D) : E \tag{5.12}$$

式中:I 为四阶等同张量;E、$\widetilde{E}$ 分别为未受损和受损材料的弹性张量;表示二阶收缩。

因此,损伤张量可以表示为

$$D = I - \widetilde{E} \cdot E^{-1} \tag{5.13}$$

有效应力张量为

$$\sigma^* = (I - D)^{-1} : \sigma \tag{5.14}$$

值得注意的一点是,Murakami 和 Ohno[4]在式(5.10)中所定义的二阶损伤张量是基于有效净面积减小的理论而存在的;而 Chaboche[9-11]在式(5.13)中所定义的四阶损伤张量基于的概念是式(5.6)中确定的有效应力。

由式(5.13)定义的损伤张量 D 是连续损伤力学所关注的重点。例如,Ju[12]研究了各向同性和各向异性损伤变量,他认为,各向同性损伤并不一定意味着标量损伤。他通过对微损伤引起的弹性柔度张量的变化进行力学研究得出,当裂纹完全随机分布在所有方向时,四阶张量 D 在各向同性损伤条件下是各向同性的。但是,对于裂纹沿优先方向分布的情况,损伤张量通常是各向异性的。

5.2 复合材料的连续损伤力学

基于有效应力概念或者有效净面积减少概念所定义的损伤变量并不包含损伤实体的任何具体细节。例如,对于 Lemaitre-Chaboche 损伤张量,损伤张量的分量是由弹性柔度变化所决定的。因此,由两组不同尺寸特征的损伤实体所引

起的相同弹性柔度变化将用相同的变量表达。这种对不同组损伤实体的等量表达不能解释损伤的所有影响。此外,含有两种尺度级别微观结构的复合材料,在低尺度结构处形成的损伤实体可能会受到高尺度微观结构和两种微观结构对称特性差异的影响。为了阐述这一特点,考虑一个嵌入基体中的椭圆形粒子,其周围平行环绕硬质纤维(图 5.3)。在适当加载条件下,让粒子从基体中脱粘,从而形成椭球体损伤。由损伤实体表面位移导致的局部应力扰动,以及由此产生的总体弹性柔度将取决于局部微观结构细节,例如,纤维相对于损伤实体主平面的倾斜和纤维刚度。所以,排列不同的相同微观结构可以对总体弹性响应产生不同的影响。这一例子说明,用弹性柔度变化来描述损伤特性并不一定是唯一的。

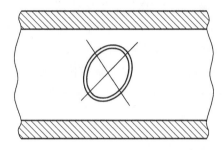

图 5.3　复合材料各向异性约束效应的示意图[17]
(在复合材料中,纤维或板层环绕着一个椭圆体实体。
椭圆体的坐标轴相对于约束元素的轴偏斜)

在损伤的另一种表征中,损伤实体可以通过特定变量表示。对这些变量在一个 RVE 取平均值即可得到损伤变量。表征的程度,即损伤实体的细节在多大程度上可以表达,取决于所选择的变量的类型。因此,标量变量仅仅表示损伤实体的尺寸而不是形状或者方向特征。矢量变量能够描述损伤实体的尺寸或者方向,但是一个矢量的正负含义有可能导致损伤表征的模糊性,因此可能会对损伤演变的描述带来一定困难。同时考虑与损伤实体相关联的两个矢量,可以解决这些困难。与此同时,二阶张量为确定响应函数所进行的数学计算带来了方便,二阶张量通常表达为二阶应力和应变张量,将在下面讨论。

Talreja 关于 CDM 的早期论文[13]采用了损伤的矢量描述。尽管有关损伤矢量概念的模糊性可以通过附加额外条件得以有效消除,但是人们发现使用二阶张量可以避免这一步骤[14-17]。接下来将对张量描述做进一步介绍。

5.2.1　损伤表征的 RVE

由于材料所固有的不均匀性,对于固体的任何连续性描述都包含了均化作用。以多晶体金属为例,其非均匀尺度(如晶体大小)与测量材料响应特征(如弹性常数)时的尺度相比通常较小,从而使得应力和应变状态可以被定义为连续场。对于通常使用的纤维增强体,如玻璃/环氧和碳纤维/环氧,其纤维直径约为10μm,这样就可以假设这些材料是具有良好精度的各向同性连续体。当复合材料内表面形成,其特征尺寸及相互之间的距离要比均质原始复合材料下面的非均质尺寸大几个数量级。此外,正如上面所讨论的,随着外部载荷的施加,内表面不断发展(变大和增殖),这保证了复合材料与内表面单独的(和不同的)均质化(统称为损伤)。

图5.4所示为包含损伤的复合材料固体的均质化过程。原始(未受损)的复合材料的非均匀性称为"稳定性微观结构",会首先被均化,这就是经典均化。有关复合材料力学的教科书通常都是由均质化这一内容开始讲起的。事实上,由于经典层合板理论通过构建层合板的均质本构关系得到了进一步的发展,层合板包含层叠均质单向增强复合材料(层片或薄板)。如图5.4所示,第二种均化属于内表面,统称为损伤或"演变性微观结构",强调了其由于能量耗散而永远变化的能力。演变性微观结构的均质化必须要使用RVE这一概念,将在第6章节进行介绍。

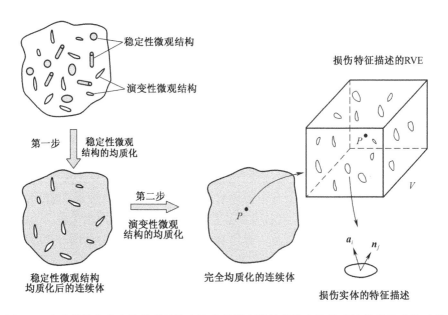

图5.4 含有非均匀稳定性微观结构和演变性微观结构损伤实体的连续体的均质化过程
(损伤实体的张量特征见右图)

在微观力学背景下有关RVE的通俗详细的阐述见文献[18]。在此将这一概念应用于受损伤的复合材料这一特殊情况。再次参照图5.4,损伤的均质复合材料中的一个生成点P与受损状态(包括应力和应变状态)产生联系,这个状态是通过对内表面以恰当的体积平均测量法得出,会对P点的本构行为(应力-应变关系)产生一定的影响。进行平均计算的体积必须代表P点的临近区域,与P点相关联。这一临近区域为RVE,它的体积值不固定,随P点周围内表面的几何构型(尺寸、间隔等)而变化。由于这一构型在施加载荷的条件下会发生变化,RVE尺寸随之变化。

掌握了RVE的概念之后,可通过对RVE求平均值所得的一组变量来定义P点的损伤状态。变量的选择由形成内表面的类型决定,就这一点来说,上面所讨论的有关损伤机理的知识是非常有用的。通常来说,变量可以是标量、矢量,也可以是二阶或更高阶张量。采用哪些变量关系是由对损伤过程物理知识的了解及构建本构关系所决定。下面将介绍Talreja[14-15, 17]研究的复合材料损伤的二阶表征。

5.2.2 损伤表征

如图5.4所示,一个RVE内的单一内表面(此后将称为损伤实体),可由两个矢量表征,即在表面上的某点外向单位法向矢量$\boldsymbol{n}$和在同一点的"影响"矢量$\boldsymbol{a}$。将两个矢量的张量积沿S表面积分来表示损伤实体张量,有

$$d_{ij} = \int_S a_i n_j \mathrm{d}S \tag{5.15}$$

式中:张量的分量可参照笛卡儿坐标系。张量积保证了两个矢量正负号的一致性。这一类型的表征首先由Vakulenko和Kachanov[19]针对平面裂纹现象提出,影响矢量$\boldsymbol{a}$代表裂纹表面的位移间断。

这一表征的物理意义如下:它代表了内表面存在的方向本质。正如第3章的损伤实例介绍的,普通内表面(平面或者曲面)由于界面脱粘或者基体断裂可能会产生裂纹。损伤实体上这一点的单位法向矢量传递了表面(关于参照系)方向的信息,而另一个矢量代表了表面上这一点激活所引起的适当影响。这一影响通常是由本质所引导的。对于机械响应的情况,影响是损伤实体表面活性点的位移。对于非机械响应,如热或电传导,由内表面引起的扰动也可以被转化为矢量值数量。

通过对式(5.15)中的张量积沿损伤实体表面积分可以得到实体的总净效应。例如,当实体为平面裂纹时,假设$\boldsymbol{a}$为积分的位移矢量,可得到裂纹面分离面积与断裂面积的乘积。这一乘积可以认为是受裂纹影响的容积。对在开始裂纹的平面上出现的两面对称分离的币型裂纹而言,其损伤实体张量的唯一残留项代表了一个椭圆形容积。

再次参考图5.4,与通用点 P 关联的RVE携带有大量离散的损伤实体,代表了在这一点损伤实体对均质化本构响应的集聚效应。损伤实体的数量、RVE尺寸都取决于实体的分布。例如,如果实体稀疏分布,RVE尺寸会比较大;如果实体分布紧密,则RVE尺寸较小。此外,对于均匀分布的具有相同几何结构的实体,包含单个损伤实体的重复单元可以取代RVE,而对于不均匀分布的几何结构不同的实体,RVE的尺寸将增加直到从统计学的角度达到均质化的状态。这就意味着进一步增加RVE尺寸将对所选定的特性平均值不会产生影响。例如,如果选择的特性是受损伤实体影响的基体容积,如前所述,它的平均值随RVE尺寸的增加而发生变化,并且在RVE尺寸达到一定值时保持恒定。当平均值不发生显著变化时,此时RVE最小值可以被认定为需要的RVE。可以看出,RVE值并不唯一,但是会受到损伤连续体本构响应的特定式的影响。因此,并不存在针对损伤连续体的唯一本构理论;但是,在给定理论中应用内部状态概念要求以一致的方式说明RVE,并确保其存在的条件。

从第3章的损伤机理实例可以看出,在复合材料层合板中的损伤趋向于板层中成组的平行裂纹出现,每一条裂纹在板层中沿纤维方向伸展。因此,可以根据裂纹方向将每组板层裂纹分开,参考固定参照系,给每一组分配一个损伤模式编码。用 $\alpha = 1, 2, \cdots, n$ 来表示损伤模式,一个损伤模式张量可表示为

$$D_{if}^{(\alpha)} = \frac{1}{V} \sum_{K_\alpha} (d_{ij})_{K_\alpha} \tag{5.16}$$

式中:K_α 为第2个模态的损伤实体编号;V 为RVE体积。

如上所述,如果给定方向的板层裂纹是均匀分布的,则RVE将缩小为包含有一条裂纹的单元。对于非均匀分布的板层裂纹,V 值需要足够大从而可以提供损伤模式张量分量的稳定平均值。

由式(5.16)可知,损伤模式张量通常是不对称的。沿损伤实体表面 S 法向和切向方向分解影响矢量 $\boldsymbol{a}$ 可得

$$\boldsymbol{a}_i = a\boldsymbol{n}_i + b\boldsymbol{m}_i \tag{5.17}$$

式中:a、b 分别为矢量 $\boldsymbol{a}_i$ 法向和切向投射的大小;矢量 $\boldsymbol{n}_i$、$\boldsymbol{m}_i$ 分别为 S 表面单元法向矢量和单元切向矢量,$n_i m_i = 0$。

将式(5.17)带入式(5.16),损伤实体张量可以写成两部分,即

$$d_{ij} = d_{ij}^1 + d_{ij}^2 \tag{5.18}$$

式中

$$d_{ij}^1 = \int_S a\boldsymbol{n}_i \boldsymbol{n}_j \mathrm{d}S, \quad d_{ij}^2 = \int_S b\boldsymbol{m}_i \boldsymbol{n}_j \mathrm{d}S \tag{5.19}$$

给定模式的损伤模式张量可以表示为

$$D_{ij}^{(\alpha)} = D_{ij}^{1(\alpha)} + D_{ij}^{2(\alpha)} \tag{5.20}$$

其中

$$D_{ij}^{1(\alpha)} = \frac{1}{V} \sum_{K_\alpha} (d_{ij}^1)_{K_\alpha}, \quad D_{ij}^{2(\alpha)} = \frac{1}{V} \sum_{K_\alpha} (d_{ij}^2)_{K_\alpha} \tag{5.21}$$

将损伤模式张量分割为两部分可以简化分析过程,避免处理非对称张量时所带来的麻烦。例如,对于由片状裂纹构成的损伤实体,损伤模式张量的两部分表示了两种裂纹表面分离模式。如果设定一个假设,只有对称裂纹表面分离(模式Ⅰ或者断裂力学裂纹张开模式)是重要的,那么式(5.21)的第二项可以被忽略不计。这样一来,对称损伤模态张量可以写为

$$D_{ij}^{(\alpha)} = D_{ij}^{1(\alpha)} = \frac{1}{V} \sum_{K_\alpha} \left[\int_S a n_i \boldsymbol{n}_j \mathrm{d}S \right]_{K_\alpha} \tag{5.22}$$

Varna[20]将这一假设应用于一类层合板开展了研究,发现靠近层合板对称方向的板层裂纹不包括裂纹滑动平移(CSD),则会导致在估计层合板平均弹性性能下降时出现误差。这些误差的绝对值非常小,但百分比较大。事实上,对于那些 CSD 主导的层合板裂纹方向,直到施加接近失效载荷的高载荷,裂纹才开始生成。

某些损伤机理,例如,晶体滑移所需要的仅仅是切向部分。对于其他情况,裂纹表面之间的滑动则可以忽略;又如,对于硬板层的层内裂纹以及纤维/基体脱粘的情况。因此,在这些情况下,$D_{ij}^{2(\alpha)} = 0$。对于损伤实体表面仅进行切向位移(如片状裂纹 CSD)的情况,可以将损伤模式张量规定为对称张量。例如,陶瓷基复合材料的纤维/基体界面就是这种情况。

将应力、应变、损伤用对称二阶张量表示,本构理论就可以用一种简便易行的方程表示,这一方程将在 5.2.3 节进行介绍。

5.2.3 材料响应的热力学框架

再次回归图 5.4,本节讨论受损的均质连续体的本构响应方程。考虑到普通复合材料,例如玻璃/环氧树脂和碳/环氧树脂的所观测到的特性,这里仅考虑弹性响应。在相关教科书中可以找到有关固体弹性响应的理论化处理方法。然而,纳入损伤并不是经典弹性理论简单的扩展。这里要讨论的 CDM 方法基于热力学并适用于热力学响应分析。可以扩展包含非力学效应,例如,电、磁、化学等。但是,每一次扩展都要通过一定的认定程序来确定相应的响应系数(材料常数)。这里所提出的处理方法是,通过应用选定的微观力学可以减少确定材料常数所需的工作。这一将微观力学与 CMD 结合起来的方法可以产生有效的增效作用,这种结合方法称为协同损伤力学(SDM)方法,将在下面讨论,我们将从传统 CDM 框架着手进行介绍。

CDM 的理论基础是热力学第一定律和第二定律。此外,应用内部状态的概念,即图 5.4 所示的演变性微观结构。正如前面所讨论的,这一微观结构是均质化的损伤区域,可以用一组损伤模式张量 $D_{ij}^{(\alpha)}$ 来表征。含有内部状态的热力学所产生的变量集合可以分为两大类,即状态变量和响应函数(表 5.1)。受微小应变的限制,复合材料体的热力学响应用一组包含 5 个响应函数的形式来表示:柯西应力张量 σ_{ij}、亥姆霍兹比自由能量 ψ、比熵 η、热通量矢量 $\boldsymbol{q}_i$,以及一组损伤率张量 $\dot{D}_{ij}^{(\alpha)}(\alpha = 1,2,\cdots,n)$。实体的热力学状态可以用应变张量 $\varepsilon_{ij} = (1/2)(u_{i,j} + u_{j,i})$、位移矢量 $\boldsymbol{u}_i$、绝对温度 T、温度梯度 $g_i = T_i$、得到一组损伤张量 $D_{ij}^{(\alpha)}$ 来表示。

表 5.1 热力学变量损伤分析

热力学状态变量	热力学响应变量
1. 应变张量 $\varepsilon_{ij} = \dfrac{1}{2}(u_{i,j} + u_{j,i})$	1. 柯西应力张量 σ_{ij}
2. 绝对温度 T	2. 亥姆霍兹自由能量 ψ
3. 温度梯度 $g_i = T_i$	3. 比熵 η
4. 损伤张量 $D_{ij}^{(\alpha)}$	4. 热通量矢量 $\boldsymbol{q}_i$
	5. 损伤率张量 $\dot{D}_{ij}^{(\alpha)}$

根据 Truesdel 的等存在原理,所有状态变量都应存在于所有的响应函数中,除非热力学或其他相关考虑排除了它们的依赖性,状态变量可以表示如下:

$$\begin{cases} \sigma_{ij} = \sigma_{ij}(\varepsilon_{kl}, T, g_k, D_{kl}^{(\alpha)}) \\ \psi = \psi(\varepsilon_{kl}, T, g_k, D_{kl}^{(\alpha)}) \\ \eta = \eta(\varepsilon_{kl}, T, g_k, D_{kl}^{(\alpha)}) \\ q = q(\varepsilon_{kl}, T, g_k, D_{kl}^{(\alpha)}) \\ \dot{D}_{kl}^{(\alpha)} = \dot{D}_{kl}^{(\alpha)}(\varepsilon_{kl}, T, g_k, D_{kl}^{(\beta)}) \end{cases} \quad (5.23)$$

下列平衡原理需要适用于连续体:
(1)线动量的平衡:

$$\sigma_{ij,j} + \rho b_j = \rho \ddot{x}_j \quad (5.24)$$

式中:b_j 为每单位质量的力分量;ρ 为质量密度。
(2)角动量平衡:

$$\sigma_{ij} = \sigma_{ji} \quad (5.25)$$

(3)能量平衡:

$$\rho\dot{u} - \sigma_{ij}\dot{\varepsilon}_{ij} + q_{i,i} = \rho r \tag{5.26}$$

式中：u 为每单位质量比内能；r 为每单位质量供热量。

（4）Clausius-Duhem 不等式形式的热力学第二定律：

$$\sigma_{ij}\dot{\varepsilon}_{ij} - \rho\dot{\psi} - \rho\dot{T}\eta - \frac{q_i g_i}{T} \geq 0 \tag{5.27}$$

式中：$\psi = u - T\eta$。

式(5.23)中对 ψ 对时间微分，得

$$\dot{\psi} = \frac{\partial \psi}{\partial \varepsilon_{kl}}\dot{\varepsilon}_{kl} + \frac{\partial \psi}{\partial T}\dot{T} + \frac{\partial \psi}{\partial g_i} + \frac{\partial \psi}{\partial D_{kl}^{(\alpha)}}\dot{D}_{kl}^{(\alpha)} \tag{5.28}$$

将式(5.28)代入式(5.27)，得

$$(\sigma_{ij} - \rho\frac{\partial \psi}{\partial \varepsilon_{kl}})\dot{\varepsilon}_{ij} - \rho(\eta + \frac{\partial \psi}{\partial T})\dot{T} - \rho\frac{\partial \psi}{\partial g_i}\dot{g}_i - \rho\sum_{\alpha}\frac{\partial \psi}{\partial D_{kl}^{(\alpha)}}\dot{D}_{kl}^{(\alpha)} - \frac{q_i g_i}{T} \geq 0 \tag{5.29}$$

其中，α 上的求和号涵盖了所有的损伤模式。现在令式(5.29)适用于独立变化的应力、温度以及温度梯度，可得到下列结果：

$$\sigma_{ij} = \rho\frac{\partial \psi}{\partial \varepsilon_{kl}} \tag{5.30}$$

$$\eta = \frac{\partial \psi}{\partial T} \tag{5.31}$$

$$\frac{\partial \psi}{\partial g_i} = 0 \tag{5.32}$$

式(5.32)说明，亥姆霍兹自由能量函数并不依存于温度梯度，因此，式(5.30)和式(5.31)消除了应力和热熵的依存性。响应方程式(5.23)的最后两个方程保持不变。

由式(5.30)~式(5.32)可推导出以下的函数依赖：

$$\begin{cases} \sigma_{ij} = \sigma_{ij}(\varepsilon_{kl}, T, D_{kl}^{(\alpha)}) \\ \psi = \psi(\varepsilon_{kl}, T, D_{kl}^{(\alpha)}) \\ \eta = \eta(\varepsilon_{kl}, T, D_{kl}^{(\alpha)}) \\ q = q(\varepsilon_{kl}, T, g_k, D_{kl}^{(\alpha)}) \\ \dot{D}_{kl}^{(\alpha)} = \dot{D}_{kl}^{(\alpha)}(\varepsilon_{kl}, T, g_k, D_{kl}^{(\beta)}) \end{cases} \tag{5.33}$$

根据式(5.29)得下列限制结果（又称为内耗不等式）：

$$\sum_{\alpha} R_{kl}^{(\alpha)}\dot{D}_{kl}^{(\alpha)} - \frac{q_i g_i}{T} \geq 0 \tag{5.34}$$

式中：$R_{kl}^{(\alpha)}$ 为与 $D_{kl}^{(\alpha)}$ 共轭的热力学驱动力，可表示为

$$R_{kl}^{(\alpha)} = -\rho \frac{\partial \psi}{\partial D_{kl}^{(\alpha)}} \tag{5.35}$$

这些力的每一个都类似于单裂纹的裂纹扩展力（能量释放率）。举例来说，对于损伤模式分量，如模式 $\alpha = 1$ 的 D_{11}，$R_{11}^{(1)}$ 的量可以解释为导致内部状态无限小变化的"力"，用 $D_{11}^{(1)}$ 表示。式(5.34)表示了在热力学推动的条件下，随着损伤进展这些力必须满足的条件。

复合材料实体完整的热力学响应受式(5.33)以及内耗不等式(5.34)控制。考虑到试验数据大多数是在室温条件下由陶瓷基复合材料得到的，对于纯机械响应将进一步开发热力学框架。因此，在等温条件下（$T = 0, g_i = 0$），一组响应函数简化为

$$\begin{cases} \sigma_{ij} = \sigma_{ij}(\varepsilon_{kl}, D_{kl}^{(\alpha)}) \\ \psi = \psi(\varepsilon_{kl}, D_{kl}^{(\alpha)}) \\ \dot{D}_{kl}^{(\alpha)} = \dot{D}_{kl}^{(\alpha)}(\varepsilon_{kl}, g_k, D_{kl}^{(\beta)}) \\ \sum_{\alpha} R_{kl}^{(\alpha)} \dot{D}_{kl}^{(\alpha)} \geq 0 \end{cases} \tag{5.36}$$

由于 σ_{ij} 由 ψ 推导得来，根据式(5.30)，它足以规定纯机械响应的 ψ 和 $\dot{D}_{kl}^{(\alpha)}$。用唯一响应函数来解答给定内部损伤状态条件下的这种标量函数（ψ），为了进一步发展这一理论提供了有利条件。亥姆霍兹自由能量函数的形式可以用不同形式来表达，运用多项式函数的不变量理论[21]可能是一种更为有效的方法。接下来将通过包含一种损伤模式的正交各向异性复合材料的例子来进行阐述。

推导 σ_{ij} 的速率方程，求式(5.30)关于时间的微分，使用式(5.36)中得到的函数相关性，得

$$\dot{\sigma}_{ij} = \rho \frac{\partial^2 \psi}{\partial \varepsilon_{ij} \partial \varepsilon_{kl}} + \rho \sum_{\alpha} \frac{\partial^2 \psi}{\partial \varepsilon_{ij} \partial D_{mn}^{(\alpha)}} \dot{D}_{mn}^{(\alpha)} \tag{5.37}$$

代入式(5.35)，得

$$\dot{\sigma}_{ij} = \rho \frac{\partial^2 \psi}{\partial \varepsilon_{ij} \partial \varepsilon_{kl}} \dot{\varepsilon}_{kl} - \sum_{\alpha} \frac{\partial R_{mn}^{(\alpha)}}{\partial \varepsilon_{ij}} \dot{D}_{mn}^{(\alpha)} \tag{5.38}$$

也可以写为

$$\dot{\sigma}_{ij} = C_{ijkl} \dot{\varepsilon}_{kl} - \sum_{\alpha} K_{ijmn}^{(\alpha)} \dot{D}_{mn}^{(\alpha)} \tag{5.39}$$

式中

$$C_{ijkl} = \rho \frac{\partial^2 \psi}{\partial \varepsilon_{ij} \partial \varepsilon_{kl}} \tag{5.40}$$

以及

$$K_{ijmn}^{(\alpha)} = \frac{\partial R_{mn}^{(\alpha)}}{\partial \varepsilon_{ij}} = -\rho \frac{\partial^2 \psi}{\partial \varepsilon_{ij} \partial D_{mn}^{(\alpha)}} \quad (5.41)$$

矩阵 C_{ijkl} 包含了复合材料在初始状态下的刚度系数，其中 $K_{ijmn}^{(\alpha)}$ 系数是决定由内部耗散机理引起的状态变化的函数。式(5.39)所显示的速率需要构建标量函数 ψ 和张量分量 $\dot{D}_{kl}^{(\alpha)}$。有关损伤演变的讨论将在下面进行讨论；5.2.4 节将解决固定损伤状态下应力-应变的关系。

5.2.4 刚度-损伤关系

根据式(5.40)，在给定损伤状态下复合材料的刚度系数矩阵 C_{ijkl} 可以从亥姆霍兹自由能函数 ψ 中推导。纯量值函数 ψ 可以写成变量的多项式，即

$$\psi = \psi_P(\varepsilon_{ij}, D_{ij}^{(\alpha)}) \quad (5.42)$$

式中：ψ_P 代表多项式函数。

下面讨论复合材料层合板的层间裂纹的特殊情况。图 5.5 所示的 RVE 展示了复合材料层合板的偏轴板层的一组层间裂纹。尽管为解释清楚起见，裂纹仅出现在一片板层上，但是从通常意义来讲裂纹多出现在多板层之上。下面变量的含义：t_c 为裂纹板层厚度，s 为平均裂纹间隔，t 为层合板总厚度，W、L 分别为 RVE 的宽度和长度。RVE 的体积 V、裂纹表面积 S，以及影响矢量大小 a 的定义如下：

$$\begin{cases} V = LWt \\ S = \dfrac{Wt_c}{\sin\theta} \\ a = \kappa t_c \end{cases} \quad (5.43)$$

式中：κ 为约束参数，是 a 和 t_c 之间的未指明的(假设)均衡常数。因此，θ 是正数，其表面积永远为正数。假设 a 在裂纹表面 S 上恒定，则可以从式(5.22)中得到式(5.44)。

$$D_{ij}^{(\alpha)} = \frac{\kappa t_c^2}{st\sin\theta} n_i n_j \quad (5.44)$$

式中：$n_i = (\sin\theta, \cos\theta, 0)$。

式(5.42)中多项式函数的扩展通常会有无限项，代表一种不实际的情况。通过扩展可使原始材料对称的多项式项可以限制函数形式。这可以在多项式不变量理论的框架下应用所谓的整基[21]得以实现。这一类基是为多种矢量和张量变量的标量函数所开发的。对于两个对称的二阶张量，如式(5.42)，正交各向异性的整基是由 Adkins[22] 得出的。考虑到单一损伤模式，$\alpha = 1$，我们可以得到下列的不变量项组：

$$\begin{cases} \varepsilon_{11}, \varepsilon_{22}, \varepsilon_{33}, \varepsilon_{23}^2, \varepsilon_{31}^2, \varepsilon_{23}\varepsilon_{31}\varepsilon_{12} \\ D_{11}, D_{22}, D_{33}, D_{23}^2, D_{31}^2, D_{12}^2, D_{23}D_{31}D_{12} \\ \varepsilon_{23}D_{23}, \varepsilon_{31}D_{31}, \varepsilon_{12}D_{12} \\ \varepsilon_{31}\varepsilon_{12}D_{23}, \varepsilon_{12}\varepsilon_{23}D_{31}, \varepsilon_{23}\varepsilon_{31}D_{12} \\ \varepsilon_{23}D_{31}D_{12}, \varepsilon_{31}D_{12}D_{23}, \varepsilon_{12}D_{23}D_{31} \end{cases} \quad (5.45)$$

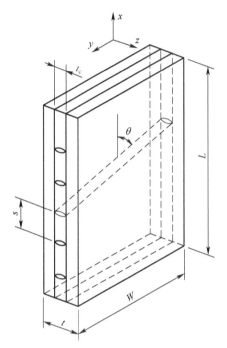

图 5.5 一个代表性体积元(RVE)
(显示复合材料层合板上偏轴板层的多条层间裂纹)

为了在薄层合板上应用本构理论,这里只考虑平面应变,而且对于较小的应变,可以限制函数 ψ(式(5.42))的展开式不超过应变量 ε_{11}、ε_{22}、ε_{12} 的二项式。在展开式中损伤张量分量的程度取决于通过评估材料常量所得到的信息的性质和数量,这将以多项式函数形式呈现。这一问题将在以后讨论。从最简单的情况出发,我们仅考虑 D_{11}、D_{22} 和 D_{12} 的线性项,这是层间裂纹的非零分量。因此,这一组不变项可以简化为

$$\begin{cases} \varepsilon_1, \varepsilon_2, \varepsilon_6^2 \\ D_1, D_2, D_6^2 \\ \varepsilon_6 D_6 \end{cases} \quad (5.46)$$

其中,$\varepsilon_1 \equiv \varepsilon_{11}, \varepsilon_2 \equiv \varepsilon_{22}, D_1 \equiv D_{11}, D_2 \equiv D_{22}, D_6 \equiv D_{12}$。

亥姆霍兹自由能量的最常见的多项式限制为应变分量二阶项和损伤张量分

量一阶项,可以用下列形式表示:

$$\rho\psi = P_0 + \{c_1\varepsilon_1^2 + c_2\varepsilon_2^2 + c_3\varepsilon_6^2 + c_4\varepsilon_1\varepsilon_2\}$$
$$+ \{c_5\varepsilon_1^2 D_1 + c_6\varepsilon_1^2 D_2\} + \{c_7\varepsilon_2^2 D_1 + c_8\varepsilon_2^2 D_2\} + \{c_9\varepsilon_6^2 D_1 + c_{10}\varepsilon_6^2 D_2\}$$
$$+ \{c_{11}\varepsilon_1\varepsilon_2 D_1 + c_{12}\varepsilon_1\varepsilon_2 D_2\} + \{c_{13}\varepsilon_1\varepsilon_6 D_6 + c_{14}\varepsilon_2\varepsilon_2 D_6\}$$
$$+ P_1(\varepsilon_p, D_q) + P_2(D_q) \tag{5.47}$$

式中:P_0 和 $c_i(i=1,2,\cdots,14)$ 为材料常数;P_1 为应变和损伤张量分量的线性函数;P_2 为损伤张量分量的线性函数。

令未发生形变和未损伤材料的自由能量为0,可得 $P_0 = 0$,假设损伤状态下的未形变材料无应力,可得 $P_1 = 0$。用沃伊特符号表示应力分量,有(从式(5.30)得来)

$$\sigma_p = \rho \frac{\partial \psi}{\partial \varepsilon_p} \tag{5.48}$$

式中:$p = 1,2,6$。

应力的微分可写为下列形式:

$$\mathrm{d}\sigma_p = \rho \frac{\partial \psi}{\partial \varepsilon_p \partial \varepsilon_p}\mathrm{d}\varepsilon_q + \rho \frac{\partial \psi}{\partial \varepsilon_p \partial D_r}\mathrm{d}D_r = C_{pq}\mathrm{d}\varepsilon_q + K_{pr}\mathrm{d}D_r \tag{5.49}$$

式中

$$C_{pq} = \rho \frac{\partial \psi}{\partial \varepsilon_p \partial \varepsilon_p} \tag{5.50}$$

即 $\mathrm{d}D_r = 0$ 时(持续损伤状态下)的刚度矩阵。这将在图5.6中用单轴应力-应变响应进行解释。从这里可以看出,在应力-应变曲线上任意一点的弹性模量都是割线模量,而非切线模量。

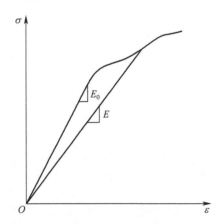

图5.6 受损的复合材料的应力-应变曲线(割线模量 E 随损伤状态变化而变化)

联立式(5.47)、式(5.48)和式(5.50),得

$$C_{pq} = C_{pq}^0 + C_{pq}^{(1)} \tag{5.51}$$

式中

$$C_{pq}^0 = \begin{bmatrix} 2c_1 & c_4 & 0 \\ & 2c_2 & 0 \\ \text{对称} & & 2c_3 \end{bmatrix} = \begin{bmatrix} \dfrac{E_x^0}{1-\nu_{xy}^0\nu_{yx}^0} & \dfrac{\nu_{xy}^0 E_y^0}{1-\nu_{xy}^0\nu_{yx}^0} & 0 \\ & \dfrac{E_y^0}{1-\nu_{xy}^0\nu_{yx}^0} & 0 \\ \text{对称} & & G_{xy}^0 \end{bmatrix} \quad (5.52)$$

代表了初始状态复合材料正交各向异性刚度矩阵,其中 E_x^0、E_y^0、ν_{xy}^0、G_{xy}^0 为未受损层合板的有效模量。

$$C_{pq}^{(1)} = \begin{bmatrix} 2c_5 D_1 + 2c_6 D_2 & c_{11} D_1 + c_{12} D_2 & c_{13} D_6 \\ & 2c_7 D_1 + 2c_8 D_2 & c_{14} D_6 \\ \text{对称} & & 2c_9 D_1 + 2c_{10} D_2 \end{bmatrix} \quad (5.53)$$

代表了由损伤模态1的损伤实体导致的刚度变化。

需要注意的是,式(5.51)~式(5.53)表示了刚度特性与损伤张量分量的线性相关性。这一结果产生的原因是在自由能量式(5.47)的多项式展开中仅包含了这些分量的线性项。包含高阶项将会增加额外的常量 c_i,这需要进行评估。评估过程将在下面进行描述,但是这里所说的本构响应方程绝不仅仅局限于选定损伤测量的线性相关性。

示例1:一种偏轴方向裂纹

通过式(5.51)~式(5.53),可以发现损伤实体即使仅在一个方向存在裂纹,也会打破初始状态的正交各向异性对称。对于在一个方向存在层间裂纹的情况,如图5.5所示,损伤张量 $D_{ij}^{(1)}$ 的非零分量可通过式(5.44)求得

$$\begin{cases} D_1 = D_{11}^{(1)} = \dfrac{\kappa t_c^2}{st}\sin\theta \\ D_2 = D_{22}^{(1)} = \dfrac{\kappa t_c^2}{st}\dfrac{\cos^2\theta}{\sin\theta} \\ D_6 = D_{22}^{(1)} = \dfrac{\kappa t_c^2}{st}\cos\theta \end{cases} \quad (5.54)$$

将这一方程组带入式(5.51),由式(5.52)和式(5.54)可得到损伤状态下受损复合材料层合板的刚度矩阵:

$$C_{pq} = \begin{bmatrix} \dfrac{E_x^0}{1-\nu_{xy}^0\nu_{yx}^0} & \dfrac{\nu_{xy}^0 E_y^0}{1-\nu_{xy}^0\nu_{yx}^0} & 0 \\ & \dfrac{E_y^0}{1-\nu_{xy}^0\nu_{yx}^0} & 0 \\ \text{对称} & & G_{xy}^0 \end{bmatrix}$$

$$+ \frac{\kappa t_c^2}{st}\sin\theta \begin{bmatrix} 2c_5 + 2c_6\cot^2\theta & c_{11} + c_{12}\cot^2\theta & c_{13}\cot\theta \\ & 2c_7 + 2c_8\cot^2\theta & c_{14}\cot\theta \\ 对称 & & 2c_9 + 2c_{10}\cot^2\theta \end{bmatrix} \quad (5.55)$$

示例2：正交层合板

对于正交层合板的特殊情况，$\theta = 90°$，因此

$$C_{pq} = \begin{bmatrix} \dfrac{E_x^0}{1 - \nu_{xy}^0 \nu_{yx}^0} & \dfrac{\nu_{xy}^0 E_y^0}{1 - \nu_{xy}^0 \nu_{yx}^0} & 0 \\ & \dfrac{E_y^0}{1 - \nu_{xy}^0 \nu_{yx}^0} & 0 \\ 对称 & & G_{xy}^0 \end{bmatrix} + \frac{\kappa t_c^2}{st}\begin{bmatrix} 2a_1 & a_4 & 0 \\ & 2a_2 & 0 \\ 对称 & & 2a_3 \end{bmatrix} \quad (5.56)$$

式中：$a_1 = c_5, a_2 = c_7, a_3 = c_9, a_4 = c_{11}$。可以观察得出，正交层合板中的层间裂纹保持正交各向异性对称性。工程模量可由下列关系式推导。

$$\begin{cases} E_x = \dfrac{c_{11}c_{22} - c_{12}^2}{c_{22}}, E_y = \dfrac{c_{11}c_{22} - c_{12}^2}{c_{11}} \\ \nu_{xy} = \dfrac{c_{11}}{c_{22}}, G_{xy} = C_{66} \end{cases} \quad (5.57)$$

因此，对于含有90°板层裂纹的正交层合板，有

$$\begin{cases} E_x = \dfrac{E_x^0}{1 - \nu_{xy}^0\nu_{yx}^0} + 2\dfrac{\kappa t_c^2}{st}a_1 - \dfrac{\left[\dfrac{\nu_{xy}^0 E_y^0}{1 - \nu_{xy}^0\nu_{yx}^0} + \dfrac{\kappa t_c^2}{st}a_4\right]^2}{\dfrac{E_y^0}{1 - \nu_{xy}^0\nu_{yx}^0} + 2\dfrac{\kappa t_c^2\sin\theta}{st}a_2} \\[2ex] E_y = \dfrac{E_y^0}{1 - \nu_{xy}^0\nu_{yx}^0} + 2\dfrac{\kappa t_c^2}{st}a_2 - \dfrac{\left[\dfrac{\nu_{xy}^0 E_y^0}{1 - \nu_{xy}^0\nu_{yx}^0} + \dfrac{\kappa t_c^2}{st}a_4\right]^2}{\dfrac{E_x^0}{1 - \nu_{xy}^0\nu_{yx}^0} + 2\dfrac{\kappa t_c^2}{st}a_1} \\[2ex] \nu_{xy} = \dfrac{\dfrac{\nu_{xy}^0 E_y^0}{1 - \nu_{xy}^0\nu_{yx}^0} + \dfrac{\kappa t_c^2}{st}a_4}{\dfrac{E_y^0}{1 - \nu_{xy}^0\nu_{yx}^0} + 2\dfrac{\kappa t_c^2}{st}a_2} \\[2ex] G_{xy} = G_{xy}^0 + 2\dfrac{\kappa t_c^2}{st}a_3 \end{cases} \quad (5.58)$$

材料常数的评估

在损伤刚度关系式(5.56)和式(5.58)中,$a_i(i=1,2,3,4)$是一组四唯象学常数,需要确定以预测刚度退化。从式(5.58)可以看出,剪切模量没有与其他3个模量耦合,因此可以被独立处理。这些现象学常数是与材料和层合板构型相关的,可以通过实验或者分析、计算模型所产生的数据对所选择的层合板进行评估。例如,令在固定损伤状态下,$s=s_1$,给定损伤正交层合板的模量 E_x、E_y、G_{xy}、ν_{xy},运用式(5.56),得

$$\begin{cases} a_1 = \dfrac{s_1 t}{2\kappa t_c^2}\left[\dfrac{E_x}{1-\nu_{xy}\nu_{yx}} - \dfrac{E_x^0}{1-\nu_{xy}^0\nu_{yx}^0}\right] \\[2mm] a_2 = \dfrac{s_1 t}{2\kappa t_c^2}\left[\dfrac{E_y}{1-\nu_{xy}\nu_{yx}} - \dfrac{E_y^0}{1-\nu_{xy}^0\nu_{yx}^0}\right] \\[2mm] a_3 = \dfrac{s_1 t}{2\kappa t_c^2}[G_{xy} - G_{xy}^0] \\[2mm] a_4 = \dfrac{s_1 t}{\kappa t_c^2}\left[\dfrac{\nu_{xy}E_y}{1-\nu_{xy}\nu_{yx}} - \dfrac{\nu_{xy}^0 E_y^0}{1-\nu_{xy}^0\nu_{yx}^0}\right] \end{cases} \quad (5.59)$$

在上述表达式中,需要注意的是,尽管 a_i 值对于给定的复合材料层合板(均质化的)是固定的,参数 κ 取决于在机械冲击条件下裂纹表面位移。因此,这一参数可以被看作是衡量裂纹周围材料的裂纹表面分离的约束条件。一种观察方式是考虑内嵌在无限各向同性材料的给定尺寸裂纹,在这种情况下,裂纹表面分离不受约束,可以通过断裂力学方法来进行计算。当层合板几何面积无限大,且对称性与各向同性不同时,κ 参数值比无限各向同性介质小。这一考虑可以在参考载荷条件下为参照层合板赋予 κ 一个未定值,例如,κ_0,并对其他裂纹方向这一数值的变化进行评估。该方法将在下面进行详细介绍。

这里介绍的 CDM 法已经被成功运用于预测不同层合板的纵向和横向模量以及泊松比的降低,见文献[13-15,17,23]所报道的对[0/90$_3$]$_s$、[90$_3$/0]$_s$、[0/±45]$_s$层合板的研究。图 5.7 所示为施加拉应力的[0/90$_3$]$_s$ 玻璃/环氧层合板的纵向弹性模量的降低。这一预测在所有裂纹范围内与观测值相当吻合。发现通过板层折损法会过高预测总模量的降低程度。图 5.8 显示了根据降低的模量绘制的应力-应变曲线。

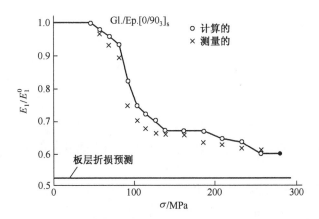

图 5.7 对玻璃/环氧层合板施加应力的纵向弹性模量变型[23]

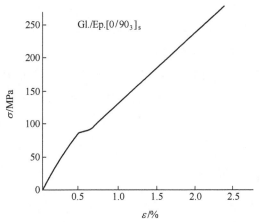

图 5.8 [0/90₃]ₛ玻璃/环氧层合板的纵向应力-应变响应[23]

5.3 协同损伤力学

κ 参数(以下称作约束参数)可以看作是 RVE 内损伤实体局部影响的载体,而 a_i 常量是材料常数,引发了人们对由不同模态损伤引起的弹性特性变化的预测开展了大量的研究。当然,弹性特性是对适当数量 RVE 的平均值。

首先发现,根据文献[24]中所报道的[0/90₃]ₛ玻璃/环氧层合板横向裂纹对 E_x 和 ν_{xy} 造成的变化,假设 E_y 不发生变化,可以精确预测相同[0/90₃]ₛ玻璃/

环氧层合板中 E_x 的变化。同时,对相同 $[0/\pm45]_s$ 玻璃/环氧层合板,令 $D_1 = D_2$(充分逼近,由裂纹密度数据支撑),可以预测 E_x 的变化。这些结果在文献[14]中可以查到。

随后,对不同 θ 值的 $[\pm\theta/90_2]_s$ 层合板[25]的裂纹张开位移(COD)进行实验测量,系统研究了有关约束条件对约束参数的影响。将这些值与 $\theta = 90°$ 时由单位施加应变进行归一化处理的 COD 关联起来,可以对不同 θ 条件下 E_x、ν_{xy} 的值进行预测。另一个有关约束条件影响的研究是利用 $[0/\pm\theta_4/0_{1/2}]_s$ 层合板完成的,其中的板层方向 θ 是变化的。再一次应用 $\theta = 90°$ 时试验测量的 COD 作为参考,其他板层方向的 κ 参数可以通过 COD 值和不同 θ 条件下的 E_x、ν_{xy} 进行预测。

当试验研究足以支撑使用约束参数作为局部约束力的载体这一设想时,试验数据的离散以及测试成本会使这一方法的适用性大打折扣。因此,对 $[0_m/\pm\theta_n/0_{m/2}]_s$ 层合板进行了另一次系统研究[28-29],运用了计算微观力学而不是物理试验的方法。详细的有关约束参数的参数研究使得构建预测弹性特性的主曲线成为可能。研究人员最近研究了 $[0_m/\pm\theta_n/90_r]_s$ 和 $[0_m/90_r/\pm\theta_n]_s$ 层合板的损伤模态,层合板包含有横向板层裂纹和不同方向的斜裂纹。$\theta = 90°$ 时 κ 参考值以及在其他方向上的变化可以通过代表性单元的有限元模型进行计算。将 κ 作为局部损伤扰动微观力学载体所做的预测与 $[0/90/-45/+45]_s$ 层合板现有的试验数据进行对比。这一结合 MIDM(局部)与 MADM(整体)的方法称为协同损伤力学(SDM)。下一节介绍 SDM 的应用。首先,选取在 2 个对称偏轴方向有裂纹的多向层合板,随后研究 3 个方向裂纹的示例。

5.3.1 2 种损伤模态

考虑下面一种情况:两种损伤模态均有效。在这种情况下,ψ_p 的不可约的整基($\alpha = 1, 2$)可表示为

$\varepsilon_{11}, \varepsilon_{22}, \varepsilon_{33}, \varepsilon_{23}^2, \varepsilon_{31}^2, \varepsilon_{12}^2, \varepsilon_{23}\varepsilon_{31}\varepsilon_{12},$

$D_{11}^{(1)}, D_{22}^{(1)}, D_{33}^{(1)}, (D_{23}^{(1)})^2, (D_{31}^{(1)})^2, (D_{12}^{(1)})^2, D_{23}^{(1)}D_{31}^{(1)}D_{12}^{(1)},$

$D_{11}^{(2)}, D_{22}^{(2)}, D_{33}^{(2)}, (D_{23}^{(2)})^2, (D_{31}^{(2)})^2, (D_{12}^{(2)})^2, D_{23}^{(2)}D_{31}^{(2)}D_{12}^{(2)},$

$\varepsilon_{23}D_{23}^{(1)}, \varepsilon_{31}D_{31}^{(1)}, \varepsilon_{12}D_{12}^{(1)}, \varepsilon_{23}D_{23}^{(2)}, \varepsilon_{31}D_{31}^{(2)}, \varepsilon_{12}D_{12}^{(2)},$

$\varepsilon_{31}\varepsilon_{12}D_{23}^{(1)}, \varepsilon_{12}\varepsilon_{23}D_{31}^{(1)}, \varepsilon_{23}\varepsilon_{31}D_{12}^{(1)}, \varepsilon_{31}\varepsilon_{12}D_{23}^{(2)}, \varepsilon_{12}\varepsilon_{23}D_{31}^{(2)}, \varepsilon_{23}\varepsilon_{31}D_{12}^{(2)},$

$\varepsilon_{23}D_{31}^{(1)}D_{12}^{(1)}, \varepsilon_{31}D_{12}^{(1)}D_{23}^{(1)}, \varepsilon_{12}D_{23}^{(1)}D_{31}^{(1)}, \varepsilon_{23}D_{31}^{(2)}D_{12}^{(2)}, \varepsilon_{31}D_{12}^{(2)}D_{23}^{(2)}, \varepsilon_{12}D_{23}^{(2)}D_{31}^{(2)}$

(5.60)

对于在平面上承载的薄层合板,上面的方程组可以简化,仅考虑面内张力和

损伤张量分量。因此,剩余的整基用沃伊特符号可表示为

$$\varepsilon_1, \varepsilon_2, \varepsilon_6^2,$$
$$D_1^{(1)}, D_2^{(1)}, (D_6^{(1)})^2, D_1^{(2)}, D_2^{(2)}, (D_6^{(2)})^2,$$
$$\varepsilon_6 D_6^{(1)}, \varepsilon_6 D_6^{(2)} \quad (5.61)$$

使用上述的整基组,受二阶应变分量(假设应变较小)以及一阶损伤张量分量(假设体积分数或者RVE的损伤实体数量密度较小)约束,最常用的 $\rho\psi$ 多项式形式如下:

$$\begin{aligned}
\rho\psi = P_0 &+ \{c_1\varepsilon_1^2 + c_2\varepsilon_2^2 + c_3\varepsilon_6^2 + c_4\varepsilon_1\varepsilon_2\} \\
&+ \varepsilon_1^2\{c_5 D_1^{(1)} + c_6 D_2^{(1)} + c_7 D_1^{(2)} + c_8 D_2^{(2)}\} \\
&+ \varepsilon_2^2\{c_9 D_1^{(1)} + c_{10} D_2^{(1)} + c_{11} D_1^{(2)} + c_{12} D_2^{(2)}\} \\
&+ \varepsilon_6^2\{c_{13} D_1^{(1)} + c_{14} D_2^{(1)} + c_{15} D_1^{(2)} + c_{16} D_2^{(2)}\} \\
&+ \varepsilon_1\varepsilon_2\{c_{17} D_1^{(1)} + c_{18} D_2^{(1)} + c_{19} D_1^{(2)} + c_{20} D_2^{(2)}\} \\
&+ \varepsilon_1\varepsilon_6\{c_{21} D_6^{(1)} + c_{22} D_6^{(2)}\} + \varepsilon_2\varepsilon_6\{c_{23} D_6^{(1)} + c_{24} D_6^{(2)}\} \\
&+ P_1(\varepsilon_p, D_q^{(1)}) + P_2(\varepsilon_p, D_q^{(2)}) + P_3(D_q^{(1)}) + P_4(D_q^{(2)}) \quad (5.62)
\end{aligned}$$

式中: P_0、$c_i(i=1,2,\cdots,24)$ 为材料常数; P_1、P_2 分别为应变和损伤张量分量的线性函数; P_3、P_4 为损伤张量分量的线性函数。

对于未形变或未受损的材料,令 $\rho\psi=0$,可得到 $P_0=0$;假设未形变材料的任何损伤状态都是不受应力的,利用式(5.48)可得到 $P_1=P_2=0$。考虑到材料在初始状态是正交各向异性的,且按照上面所述以相似的步骤发展变化,则可以得到有关损伤层合板刚度矩阵的下列关系式:

$$C_{pq} = C_{pq}^0 + C_{pq}^{(1)} + C_{pq}^{(2)} \quad (5.63)$$

式中: $p,q=1,2,6$; C_{pq}^0 为由式(5.52)得到的初始层合板的刚度系数矩阵,由单个损伤模态所引起的刚度变化由 $C_{pq}^{(1)}$、$C_{pq}^{(2)}$ 表示,可以由下式得出:

$$\begin{cases}
C_{pq}^{(1)} = \begin{bmatrix} 2c_5 D_1^{(1)} + 2c_6 D_2^{(1)} & c_{17} D_1^{(1)} + c_{18} D_2^{(1)} & c_{21} D_6^{(1)} \\ & 2c_9 D_1^{(1)} + 2c_{10} D_2^{(1)} & c_{23} D_6^{(1)} \\ \text{对称} & & 2c_{13} D_1^{(1)} + 2c_{14} D_2^{(1)} \end{bmatrix} \\
C_{pq}^{(2)} = \begin{bmatrix} 2c_7 D_1^{(2)} + 2c_8 D_2^{(2)} & c_{19} D_1^{(2)} + c_{20} D_2^{(2)} & c_{22} D_6^{(2)} \\ & 2c_{11} D_1^{(2)} + 2c_{12} D_2^{(2)} & c_{24} D_6^{(2)} \\ \text{对称} & & 2c_{15} D_1^{(2)} + 2c_{16} D_2^{(2)} \end{bmatrix}
\end{cases}$$

$$(5.64)$$

通常来说,对于 N 损伤模态,式(5.63)可以写为

$$C_{pq} = C_{pq}^0 + \sum_{\alpha=1}^{N} C_{pq}^{(\alpha)} \quad (5.65)$$

现在考虑常见的受损层合板的两种对称分布损伤模态的特例,如$[0_m/\pm\theta_n/\varphi_p]_s$层合板,$\varphi$ 受角度限制,不会引起板层裂纹。对于这类层合板,层间拉伸载荷会使得每一偏轴板层产生层间应力,由平行和垂直于板层纤维的正应力和板层平面的剪切应力构成。由 θ、φ 值,以及板层特性决定垂直于纤维的应力是拉伸力还是压缩力。因此,在负载状态下,偏轴板层可能产生或是不产生层间裂纹。当 $\theta=90°$ 时,基体在横向板层中会出现多条裂纹。对于其他偏轴板层方向的情况,多条裂纹通常出现在轴向拉伸载荷下 50°~90° 区间。但是,人们观察发现,即使这些裂纹并不会发生在偏轴板层,但由于板层内剪切应力导致的板层内损伤,层合板模量随负载发生变化。

$+\theta$ 和 $-\theta$ 板层裂纹的损伤状态可以用两种损伤模态张量来表示。对于偏轴板层裂纹,依据法向裂纹间隔,可以将式(5.44)中的损伤模态张量以一种简便的形式表达出来,即 $s_n^\theta = s_\theta \sin\theta$,其中,$s_\theta$ 为 θ 板层的轴向裂纹间隔(图 5.9)。因此,损伤模态张量可以由下式求得:

$$D_{ij}^{(\alpha)} = \frac{\kappa t_c^2}{s_n^\theta t} n_i n_j \quad (5.66)$$

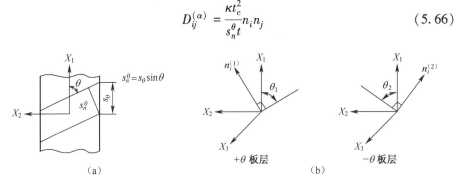

图 5.9 两种损伤模态的损伤表征

(a)断裂板层的普通裂纹间隙 s_θ^n 和轴向裂纹间隙 s_θ;(b)$+\theta$、$-\theta$ 板层裂纹的法向量方向。

参考图 5.9(b),其中展示了两种损伤模态的方向,损伤模态元素为

$\alpha = 1: n_i^{(1)} = (\sin\theta, \cos\theta, 0)$,

$$D_1^{(1)} = \frac{\kappa^{\theta+} t_c^2}{s_n^{\theta+} t}\sin^2\theta, D_2^{(1)} = \frac{\kappa^{\theta+} t_c^2}{s_n^{\theta+} t}\cos^2\theta, D_6^{(1)} = \frac{\kappa^{\theta+} t_c^2}{s_n^{\theta+} t}\sin\theta\cos\theta,$$

$\alpha = 2: n_i^{(2)} = (\sin\theta, -\cos\theta, 0)$,

$$D_1^{(2)} = \frac{\kappa^{\theta-} t_c^2}{s_n^{\theta-} t}\sin^2\theta, D_2^{(2)} = \frac{\kappa^{\theta-} t_c^2}{s_n^{\theta-} t}\cos^2\theta, D_6^{(2)} = -\frac{\kappa^{\theta-} t_c^2}{s_n^{\theta-} t}\sin\theta\cos\theta \quad (5.67)$$

式中:上标 $\theta+$、$\theta-$ 分别为 $+\theta$、$-\theta$ 板层的变量。

假设损伤强度和损伤分布在$+\theta$、$-\theta$板层中是相同的,得

$$\kappa^{\theta+} = \kappa^{\theta-} = \kappa^{\theta}, \quad s_n^{\theta+} = s_n^{\theta-} = s_n^{\theta} \tag{5.68}$$

将式(5.67)、式(5.68)代入式(5.64),得

$$C_{11}^{(1)} + C_{11}^{(2)} = 2\frac{\kappa_\theta t_c^2}{s_n^\theta t}[(c_5 + c_7)\sin^2\theta + (c_6 + c_8)\cos^2\theta],$$

$$C_{22}^{(1)} + C_{22}^{(2)} = 2\frac{\kappa_\theta t_c^2}{s_n^\theta t}[(c_9 + c_{11})\sin^2\theta + (c_{10} + c_{12})\cos^2\theta],$$

$$C_{66}^{(1)} + C_{66}^{(2)} = 2\frac{\kappa_\theta t_c^2}{s_n^\theta t}[(c_{13} + c_{15})\sin^2\theta + (c_{14} + c_{16})\cos^2\theta],$$

$$C_{12}^{(1)} + C_{12}^{(2)} = \frac{\kappa_\theta t_c^2}{s_n^\theta t}[(c_{17} + c_{19})\sin^2\theta + (c_{18} + c_{20})\cos^2\theta],$$

$$C_{16}^{(1)} + C_{16}^{(2)} = \frac{\kappa_\theta t_c^2}{s_n^\theta t}\sin\theta\cos\theta[-c_{21} + c_{22}] = 0,$$

$$C_{26}^{(1)} + C_{26}^{(2)} = \frac{\kappa_\theta t_c^2}{s_n^\theta t}\sin\theta\cos\theta[-c_{23} + c_{24}] = 0 \tag{5.69}$$

因此,有

$$\boldsymbol{C}_{pq}^{(1)} + \boldsymbol{C}_{pq}^{(2)} = \begin{bmatrix} 2a_1 D_1 + 2b_1 D_2 & a_4 D_1 + b_4 D_2 & 0 \\ & 2a_2 D_1 + 2b_2 D_2 & 0 \\ 对称 & & 2a_3 D_1 + 2b_3 D_2 \end{bmatrix} \tag{5.70}$$

式中:用以表示损伤模态的上标为了简便起见被省略掉了;a_i、$b_i(i=1,2,3,4)$为两组4个材料常数,由下式给出:

$$a_1 = c_5 + c_7, a_2 = c_9 + c_{11}, \quad a_3 = c_{13} + c_{15}, a_4 = c_{17} + c_{19},$$
$$b_1 = c_6 + c_8, b_2 = c_{10} + c_{12}, \quad b_3 = c_{14} + c_{16}, b_4 = c_{18} + c_{20} \tag{5.71}$$

其中:a_i、b_i为θ的函数。

$$\begin{cases} a_1(\theta) = a_1\sin^2\theta + b_1\cos^2\theta \\ a_2(\theta) = a_2\sin^2\theta + b_2\cos^2\theta \\ a_3(\theta) = a_3\sin^2\theta + b_3\cos^2\theta \\ a_4(\theta) = a_4\sin^2\theta + b_4\cos^2\theta \end{cases} \tag{5.72}$$

然后,有

$$\boldsymbol{C}_{pq}^{(1)} + \boldsymbol{C}_{pq}^{(2)} = D_\theta \begin{bmatrix} 2a_1(\theta) & a_4(\theta) & 0 \\ & 2a_2(\theta) & 0 \\ 对称 & & 2a_3(\theta) \end{bmatrix} \tag{5.73}$$

式中

$$D_\theta = \frac{\kappa_\theta t_c^2}{s_n^\theta t} \tag{5.74}$$

式(5.72)可以重新写为

$$a_i(\theta) = a_i \sin^2\theta + b_i \cos^2\theta = a_i \sin^2\theta \left(1 + \frac{b_i}{a_i}\cot^2\theta\right) \tag{5.75}$$

当 $a_i \geq b_i$ 时,有

$$\frac{b_i}{a_i}\cot^2\theta \leq 1 \quad \left(\frac{\pi}{4} \leq \theta \leq \frac{\pi}{2}\right) \tag{5.76}$$

可以预想到:

$$\frac{b_i}{a_i}\cot^2\theta \ll 1 \quad \left(\frac{\pi}{3} \leq \theta \leq \frac{\pi}{2}\right)$$

即 $a_i(\theta) \approx a_i \quad \left(\frac{\pi}{3} \leq \theta \leq \frac{\pi}{2}\right) \tag{5.77}$

在这种情况下,得到层合板刚度矩阵为

$$C_{pq} = \begin{bmatrix} \dfrac{E_x^0}{1-\nu_{xy}^0\nu_{yx}^0} & \dfrac{\nu_{xy}^0 E_y^0}{1-\nu_{xy}^0\nu_{yx}^0} & 0 \\ & \dfrac{E_y^0}{1-\nu_{xy}^0\nu_{yx}^0} & 0 \\ 对称 & & G_{xy}^0 \end{bmatrix} + D_\theta \begin{bmatrix} 2a_1 & a_4 & 0 \\ & 2a_2 & 0 \\ 对称 & & 2a_3 \end{bmatrix} \tag{5.78}$$

这与正交层合板90°板层裂纹的表现形式完全相同,见式(5.56)。模量可最终由式(5.57)中的关系式得到。结果式除了用 D_θ 代替了 $|\kappa_c^2/st$ 外,与式(5.58)形式大致相同。

层合板的总体SDM过程如图5.10所示。正如图中所示,它包括了完整评估结构响应的CDM的微观力学。微观力学涵盖了在 $[0_m/\pm\theta_n/0_{m/2}]_s$ 接头处RVE(或者单位晶格,如果适用)内裂纹板层COD的分析测定,其中,对不同 θ 和(或) m 进行了约束效应评估。约束效应可由约束参数通过CDM表达式得到。在另一步骤中,损伤常数 a_i 可以由参考层合板的试验数据确定,这里选择的数据是 $[0_m/-90_8/0_{1/2}]_s$ 层合板的。与板层接合和所选材料同一类别的正交分布层合板是参考层合板的良好选择,这是因为试验数据容易获得或是可以通过使用90°板层裂纹的任何一个损伤模型获得,这些模型已经在之前的章节做过介绍。用 D_θ 代替 $|\kappa_c^2/st$,可用式(5.59)的表达式来评估损伤常量。在已知损伤常数和 $\beta = \kappa_\theta/\kappa_{90}$ 的前提下,利用式(5.78)给出的刚度损伤关系可以预测刚度随裂纹密度出现的下降程度。利用层合板降低的刚度特性可以分析整体的结构性能。

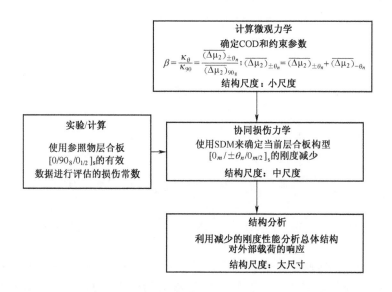

图 5.10 用于分析一组对称层合板的损伤特性的多尺度协同方法论流程图
（层专板重叠 $[0_m/\pm\theta_n/0_{m/2}]_s$，且在 $+\theta$ 和 $-\theta$ 层中有层间裂纹）

为了计算平均 COD，选择合适的 FE 分析可以进行微观力学分析。图 5.11[29,31-32]所示为 $[0_m/\pm\theta_n/0_{m/2}]_s$ 接合处的三维 FE 模型以及边界条件和坐标系。图 5.12 显示了计算的 COD 是对裂纹板层厚度的平均值，与全部板

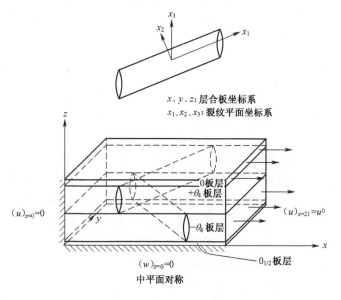

图 5.11 用于层合板 COD 计算的代表体元[29]

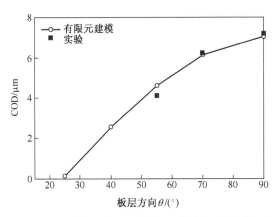

图5.12 $[0_m/\pm\theta_n/0_{m/2}]_s$ 玻璃/环氧层合板板层方向变化所引起的COD的变化[29]

层方向范围内的实验数据非常吻合。这表明三维FE分析在评估约束参数方面是一种有效的分析工具。在整个板层厚度用t_c进行归一化处理的COD分布如图5.13所示。对于正交层合板,裂纹分布相对于裂纹板层的中平面对称,因此最大COD发生在裂纹板层的中平面。但是,由于周围材料约束的不同,这一COD轮廓与承受了均匀远场应力的无限各向同性弹性介质上单裂纹的椭圆轮廓有所不同(图5.13(b))。因此,90°裂纹的平均COD与椭圆裂纹的有所不同。对于其他板层方向的情况,裂纹表面位移相对中平面不对称,如图5.13(c)、(d)所示。随着离开正交层合板($\theta=90°$)这种不对称会增加,并且最大COD没有出现在出现裂纹的θ层厚度的中部。COD轮廓的纵横比$\gamma = (\Delta u_2)_{max}/\overline{\Delta u_2}$,从$\theta=90°$时的1.33变化为$\theta=40°$时的1.40(图5.13(a));与椭圆轮廓纵横比1.273($=4/\pi$)相比有所不同。这里$(\Delta u_2)_{max}$代表COD最大值,$\overline{\Delta u_2}$代表厚度方向COD的平均值。对局部纤维平行方向(假设裂纹横向平行于纤维)每一边裂纹的节点位移进行差分处理,可计算得到COD和Δu_2。

将SDM法预测的弹性模量E_x、ν_{xy}与图5.14中当$\theta=70°$和55°时的实验数据进行对比。数据与通过实验测量的COD完全吻合,可用于评估约束参数。当$\theta=55°$时,由于基体裂纹以及偏轴板层的剪应力损伤,使得刚度减少,文献[33]对此进行了讨论,介绍了由于剪切损伤导致的刚度减少的计算过程。所以,对这一方向进行的SDM预测包含了两种影响。需要指出的是使用实验测量的COD所预测的刚度数据比较离散,这是实验固有的问题。此外,实验方法需要专门的实验装置[33-34],既昂贵,也需要对操作人员进行专门训练。从另一方面来讲,对单位体进行三维FE计算易于操作,可以提供精确的COD。

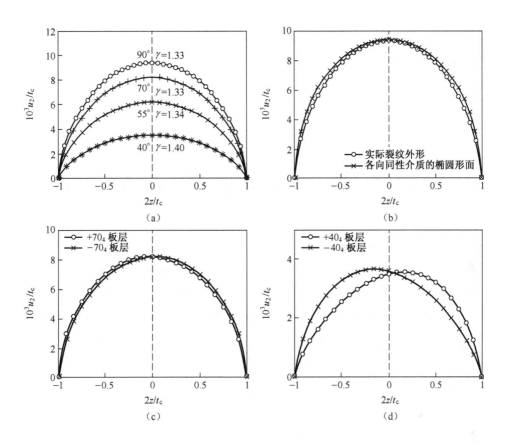

图 5.13 $[0/\pm\theta_4/0_{1/2}]_s$ 层合板裂纹板层的 COD 图像[29]

(a) COD 取 $+\theta$ 和 $-\theta$ 板层的平均值；(b) 90°板层实际裂纹外形与各向同性介质的椭圆形面相对比；
(c),(d) $+\theta$、$-\theta$ 的 COD 轮廓：(c) $\theta=70°$,(d) $\theta=40°$,
(c)、(d) 描述了偏轴层合板不对称的张开位移,尤其是板层方向大于 90°的情况。

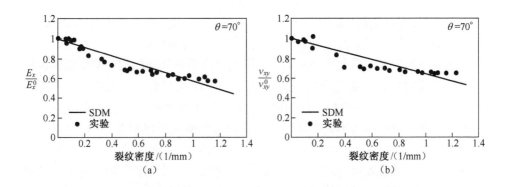

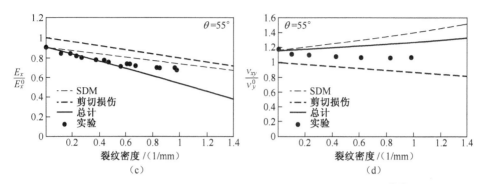

图 5.14 $[0/\pm\theta_4/0_{1/2}]_s$ 层合板的纵向模量和泊松比的变化[29]

(a),(b) $\theta = 70°$;(c),(d) $\theta = 55°$。

当相对刚度、裂纹厚度和支撑板层发生变化时,SDM 方法十分方便。由于支撑板层相对约束的不同,可以用约束参数的变化表征,不同板层厚度和轴向刚度的层合板的刚度变化有所不同。文献[29]进行了一种参数研究,研究了$[0_m/9_{m/2}]$层合板的约束板层数量 m、裂纹板层 n 和轴向刚度比 $r = E_A^{\pm\theta}/E_A^{90}$ 变化对 COD 的影响,其中 $E_A^{\pm\theta}$ 和 E_A^{90} 分别为 $\pm\theta$、90° 板层的轴向刚度。图 5.15 所示为这些参数发生变化时平均 COD 的变化。COD 可由下面的参数方程求得:

$$(\overline{\Delta u_2})_{\pm\theta_n} = U f_1(\theta) f_2(r) f_3(m) f_4(n) \tag{5.79}$$

式中:U 为参考 $[0/90_8/0_{1/2}]_s$ 层合板的平均 COD,并且

$$\begin{cases} f_1(\theta) = \sin^2\theta \\ f_2(r) = r^{-c_1} \\ f_3(m) = \dfrac{c_2}{m} + c_3 \\ f_4(n) = c_4 n^{c_5} \end{cases} \tag{5.80}$$

是拟合方程,拟合常数(无量纲)对于 $[0_m/\pm\theta_n/0_{m/2}]_s$ 玻璃/环氧层合板来说,$c_1 = 0.0871, c_2 = 0.1038, c_3 = 0.8949, c_4 = 0.247, c_5 = 0.99$。

上面介绍的参数研究使得我们可以预测具有不同几何结构和刚度值的偏轴层合板刚度的减少程度,例如考虑有更大外层刚度的层合板。图 5.16(a)所示为 $[0/\pm70_4/0_{1/2}]_s$ 层合板不同轴向刚度比 r 的工程模量 E_x、ν_{xy}。刚度更大的表面板引起的模量降低不太明显。与改变表面板刚度形成对比,我们可以改变约束板层数量 m 或裂纹板层数量 n。裂纹板层数量对刚度模量变化的影响见图 5.16(b)。结果表示,裂纹板层厚度,即裂纹尺寸,对刚度下降具有重大的影响;而约束板层厚度与轴向刚度比 r 变化对刚度下降影响不大。

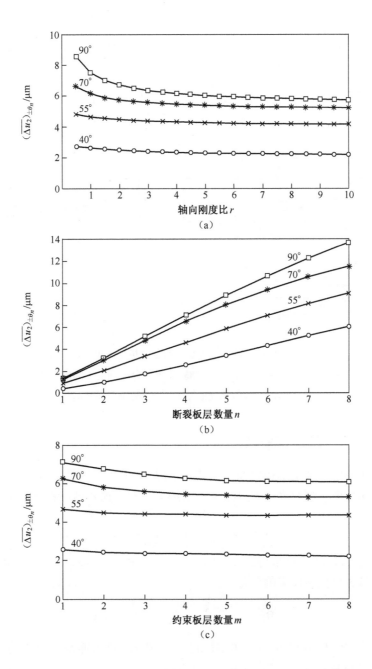

图 5.15 $[0_m/\pm\theta_n/0_{m/2}]_s$ 玻璃/环氧层合板平均 COD 的变化[29]
(a)轴向刚度比 r($m=1, n=4$);(b)断裂板层数量 n;(c)约束板层数量 m。

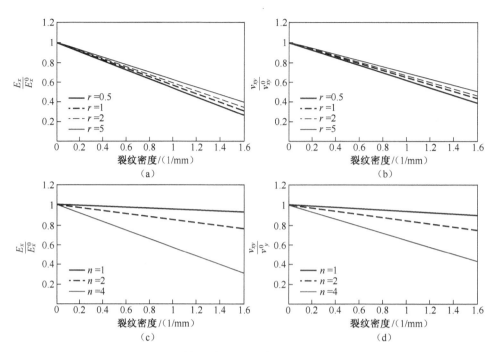

图 5.16　轴向刚度比 r 和断裂板层厚度 n 的
变化对 $[0_m/\pm70_n/0_{m/2}]_s$ 玻璃/环氧层合板刚度下降的影响[29]
(a),(b)轴向刚度比 r;(c),(d)断裂板层厚度 n。

5.3.2　3 种损伤模态

现在考虑 3 个偏轴板层断裂的特殊情况,其中 2 个板层互为对称,第 3 个板层在横向方向。裂纹在 $+\theta$、$-\theta$、$90°$ 板层上。对于这种情况损伤层合板的刚度矩阵为

$$C_{pq} = C_{pq}^0 + C_{pq}^{(1)} + C_{pq}^{(2)} + C_{pq}^{(3)} \tag{5.81}$$

式中:C_{pq}^0 由式(5.52)求得,$C_{pq}^{(1)} + C_{pq}^{(2)} + C_{pq}^{(3)}$ 由式(5.73)求得。与 $90°$ 板层相对应的第 3 个损伤模态的分量($\alpha = 3$)为

$$D_1^{(3)} = \frac{\kappa_{90} t_{90}^2}{s^{90} t}, \quad D_2^{(3)} = D_6^{(3)} = 0 \tag{5.82}$$

整基(式(5.61))有 $D_1^{(3)}$ 的附加分量。因此,自由能函数可以将下列项添加进式(5.62):

$$\rho\psi(\alpha=3) = a_1'\varepsilon_1^2 D_1^{(3)} + d_2\varepsilon_2^2 D_1^{(3)} + a_3'\varepsilon_6^2 D_1^{(3)} + a_4'\varepsilon_1\varepsilon_2 D_1^{(3)} \tag{5.83}$$

式中:$d_i(i=1,2,3,4)$ 为附加材料常量。

将式(5.83)带入式(5.48),得

$$C_{pq}^{(3)} = D_1^{(3)} \begin{bmatrix} 2a_1' & a_4' & 0 \\ & 2a_2' & 0 \\ 对称 & & 2a_3' \end{bmatrix} \tag{5.84}$$

其中,剪应力分量为0。

需要强调的是,由于层合板损伤,在整个层合板不同损伤模态的相对位置会导致不同的刚度下降。为了解释这一点,可以举两个有关受损层合板的特例,在本章节也有涉及,也就是 $+\theta$、$-\theta$、$90°$。

图 5.17(a)、(b)分别展示了具有 $[0_m/\pm\theta_n/90_r]_s$ 和 $[0_m/90_r/\pm\theta_n]_s$ 两种构型的层合板代表性单元。图中还示出了采用三维 FE 计算平均 COD 的边界条件以及整体层合板 (X,Y,Z) 和局部裂纹板层 (x_1,x_2,x_3) 的坐标系。

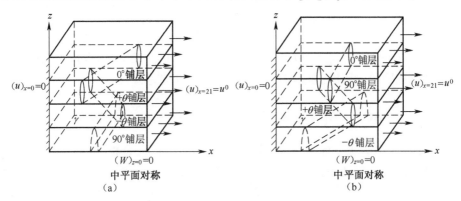

图 5.17 具有以下铺层参数的代表性单元
(a) $[0_m/\pm\theta_n/90_r]_s$ 层合板;(b) $[0_m/90_r/\pm\theta_n]_s$ 层合板。

首先考虑 $[0_m/\pm\theta_n/90_r]_s$ 层合板的情况。在整个层合板中 $\pm\theta$ 模态出现了两次,分别在层合板中平面之上和之下,而 $90°$ 模态仅出现一次。因此,$\Delta C_{pq} = C_{pq} - C_{pq}^0 = \sum_{\alpha=1}^{N} C_{pq}^{(\alpha)}$,即

$$\Delta C_{pq} = 2\{C_{pq}^{(1)}(+\theta) + C_{pq}^{(2)}(-\theta)\} + C_{pq}^{(3)}(90) \tag{5.85}$$

从式(5.73)和式(5.84)中收集项,假设 a_i 与 θ 不相关,可得到

$$\Delta C_{pq} = 2D_\theta \begin{bmatrix} 2a_1 & a_4 & 0 \\ & 2a_2 & 0 \\ 对称 & & 2a_3 \end{bmatrix} + D_{90} \begin{bmatrix} 2a_1' & a_4' & 0 \\ & 2a_2' & 0 \\ 对称 & & 2a_3' \end{bmatrix} \tag{5.86}$$

对于所考虑的层合板构型,有

$$D_\theta = \frac{\kappa_\theta (2nt_0)^2}{s_n^\theta t}, \quad D_{90} = \frac{\kappa_{90} (2rt_0)^2}{s^{90} t} \tag{5.87}$$

式中: t_0 为单层厚度。特别当 $\theta = 90°$ 时,ΔC_{pq} 可以由式(5.86)给出,这种情况应该与单独 90°铺向模式下裂纹尺寸为 $(4n + 2r)$ 的情况等效。以 ΔC_{11} 为例。假设标称裂纹间隙在所有开裂层中都相同,那么对 $[0_m/\pm\theta_n/90_r]_s$ 层状结构在 $\theta = 90°$ 时按式(5.86)可得出 ΔC_{11}:

$$\Delta C_{11} = 2\{C_{11}^{(1)} + C_{11}^{(2)}\} + C_{11}^{(3)}$$

$$= 4D_\theta\mid_{\theta=90} a_1(90) + 2D_{90} a_1'$$

$$= \frac{4\kappa_\theta\mid_{\theta=90}(2nt_0)^2}{s^{90}t} a_1 + \frac{2\kappa_{90}(2rt_0)^2}{s^{90}t} a_1'$$

$$= \frac{8t_0^2}{s^{90}t}[2n^2\kappa_\theta\mid_{\theta=90} a_1(90) + r^2\kappa_{90} a_1'] \tag{5.88}$$

由于 $\theta = 90°$ 时 $[0_m/\pm\theta_n/90_r]_s$ 与 $[0_m/\theta_n/90_r]_s$ 相等,可以认为它们的刚度变化是相同的。所以,使用式(5.84),ΔC_{11} 可以被写为

$$\Delta C_{11} = C_{11}^{(3)} = 2a_1' D_1 = \frac{\kappa_{90_{4n+2r}}[(4n+2r)t_0]^2}{s^{90}t} \cdot 2a_1' \tag{5.89}$$

式中: $\kappa_{90_{4n+2r}}$ 中的次下标 $4n + 2r$ 代表了 $[0/90_{2n+r}]_s$ 层合板 90°模态的裂纹尺寸。使式(5.88)和式(5.89)中的 ΔC_{11} 相等,可得

$$2n^2\kappa_\theta\mid_{\theta=90} a_1(90) + r^2\kappa_{90} a_1' = \kappa_{90_{4n+2r}}[(2n+r)t_0]^2 a_1' \tag{5.90}$$

即

$$a_1(90) = \frac{\kappa_{90_{4n+2r}}(2n+r)^2 - r^2\kappa_{90}}{2n^2\kappa_\theta\mid_{\theta=90}} a_1' \tag{5.91}$$

归纳来看,可以将两组常量的关系式写为

$$a_i = \frac{\kappa_{90_{4n+2r}}(2n+r)^2 - r^2\kappa_{90}}{2n^2\kappa_\theta\mid_{\theta=90}} a_i' \quad (i = 1,2,3,4) \tag{5.92}$$

将式(5.92)代入式(5.86),受损的 $[0_m/\pm\theta_n/90_r]_s$ 层合板的 ΔC_{pq} 为

$$\Delta C_{pq} = D\begin{bmatrix} 2a_1' & a_4' & 0 \\ 2a_2' & & 0 \\ 对称 & & 2a_3' \end{bmatrix} \tag{5.93}$$

式中

$$D = \frac{4t_0^2}{t}\left[\frac{1}{s_n^\theta}\frac{\kappa_\theta}{\kappa_\theta\mid_{\theta=90}}\{(2n+r)^2\kappa_{90_{4n+2r}} - r^2\kappa_{90}\} + r^2\frac{\kappa_{90}}{s^{90}}\right] \tag{5.94}$$

其中约束参数为

$$\kappa_\theta = \frac{(\overline{\Delta u_y})_{\pm\theta_{2n}}}{2nt_0}, \quad \kappa_{90_{4n+2r}} = \frac{(\overline{\Delta u_y})_{90_{4n+2r}}}{(4n+2r)t_0}, \quad \kappa_{90} = \frac{(\overline{\Delta u_y})_{90_{2r}}}{2rt_0} \quad (5.95)$$

现在考虑 $[0_m/\pm\theta_n/90_r]_s$ 层合板构型的情况。需要注意的是,不同于 $[0_m/\theta_n/90_r]_s$ 层合板,在这种情况下 $\pm\theta$ 损伤模态居中,因此,相对应的当量裂纹尺寸为 $4nt_0$(两个 $+\theta$ 层和两个 $-\theta$ 层的平均值)。另一方面,90°损伤模态裂纹尺寸为 rt_0。推导出的刚度损伤关系式保持了式(5.93)的形式。但是,这种情况下的 $\overline{D}$ 为

$$\overline{D} = \frac{2t_0^2}{t}\left[\frac{1}{s_n^\theta}\frac{\kappa_\theta}{\kappa_\theta|_{\theta=90}}\{2(2n+r)^2\kappa_{90_{4n+2r}} - r^2\kappa_{90}\} + r^2\frac{\kappa_{90}}{s^{90}}\right] \quad (5.96)$$

与之相对应的约束参数由下式得到:

$$\kappa_\theta = \frac{(\overline{\Delta u_y})_{\pm\theta_{2n}}}{4nt_0}, \quad \kappa_{90_{4n+2r}} = \frac{(\overline{\Delta u_y})_{90_{4n+2r}}}{(4n+2r)t_0}, \quad \kappa_{90} = \frac{(\Delta u_y)_{90_r}}{rt_0} \quad (5.97)$$

这一层合板构型的 SDM 过程与之前图 5.10 中提到的 $[0_m/\pm\theta_n/0_{m/2}]_s$ 接头处类似。通过使用参考层合板的刚度下降数据,选择了 $[0/90_3]_s$ 层合板,将 $\kappa t_c^2/st$ 替换为 $\overline{D}$,损伤常数可通过式(5.59)计算。依据特定的90°板层,通过使用合适的三维 FE 模型计算出 COD,再利用式(5.95)或式(5.97)的表达式来计算相应的约束参数。FE 模型和 COD 计算过程详见文献[30,32]。有关 COD 计算需要考虑的一个重要方面就是不同方向裂纹之间的相互影响,这将会改变裂纹位移,进而影响板层裂纹而造成的刚度变化[30]。这一相互作用也会改变损伤演化,这将在第 6 章进行介绍。在图 5.18 中,将 $[0/\pm70/90]_s$ 和 $[0/\pm55/90]_s$ 玻璃/环氧层合板通过 SDM 法预测的刚度模量与三维 FE 分析(文献[30-32]介绍了使用三维 FE 分析法计算刚度变化过程的细节)的独立计算相比较。图 5.19 所示为准各向同性层合板的 SDM 预测。在实验中,可以观察到在板层裂纹增长完全贯穿板层厚度之前,层合板就已经失效。通过"相对密度系数"减小板层裂纹密度,解释了 SDM 分析中部分扩张裂纹对刚度变化产生的影响,可以用下式定义:

$$\rho_r = \frac{部分断裂的实际表面积}{完全断裂的表面积} \quad (5.98)$$

为计算部分断裂的实际表面积,有必要知道有关实际长度(沿着薄板宽度)的数据。由于这些数据并没有在之前的实验研究中报道过[35],我们假设 ρ_r 为 0.25 和 0.5 时得到的。

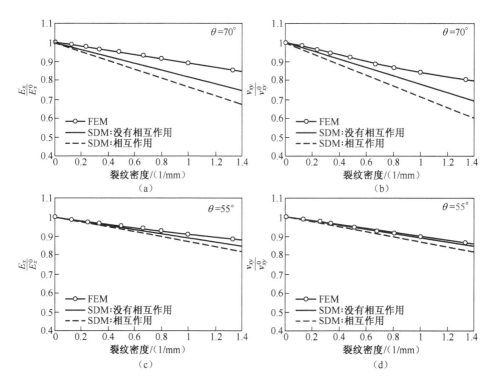

图 5.18 [0/±θ/90]$_s$ 层合板的纵向模量和泊松比的变化[30]

(a) θ = 70°；(b) θ = 55°。结果与独立的 FE 计算做对比。
SDM 预测针对两种情况：±θ 和 90° 裂纹之间相互不影响；或者两者之间相互影响最大化。

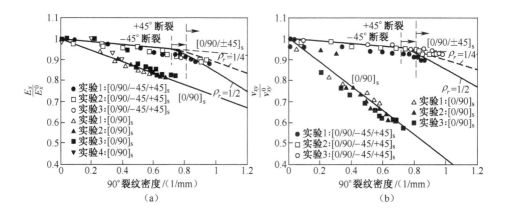

图 5.19 准各向同性 [0/90/−45/+45]$_s$ 层合板的刚度变化与实验数据对比[30]

(a) 纵向模量；(b) 泊松比。实线代表应用假设的 ρ_r 值所做的 SDM 预测。

5.4 黏弹性复合材料的板层断裂

在纤维增强复合材料中用作基体材料的高分子聚合物通常具有黏弹特性。但是,基体与时间相关的特性并不能完全在复合材料中转化,且在高分子聚合物中是各向同性的,纤维的方向性使得它在复合材料中是各向异性的。需要复合材料的黏弹性模型,尤其是对于高温环境下的应用,此时的时间相关性更为显著。复合材料时间相关响应在大多数情况下可近似为线性黏弹性。当发生板层断裂时,黏弹响应仍可以是线性的,但是其时间相关性会发生改变。

解决复合材料中黏弹性和损伤耦合的一个方法就是使用基于连续模型的内部变量。具有这一特性的大多数模型已被用于颗粒复合材料。Schapery 和 Sicking[36]提出了针对复合材料层合板的一种模型。通过运用 Schapery[37]提出的伪变量,将这一模型扩展应用到黏弹性复合材料层合板。然而,Scchapery - Sicking 模型做了一定的假设,从而限制了模型的实用性。其假设板层的剪切模量和横向模量是线性相关的,且板层是横向各向同性的。此外,建模是在板层层面上完成的,忽略了临近板层的约束影响。Kumar 和 Talreja[38]随后建立的模型并没有受到这些限制的影响。根据这一模型,对受损的复合材料的线性黏弹响应进行基于 CDM 的建模,下面对此会进行讨论。

使用玻耳兹曼叠加原理,一种黏弹材料的本构定律可以表示为

$$\sigma_{ij} = \int_0^t C_{ijkl}(t-\tau)\frac{\partial \varepsilon_{kl}}{\partial \tau}\mathrm{d}\tau \tag{5.99}$$

式中:$C_{ijkl}(t)$ 为松弛模量张量。
在等号两边进行拉普拉斯变换,使用卷积定理,得

$$\sigma_{ij} = \widetilde{C}_{ijkl}\varepsilon_{kl} \tag{5.100}$$

式中,方程 $f(t)$ 的拉普拉斯变换如下:

$$f(s) = \int_0^\infty \mathrm{e}^{-st}f(t)\mathrm{d}t \tag{5.101}$$

和

$$\widetilde{C}_{ijkl} = sC_{ijkl} \tag{5.102}$$

除了转换参数的相关性外,拉普拉斯变换域内本构方程式(5.100)与线性黏弹关系式类似。此外,平衡方程和应变位移方程保持了在拉普拉斯变换域内的形式。线性弹性和线性黏弹性之间的一致性就是对应原理[39],可以被应用于解决边界值问题(只要边界条件不随时间发生变化)。因此,即使复合材料层

合板出现板层裂纹,仍然可以应用对应原理,将断裂层合板看作为均质固体,其内部边界(裂纹)保持同样的边界条件,这就意味着裂纹不会随时间增长或愈合。因此,我们需要解决给定(固定)损伤状态的层合板线性黏弹响应,尤其是将式(5.99)的松弛模量张量描述为一个损伤方程。

根据文献[38],按照转换的应变和损伤变量在拉普拉斯域内定义拟能密度函数,有

$$\sigma_{ij} = \frac{\partial \overline{W}(\overline{\varepsilon}_{ij}, \overline{D}_{ij}^{(\alpha)})}{\partial \overline{\varepsilon}_{ij}} \tag{5.103}$$

需要指出的是,上面的方程对于固定的板层裂纹密度是有效的。板层与时间相关的变形会导致裂纹的约束随时间变化,从而引起裂纹表面分离随时间发生变化。

为了说明,我们来研究一下带横向裂纹的正交层合板($\theta = 90°$),如图5.5所示。在这种情况下,损伤模态张量具有单一非零分量,在拉普拉斯域中表现为

$$\overline{D}_{11} = \frac{\overline{\kappa}(s) t_{90}^2}{s_t t_T} \tag{5.104}$$

式中:$\overline{\kappa}(s)$为拉普拉斯域中的约束参数;t_{90}为裂纹层的厚度;t_T为层合板总厚度;s_t为裂纹间隔。

使用与5.14节中相同的程序,Kumar和Talreja[38]推导出了下面的转换本构关系式(以沃伊特符号形式):

$$\begin{Bmatrix} \overline{\sigma}_1 \\ \overline{\sigma}_2 \\ \overline{\sigma}_6 \end{Bmatrix} = \begin{bmatrix} \widetilde{C}_{11} & \widetilde{C}_{12} & 0 \\ \widetilde{C}_{12} & \widetilde{C}_{22} & 0 \\ 0 & 0 & \widetilde{C}_{66} \end{bmatrix} \begin{Bmatrix} \overline{\varepsilon}_1 \\ \overline{\varepsilon}_2 \\ \overline{\varepsilon}_6 \end{Bmatrix} \tag{5.105}$$

式中

$$\widetilde{C}_{pq} = \widetilde{C}_{pq}^0 + \widetilde{C}_{pq}^{(1)} \tag{5.106}$$

式中:$\widetilde{C}_{pq}^0$为变换的没有裂纹的正交层合板松弛模量;$\widetilde{C}_{pq}^{(1)}$为横向断裂(一种损伤模式,$\alpha = 1$),其表达式为

$$\widetilde{C}_{pq}^{(1)} = D_{11} \begin{bmatrix} 2g_{11} & g_{12} & 0 \\ g_{12} & 2g_{22} & 0 \\ 0 & 0 & 2g_{66} \end{bmatrix} \tag{5.107}$$

式中:g_{11}、g_{12}、g_{22}、g_{66}为材料常量,是作为伪比能函数$\overline{W}$多项式展开的系数项出现的。损伤函数$\overline{D}_{11}$可由式(5.104)得出。

裂纹展开位移的时间相关性可以用两种方法解决。Kumar 和 Talreja[38]假设 $\overline{W}$ 方程依赖于损伤张量的初始值（$t=0$），因此，在系数项 g_{11} 中考虑所有损伤的时间相关性。此后，Varna 等[41]保留了损伤张量中的时间相关性，解决时间变化对 COD 的约束。

对式(5.106)进行逆拉普拉斯变换，得

$$\boldsymbol{C}_{pq}(t) = \boldsymbol{C}_{pq}^{0}(t) + \frac{2\rho_{n}t_{90}}{t_{T}}k_{ij}(t) \quad (5.108)$$

式中

$$\rho_{n} = \frac{t_{90}}{2s_{t}} \quad (5.109)$$

是标准化的裂纹密度，且

$$k_{11}(t) = 2L^{-1}(\kappa g_{11}/s), k_{12}(t) = L^{-1}(\kappa g_{12}/s),$$
$$k_{22}(t) = 2L^{-1}(\kappa g_{22}/s), k_{66}(t) = 2L^{-1}(\kappa g_{66}/s) \quad (5.110)$$

式中：$L^{-1}(\cdot)$ 代表逆拉普拉斯变换。注意，$\overline{\kappa}=\kappa_{0}$，当 $t=0$ 时假设具有时间相关性，其值为 g_{11}。

式(5.110)中的函数 $k_{11}(t)$、$k_{12}(t)$、$k_{22}(t)$ 可由上面介绍的与弹性常数方法类似的步骤求得。这里，这 3 个未知的函数是由 $k_{66}(t)$ 分离出来的，Kumar 和 Talreja[38]认为，假设横向模量 $E_{y}(t)$ 不变，可由轴向模量 $E_{x}(t)$ 和泊松比 $\nu_{xy}(t)$ 与初始值的差异进行评估。材料常数的时变可由实验数据决定，或者由微观力学逼近求得。微观力学可以是分析的，也可以是数值的，例如，通过一个无限元模型获得。

Kumar 和 Talreja[38]认为，通过给定线性黏弹性板层特性的正交层合板可以验证上面所说的 CDM 法。函数 $k_{11}(t)$、$k_{12}(t)$、$k_{22}(t)$ 可以由 $[0/90_{2}]_{s}$ 层合板在固定裂纹密度为 0.4/mm 时的黏弹响应决定。这些函数随后被用于预测在其他裂纹密度情况下以及相同材料不同正交分布层合板构型的轴向模量和泊松比的时变。根据预测结果与利用 Kumar 和 Talreja[40]所提到的有限元模型和分析微观力学模型计算的时变进行对比，在所有情况下都保持一致。

Varna 等[41]通过解决 COD 时变，展示了 SDM 在线性黏弹响应预测中的应用。COD 的时间相关性，即约束参数 κ 及其拉普拉斯域中的对应参数 $\overline{\kappa}$，可通过 FE 模型计算求得。接下来将其带入式(5.110)来确定 $k_{11}(t)$、$k_{12}(t)$、$k_{22}(t)$。预测结果与任何裂纹密度或者正交层合板构型的黏弹响应都保持良好一致。Varna 等[41]进行了参数研究来决定 COD 时变的主函数，这一函数为

$$\kappa(t) = a + \left[b + c\left(\frac{t_{c}}{2t_{s}} - 1\right)\right]\left(\frac{E_{2}(t)}{E_{1}(t)}\right)^{d} \quad (5.111)$$

式中：a、b、c、d 为常数；E_1、E_2 分别为层合板材料弹性模量在轴向和横向的值；t_s 为正交层合板 0° 板层的厚度。请注意，更为普遍来说，如果使用 $[S/90_n]_s$ 构型的层合板，t_s 则为子层合板的厚度，用 S 表示。

对于受损复合材料的非线性黏弹响应，由于对应原理不适用，需要应用另一种方法。Ahci 和 Talreja[42] 针对这一情况提出了 CDM。用于实验研究的材料是 HFPE-II 聚酰亚胺热固性树脂的碳纤维（T-650-35）织物。研究发现，原始材料的黏弹响应在一定的压力温度区间内是线性的，在此区间之外为非线性的。纤维束内的微裂纹进一步增强了黏弹响应的非线性的。由于实验测量的应变响应是在规定的应力条件下，对 CDM 的表达式进行了一些改变，将应力作为了一个独立变量。由此构建了吉布斯自由能方程 G，应变响应可以表示为

$$\varepsilon_{ij} = -\frac{\partial G(\sigma_{kl}, D_{mn}^{(\alpha)}, T, \gamma_s)}{\partial \sigma_{kl}} \tag{5.112}$$

式中：损伤模态张量 $D_{ij}^{(\alpha)}$ 由式（5.20）给出；γ_s 为黏弹性内部状态变量。请注意，损伤模态张量取 $t=0$ 时的初始值，与时间无关，类同于 Kumar 和 Talreja[38] 在 CDM 法中提出的线性黏弹性情况。

依据函数 G 的整基，进行多项式展开，这类似于前面针对线性弹性和黏弹性情况所采取的步骤，整合相关文献中出现的有关聚合物黏度的表达式，具有横向裂纹的正交各向异性复合材料的与时间相关的面内应变响应可推导为[42]

$$\varepsilon_p = (C_{pq}^E + C_{qq}^D D + C_{pq}^\gamma \gamma - C_{pq}^E D\gamma)\sigma_q \tag{5.113}$$

式中：$p,q = 1,2,6$；柔度矩阵 C 的上标 E、D、γ 分别代表弹性、损伤和黏性，圆括号内最后一项表示损伤与黏性之间的相互关系。损伤变量 $D = D_{11}$，这是横向裂纹损伤模态张量的唯一非零分量。

在关系式被用于预测非线性黏弹响应之前，必须对式（5.113）中 4 种基体的材料常数进行评估：第一种基体是简单的弹性响应基体，可以通过施加应力记录瞬时应变响应得到。第二个基体可以通过实验中在忽略黏弹性的条件下得到，过程可以是前面讨论过的针对弹性复合材料损伤情况的其中一种。在没有损伤的情况下，式（5.113）的第三种基体代表了与时间相关的响应。第四种基体需要确定损伤如何增强黏弹变形。因此，材料常量的完整评估过程并不烦琐。Ahci 和 Talreja[42] 提出了一种方法，利用有限元模型来辅助实验过程。对非线性黏弹性和损伤的表征可用于阐述温度和应力等级的影响效应以及损伤-黏弹性耦合的性质。

5.5 总结

本章介绍了连续损伤力学的基本概念，阐述了其在受损复合材料方面的应

用。连续体热力学的经典领域与损伤的内部变量表征为描绘受损伤影响的材料响应提供了一种有用的工具。CDM 的传统形式依赖于实验数据提供的材料参数来识别。由于损伤模态的多样化和响应变化的复杂性,这一方法所面临的问题和障碍越来越多。通过一些微观力学方法(分析的或数值的)来辅助,对 CDM 进行延伸扩展,这样一来消除了 CDM 的障碍并使其应用度大大提高。将 CDM 和微观力学综合起来的方法称为协同损伤力学。本章介绍了 SDM 在层合板多损伤模态方面的应用。参数研究结果对多损伤模态进行了更为深入的研究。

尽管高分子基复合材料应用的情况大多数是在低于玻璃转换温度的安全界限内,但仍有一些应用涉及高温情况,例如喷气发动机壳体。当损伤发生时,复合材料出现黏弹响应。这里提出的 CDM 和 SDM 主要针对受损的线性黏弹复合材料。在高温以及大范围受损的情况下,黏弹响应变为非线性。这一情况为材料常数的辨识增加了难度。这里也讨论了一种应用实验数据以及数值计算的方法。

参考文献

[1] L. M. Kachanov, On the creep rupture time. *Izv Akad Nauk SSR, Otd Tekhn Nauk*, **8**(1958), 26-31.

[2] L. M. Kachanov, Rupture time under creep conditions. *Int J Fract*, **97**:1 (1999), 11-18.

[3] Y. N. Robotnov, *Creep Problems in Structural Members*. (Amsterdam: North-Holland, 1969).

[4] S. Murakami and N. Ohno, A continuum theory of creep and creep damage. In *Creep in Structures, 3rd IUTAM Symposium*, ed. A. R. S. Ponter and D. R. Hayhurst. (Berlin, Germany: Springer-Verlag, 1981), pp. 422-44.

[5] J. Lemaitre and J. L. Chaboche, Damage mechanics. Chapter 7 in *Mechanics of Solid Materials*. (Cambridge: Cambridge University Press, 1990), pp. 346-450.

[6] J. Lemaitre, A continuous damage mechanics model of ductile fracture. *J Eng Mater Technol, Trans ASME*, **107**:42 (1985), 83-9.

[7] J. Lemaitre and J. L. Chaboche, Aspect phenomenologique de la rupture par endomm-agement. *Journal de Mecanique Appiquee*, **2**:3 (1978), 317-65.

[8] J. Lemaitre and R. Desmorat, *Engineering Damage Mechanics: Ductile, Creep, Fatigue and Brittle Failures*. (Berlin: Springer-Verlag, 2005).

[9] J. L. Chaboche, Anisotropic creep damage in the framework of continuum damage mechanics. *Nucl Eng Des*, **79**(1984), 309-19.

[10] J. L. Chaboche, Continuum damage mechanics: part I - general concepts. *J Appl Mech, Trans ASME*, **55**:1 (1988), 59-64.

[11] J. L. Chaboche, Continuum damage mechanics: part II - damage growth, crack initi-ation,

and crack growth. *J Appl Mech, Trans ASME*, **55**:1 (1988), 65–72.

[12] J. W. Ju, Isotropic and anisotropic damage variables in continuum damage mechanics. *J Eng Mech*, **116**(1990), 2764–70.

[13] R. Talreja, A continuum-mechanics characterization of damage in composite materials. *Proc R Soc London A*, **399**:1817 (1985), 195–216.

[14] R. Talreja, Internal variable damage mechanics of composite materials. In *Yielding, Damage, and Failure of Anisotropic Solids*, ed. J. P. Boehler. (London: Mechanical Engineering Publications, 1990), pp. 509–33.

[15] R. Talreja, Damage mechanics of composite materials based on thermodynamics with internal variables. In *Polymer Based Composite Systems for Structural Applications*, ed. A. Cardon and G. Verchery. (London: Elsevier, 1991), pp. 65–79.

[16] R. Talreja, Continuum modeling of damage in ceramic matrix composites. *Mech Mater*, **12**:2 (1991), 165–80.

[17] R. Talreja, Damage characterization by internal variables. In *Damage Mechanics of Composite Materials*, ed. R. Talreja. (Amsterdam: Elsevier, 1994), pp. 53–78.

[18] S. Nemat-Nasser and M. Hori, *Micromechanics: Overall Properties of Heterogeneous Materials*, 2nd edn. (Amsterdam: North Holland, 1999).

[19] A. A. Vakulenko and M. Kachanov, Continual theory of a medium with cracks. *Izv AN SSSR, Mekhanika Tverdogo Tela (Mech Solids)*, **6**:4 (1971), 159.

[20] J. Varna, Physical interpretation of parameters in synergistic continuum damage mechanics model for laminates. *Compos Sci Technol*, **68**:13 (2008), 2592–600.

[21] A. J. M. Spencer, Theory of invariants. In *Continuum Physics*, ed. C. A. Eringen. (New York: Academic Press, 1971), pp. 239–353.

[22] J. Adkins, Symmetry relations for orthotropic and transversely isotropic materials. *Arch Ration Mech Anal*, **4**:1 (1960), 193–213.

[23] R. Talreja, Transverse cracking and stiffness reduction in composite laminates. *J Compos Mater*, **19**:4 (1985), 355–75.

[24] A. L. Highsmith and K. L. Reifsnider, Stiffness-reduction mechanisms in composite laminates. In *Damage in Composite Materials*, ASTM STP 775, ed. K. L. Reifsnider. (Philadelphia, PA: ASTM, 1982), pp. 103–17.

[25] J. Varna, N. V. Akshantala, and R. Talreja, Crack opening displacement and the associated response of laminates with varying constraints. *Int J Damage Mech*, **8**:2 (1999), 174–93.

[26] J. Varna, R. Joffe, and R. Talreja, A synergistic damage-mechanics analysis of transverse cracking in $[\pm\theta/90_4]_s$ laminates. *Compos Sci Technol*, **61**:5 (2001), 657–65.

[27] J. Varna, R. Joffe, and R. Talreja, Mixed micromechanics and continuum damage mechanics approach to transverse cracking in $[S, 90(n)](s)$ laminates. *Mech Compos Mater*, **37**:2 (2001), 115–26.

[28] C. V. Singh and R. Talreja, Damage mechanics of composite laminates with transverse matrix cracks in multiple orientations. In 48*th AIAA SDM Conference*, Honolulu, Hawaii, USA. (Reston, VA: AIAA, 2007).

[29] C. V. Singh and R. Talreja, Analysis of multiple off-axis ply cracks in composite laminates. *Int J Solids Struct*, **45**:16 (2008), 4574-89.

[30] C. V. Singh and R. Talreja, A synergistic damage mechanics approach for composite laminates with matrix cracks in multiple orientations. *Mech Mater*, **41**:8 (2009), 954-68.

[31] S. Li, C. V. Singh, and R. Talreja, A representative volume element based on transla tional symmetries for FE analysis of cracked laminates with two arrays of cracks. *IntJ Solids Struct*, **46**:7-8 (2009), 1793-804.

[32] C. V. Singh, Multiscale modeling of damage in multidirectional composite laminates. Ph. D. thesis, Texas A&M University, College Station, TX (2008).

[33] J. Varna, R. Joffe, N. V. Akshantala, and R. Talreja, Damage in composite laminates with off-axis plies. *Compos Sci Technol*, **59**:14 (1999), 2139-47.

[34] J. Varna, L. Berglund, R. Talreja, and A. Jakovics, A study of crack opening displacement of transverse cracks in cross-ply laminates. *Int J Damage Mech*, **2**:3 (1993), 272-89.

[35] J. Tong, F. J. Guild, S. L. Ogin, and P. A. Smith, Onmatrix crack growth in quasi-isotropic laminates - I. Experimental investigation. *Compos Sci Technol*, **57**:11 (1997), 1527-35.

[36] Schapery, R. A. and Sicking, D. L., On nonlinear constitutive equations for elastic and viscoelastic composites with growing damage. In *Mechanical Behavior of Materials*, ed. A. Bakker. (Delft, TheNetherlands: DelftUniversity Press, 1995), pp. 45-76.

[37] Shapery, R. A., On viscoelastic deformation and failure behavior of composite materials with distributed flaws. In *Advances in Aerospace Structures and Materials*, ASME-AD-01, ed. S. S. Wang and W. J. Renton. (Philadelphia, PA: ASTM, 1981), pp. 5-20.

[38] R. S. Kumar and R. Talreja, A continuum damage model for linear viscoelastic composite materials. *Mech Mater*, **35**:3-6 (2003), 463-80.

[39] R. M. Christensen, *Theory of Viscoelasticity: An Introduction*, 2nd edn. (New York: Academic Press, 1982).

[40] R. S. Kumar and R. Talreja, Linear viscoelastic behavior of matrix cracked cross-ply laminates. *Mech Mater*, **33**:3 (2001), 139-54.

[41] J. Varna, A. I. Krasnikovs, R. S. Kumar, and R. Talreja, A synergistic damage mechanics approach to viscoelastic response of cracked cross-ply laminates. *Int J Damage Mech*, **13**:4 (2004), 301-34.

[42] E. Ahci and R. Talreja, Characterization of viscoelasticity and damage in high temperature polymer matrix composites. *Compos Sci Technol*, **66**:14 (2006), 2506-19.

第6章

损伤发展

6.1 简　介

第1章介绍过,需要利用材料本构关系来对承受工作载荷的结构进行失效分析。与金属等均质材料的应力-应变关系相反,复合材料受到损伤可以改变这些关系。因此,如果应变已定,应力响应可以用下列等式表示:

$$\sigma_{ij} = C_{ijkl}(\varepsilon_{kl})\varepsilon_{kl} \quad (6.1)$$

其中,当复合材料遭受损伤时,刚性基体 C_{ijkl} 随应变的变化而变化。作为施加应变函数的 C_{ijkl},可以通过解决以下两个相关子问题来确定:

(1) 将刚度变化描述为损伤的函数。这一步中,用诸如铺层裂纹密度等损伤特征来表示 C_{ijkl}:

$$C_{ijkl} = C_{ijkl}(\rho^{(\alpha)}) \quad (6.2)$$

式中: $\rho^{(\alpha)}$ 为损伤模式的裂纹密度,损伤模式 $\alpha = 1, 2, \cdots, N$。

在第4章中已经介绍过,针对多损伤模式,并不一定使用微观力学的解决方法。使用线性形态多损伤模式的 CDM 公式,那么式(6.2)可以表示为

$$C_{ijkl} = C_{ijkl}^0 + \sum_{\alpha=1}^{N} C_{ijkl}^{(\alpha)}(\rho^{(\alpha)}) \quad (6.3)$$

式中: C_{ijkl}^0 为损伤层合板的刚度张量; $C_{ijkl}^{(\alpha)}$ 为损伤模式 α 所导致的刚度变化。

(2) 将裂纹密度的演变描述为施加载荷的函数:

$$\rho^{(\alpha)} = \rho^{(\alpha)}(\varepsilon_{kl}) \quad (6.4)$$

结合上述两个子问题的解决方法,得

$$C_{ijkl} = C_{ijkl}^0 + \sum_{\alpha=1}^{N} C_{ijkl}^{\text{DAM}}[\rho^{(\alpha)}(\varepsilon_{mn})] \quad (6.5)$$

第一个子问题的解决方法已经在第4章和第5章做了介绍。本章将关注点放在第二个子问题上。

利用铺层方向性特性的优势,复合材料层合板是由纵向、横向以及角度铺设结合而成。由于非定向性层合板具有较低的横向强度,它倾向于沿着纤维方向发生断裂。当施加载荷增加且超过裂纹初始发生时的应变(或应力),在开裂的

铺层中,新的裂纹在已有裂纹之间形成。最开始,这些裂纹离得较远,相互之间并不相互影响。但是,很快形成一种大致呈周期性排列的平行裂纹。图6.1所示为当载荷小于轴向张力时,正交铺设层合板的典型结构的横向裂纹密度(每单位长度裂纹数量)变大。这种曲线的预测已成为本研究的延伸课题。裂纹最初产生和发展(成倍增长)的建模方法可以分为两类,即基于强度的模型和基于能量的模型。第一类模型使用了强度(失效)准则,第二类模型应用了能量平衡概念。

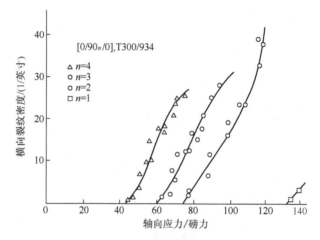

图6.1 $[0/90_n]_s$层合板中横向裂纹密度与施加的轴向应力[1]
(1磅力=4.448N,1英寸=2.54cm)

6.2 实验方法

在讨论实验观察和测量之前,我们先对每种方法做简要介绍,这为我们提供了观察法的背景。这里将不会对每种方法做深入介绍,这不是本章的重点。想要了解更多细节,请参阅文献[2-4]。

在过去的40年间,无损检测(NDE)得到了长足发展,用于检测、监视和观察复合材料层合板的铺层开裂损坏。有针对性地观察和测量关于铺层开裂的参数量,包括:

(1) 裂纹初始应变(或应力)。
(2) 在疲劳实验时,裂纹数量随着施加的载荷或循环数而增加。
(3) 刚度特性随着损伤的变化。
(4) 裂纹张开位移(COD)和裂纹剖面。
(5) 最终失效应变和导致最终失效的损伤。

1. 边缘复制

尽管可以直接使用光学显微镜进行表面观察来评估复合材料损伤,在加载过程中,大多数情况下需要时不时地移除样本。如果可行,将一个光学显微镜安装在实验设备之上,但是为了获得足够高的分辨率,也需要将显微镜尽可能地贴近样本表面。通过使用边缘复制法可以克服这一局限性。这一方法对于监视复合材料中的损伤(裂纹数)是简单可行的,Stalnaker、Stinchcom 和 Masters[6-7]对此都进行过研究。这一方法涉及对表面复制进行微观检查,需要按压靠近样本边缘的软化的橡胶带(或者带有胶黏剂的带子,如醋酸纤维)。使用这一方法,我们可以在样本自身仍在加载过程中快速获得样本边缘的永久记录。这一方法被业内许多研究人员所应用[2,8-14]。图 6.2 给出了边缘复制显微照片的两个例子。

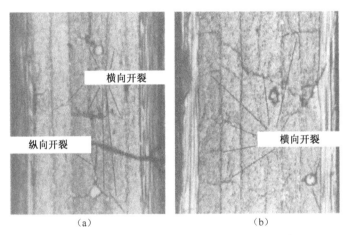

图 6.2 边缘复制的显微照片展示了准各向同性层合板承受疲劳载荷过程中的损伤增进细节[2]

(a)$[0/\pm45/90]_s$ 层合板;(b)$[0/90/\pm45]_s$ 层合板。

2. 声发射

由于材料局部失效,例如铺层产生裂纹,应力波会发出声发射(AE)信号,这种方法就是使用传感器对 AE 信号进行监测。这一方法的主要局限性就是无法区分不同的损伤类别,也无法提供有关裂纹位置、方向等相关信息[14]。但是,如果我们已经由先前的经验对材料的损伤机理有了一定了解,那么这一方法能够告诉我们施加载荷到什么程度会发生损伤。使用这一方法监视损伤并相应地采取边缘复制是行之有效的。将超声极光背散射扫描与 AE 结合,可以判断出裂纹的精确位置,详见文献[15-16]。图 6.3 所示为声发射事件累计数的变化以及承受拉伸载荷的陶瓷基复合材料的相应的应力-应变响应。

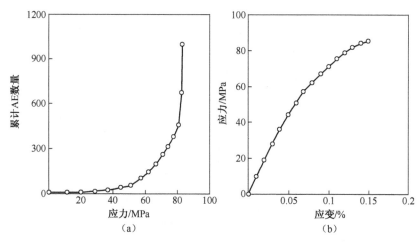

图 6.3 累计声发射事件(AE)数量的变化(a)和承受拉伸载荷的陶瓷基复合材料的应力-应变曲线(b)[14]

3. X 射线成像法

X 射线成像法对于确定内部裂纹是非常有效的,而这种裂纹是无法由光学显微镜观测到的。为了能够观察清晰,通常需要用到一种吸收 X 射线的渗透液,使得曝光区域和非曝光区域之间有足够的反差。然后可以放大冲洗出的 X 射线胶片以便进一步观察清楚。

但是,该方法只能提供裂纹的二维图像,因此不足以将某一铺层的裂纹与另一铺层区分开。为解决这一问题,可以使用渗透液增强立体 X 射线摄影。标准步骤如下:旋转相对于物体的 X 射线源,使得这一物体的两张 X 射线照片稍有取向差异,这样可以通过显微镜观察裂纹的空间位置,但无法将其记录下来。这一方法已经成功应用于观察纤维断裂、分层以及基体裂纹[17-19]。为了能够使内部缺陷成像并进行更精细的精密检测,采用的技术是 X 射线断层摄影术,使用医学扫描仪生成了物体的三维图像[20]。准各向同性层合板中损伤的 X 射线图像见图 6.4。

4. 超声 C 扫描

超声 C 扫描是一种无损检测技术,在样本上发生超声能量的短时脉冲。脉冲的衰减受到空隙、分层、树脂硫化状态、纤维体积分数、纤维/基体交界面条件以及外来杂质的影响。但是,该方法无法检测与波向平行的平面内的小缺陷或裂纹[14]。

在某些情况下,损伤层合板材料可能含有大量小的或者非贯穿的内部裂纹。一旦载荷增大,这些裂纹就会继续发展,并相互连合起来形成更大的裂纹。上述常用的 NDE 方法并不能提供这些内部裂纹的形成、数量、尺寸、

图6.4 准各向同性层合板中损伤情况的X射线照片[19]

发展等精确信息。针对这种情况,建议进行透射超声C扫描成像,聚焦配置中采用斜聚焦传感器[21-22]。也可采用其他几种基于振动和兰姆波的方法[23-24]。

5. COD测量技术

除了进行损伤观察,还需要按照模型要求进行一些测量。例如,铺层裂纹的COD可由第5章介绍的SDM方法进行计算。由于没有标准方法可用于测量这一数量,Varna等[26-27]开发了一种设置。在观察单一铺层裂纹时,该设置利用微型材料测试仪(MINIMAT)对从开裂层合板上切削下来的薄带进行加压,借助安装有摄影机的光学显微镜,可以观察到张开的裂纹。传递到电视显示器上的视频信号展示了放大倍数足够大(约2×10^3)的裂纹轮廓,可以用于测量COD。图6.5所示为COD与沿着开裂的90°铺层厚度(z方向)位置的函数关系,并与线性弹性断裂机理(LEFM)所求得的理论形状预测作对比。

6. 拉曼光谱学

近期,Katerelos和coworkers[28]开发出一种基于拉曼光谱学的实验技术,该技术使用商业增强纤维(如芳纶或者碳纤维)的某些化学基团的拉曼振动波数(频率)与应力和应变的依赖关系[16]。因此,可以利用沿嵌入纤维的波数变化来确定应力或应变。该技术可提供较高的光谱分辨力约1μm。但是为了使该方法起作用,基体必须为半透明的。此外,数据采集将比单一测量花费较多的时间。另外需要注意的是,诸如玻璃之类的某些非晶纤维具有较弱的拉曼响应。另一方面,芳纶纤维可以很好地散射波。所以,在玻璃纤维层合板的关键位置放置少量的芳纶纤维,将其作为应力应变的拉曼传感器。微机械应变映射结果随后可用于推导特性,即弹性的纵向模量和裂纹导致的残余应变大小[29]。这一方法已经被成功应用于评估铺层开裂损伤演变以及由此产生的刚度变化[30-32]。

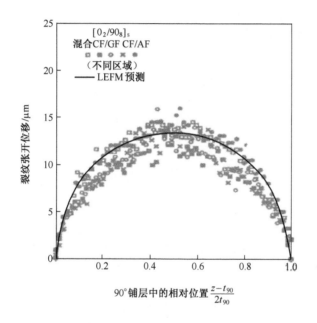

图 6.5 沿着 CF/GF 正交铺设层合板的 90°铺层厚度,在样本宽度的不同区域,使用 MINIMAT 测量裂纹张开位移

(经许可转载自 J. Varna,L. Berglund,R. Talreja 和 A. Jakovics,正交铺设层合板中横向裂纹张开位移的研究,《破坏力学国际期刊》,第 2 卷,第 272~189 页,1993 年)

6.3 实验观察

目前,有大量针对复合材料层合板铺层内开裂的起始和发展的实验研究。大多数研究都将注意力放在正交铺设和准各向同性层合板的 90°铺层上。第 3 章回顾了一部分观察研究,阐明了复合材料损伤的本质。Nairn[33]在其书中用了一个章节的篇幅对此进行了概述。下面将述评与层合板铺层开裂的起始和发展有关的定量数据。

6.3.1 铺层开裂的最初开始

层合板铺层最初发生开裂时施加的载荷(应力或应变)与材料选择及设计要点有关。良好的层合板构型(取向、厚度、铺层顺序)会延迟铺层初始开裂的发生,使其在尽可能高的载荷下才发生。实验观察结果表明,所有层合板构型参数都会对铺层裂纹的产生有影响。大量早期研究检验了玻璃/聚酯或玻璃/环氧正交铺设层合板承受轴向拉力下的铺层开裂。在低放大倍数的光学显微镜下观察样本表面,大多数情况下可以观察到90°铺层的开裂。玻璃纤维复合材料接近透明的特性使之成为可能。

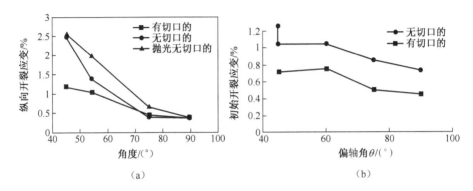

图 6.6 角度铺设层合板的裂纹初始应力是铺层方向的函数
(a)GERP[0/θ/0]$_s$层合板[35];(b)CFRP(IM7/8552)[0$_2$/θ$_4$]$_s$层合板[36]

然而,在碳纤维复合材料中,人们不得不利用边界观察,直到 X 射线可以对内部裂纹进行成像。玻璃/环氧和碳/环氧正交铺设层合板,其横向开裂开始时的轴向应变值通常落在 0.4%~1.0%区间内。偏轴铺层角度从 90°起减小,初始应变随之减小。例如,对于 45°铺层开裂仅仅发生在 1.0%轴向应变条件下[34]。图 6.6(a)和(b)分别解释了 GFRP[35]和 CFRP 的偏轴角度对裂纹初始应变的影响。切口试样数据也可以说明局部应力增强所带来的影响。图 6.6 中,边缘抛光和未抛光的无切口试样解释了机械加工缺陷对裂纹最初产生的影响。此外,注意应变范围和 GFPR 与 CFPR 的最低应变值。裂纹最初产生时,后者的最低应变值比前者略高,这是由于碳纤维具有较高的弹性模量。在低偏轴角度下,这两种情况的初始应变都受到了纤维破坏应变的限制。

开裂铺层的厚度对最初微观结构的应变 ε_{init} 具有较大的影响。Garret 和其他学者[37-44]针对厚度对[0$_m$/90$_n$]$_s$层合板开裂的影响进行了系统研究。他们采用玻璃增强聚酯[37-38]和玻璃增强环氧[39-41]作为层合板材料,在维持0°铺层厚度为 0.5mm 常量的同时,改变 90°铺层的厚度。图 6.7 展示了 ε_{init} 随 90°铺层总厚度的变化。当90°铺层的厚度增加时，ε_{init}下降。当90°铺层厚度大于0.4mm时，立刻产生裂纹，且裂纹横跨90°铺层的整个横截面。在另一种极端情况下，当90°铺层厚度小于0.1mm时，裂纹可能被完全抑制，层合板则可能由于其他损伤机理(如分层或者纤维断裂)而最终发生失效。碳/环氧层合板的实验显示出相似的性能[41,45]。综合来讲，对于$[0_m/90_n]_s$层合板，尽管裂纹抑制效应可能在$2 \leqslant m/n < 10$区间内，但彻底的裂纹抑制会发生在$m/n \geqslant 10$的情况下。不同厚度层合板初始应变的差异归因于0°铺层对90°铺层中裂纹张开的相对约束[47]。

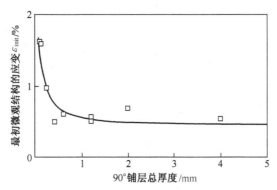

图6.7 $[0_m/90_n]_s$层合板ε_{init}与90°铺层总厚度的函数关系[33]

(实验数据来自文献[38])

层合板铺层中实际层的铺放方式对ε_{init}的确定也具有一定作用。例如，$[90_2/0]_s$层合板的裂纹发展比$[0/90_2]_s$层合板要快[48]。这是因为$[90/0]_s$层合板的90°铺层在外表面，并不会经历许多来自内部0°铺层的裂纹抑制。对于多向层合板，情况则更加复杂，ε_{init}取决于厚度、开裂和支撑铺层的刚度特性。层合板制备和加工方法也会对裂纹的产生有影响，纤维缠绕的层合板比高热压釜预浸的层合板更有可能产生开裂。

6.3.2 裂纹生长和成倍增长

诸如GFRP和CFRP在内的复合材料铺层裂纹的生长通常是不稳定的。初始横向裂纹快速生长并在厚度方向上贯穿层合板，但通常会在不同取向的邻近铺层交界面受阻，例如，正交铺设层合板的90/0交界面[38,40]以及$[0/90/-45/+45]_s$层合板的90/-45交界面[34]。继续加载通常会导致已有裂纹之间产生更多的裂纹。大量的实验研究指出，一旦铺层裂纹开始生长并在厚度方向上贯穿铺层，它们经常会沿纤维方向穿过层合板宽度，不稳定地生长，这称为"隧穿裂纹"。然而，在某些情况下，非90°铺层中的裂纹在层合板因分层而失效之前可能不会完全贯穿[34,49-51]。这种非贯穿裂纹可以在准各向同性[0/90/-45/+45]$_s$层合板的±45°铺层中观察到[34]。

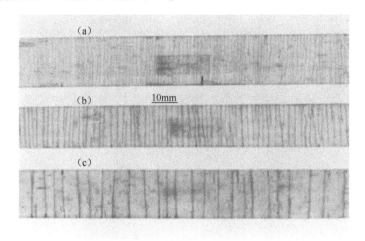

图 6.8　GFRP 样本中的横向开裂[37]
(a)横向铺层厚度为 0.75mm；(b)横向铺层厚度为 1.5mm；
(c)横向铺层厚度为 2.6mm、应变为 1.6%。

铺层断裂一旦开始,在已有裂纹中间会出现越来越多的铺层裂纹,裂纹密度快速变大。当相邻裂纹之间的空隙减小,裂纹开始相互作用,密切互动的裂纹通常会出现"屏蔽效应",会减小相邻裂纹之间的应力。因此,随着进一步施加载荷,开裂率降低并最终达到一个饱和值。因此,典型的损伤生长曲线由 3 个阶段组成:裂纹产生,由裂纹成倍增长导致的裂纹密度迅速变大,裂纹密度演变下降直至饱和。Reifsnider 及其同事[10,52]将微裂纹饱和描述为材料的一种状态,并称其为特征损坏状态(CDS)。他们提出,CDS 是一种明确定义的层合板特性,并不依赖于加载历史、环境或热应力或湿度应力。但是,Akshantala 和 Talreja[53]在随后的研究调查中提出,CDS 在疲劳载荷状态下不一定是孤立状态,有可能取决于所施加的最大应力。

裂纹密度从最初的快速上升直至饱和,取决于铺层材料、铺层的堆叠顺序以及层合板加工过程。例如,做工良好的碳/环氧层合板的铺层裂纹密度通常会迅速变大。饱和的裂纹密度通常与开裂铺层厚度呈反比,较薄的铺层累积有大量的裂纹[54-55]。图 6.8 对此做出了良好的注解,实验选取了不同铺层厚度的 GFRP 样本[54],显示了薄的 90°铺层可以积累很多裂纹。图 6.9 显示了同一种样本在施加载荷下其平均裂纹密度的演变。可以观察到饱和裂纹密度大致与 $1/t_{90}$ 成比例。图 6.10 的损伤变化曲线也表明较厚的正交铺设层合板在饱和状态时具有较低的裂纹密度。也比较了外部和内部 90°铺层的损伤演变。外 90°

铺层层合板具有较低的饱和裂纹密度。图 6.11 是基于这些研究的铺层开裂的典型的损伤演变曲线。

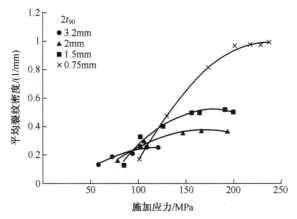

图 6.9 平均裂纹密度与具有不同横向铺层厚度($2t_{90}$)的 GFRP 正交铺设层合板的施加应力成函数关系[54]

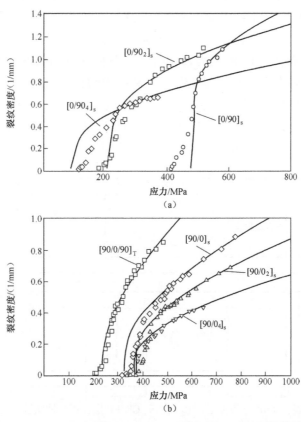

图 6.10 $[0/90_m]_s$ 层合板(a)和 $[90/0_m]_s$ 层合板(b)的损伤演变曲线[33]

181

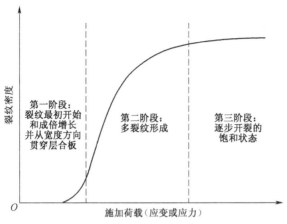

图 6.11 层合板铺层开裂的典型损伤演变曲线

6.3.3 裂纹形状

当裂纹排列较为稀疏时,主应力最大值出现在已有裂纹之间的平面内。因此,裂纹密度较小时,很可能有新的裂纹中途产生,并发展成为新的周期性阵列。但是,当大的裂纹密度相互作用时,导致最大主应力向靠近已有裂纹 0/90 交界面迁移。这可能会在 0/90 交界面附件形成弯曲的或倾斜的微裂纹[54,56-57]。这些裂纹与已经存在的直线裂纹形成了 40°~60°的角。Lundmark 和 Varna[58]近期发现,弯曲的微裂纹在低温条件下比在室温条件下更容易形成。事实上,复杂的裂纹轨迹更有可能发生在低温条件下(图 6.12)。这可能导致层合板中存在一个高度损伤的区域,包含有多种损伤形态(图 6.13)。

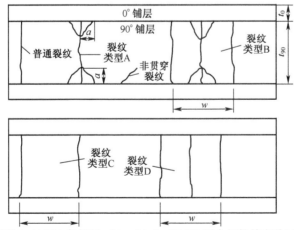

图 6.12 低温(-150℃)条件下,$[0_2/90_4]_s$ CF/EP 层合板拉伸实验过程中观察到的不同裂纹类型[58]

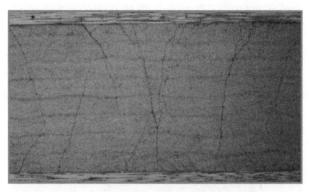

图 6.13 在低温(-150℃)条件下施加拉伸载荷过程中,当施加应力 343MPa (0.66%应变)时,$[0_2/90_4]_s$ CF/EP 层合板高度损伤区域的快照[58]

6.3.4 损伤影响

铺层开裂的最直接影响就是层合板热力学性能的下降,包括弹性模量有效值、泊松比以及热膨胀系数的变化。刚度特性的变化反过来会导致整体结构的变化,如偏倾度、振动频率,有时会导致结构无法实现其预期设计功能。即使并没有引发结构失效,大量的铺层开裂可能会导致出现更多不利的损伤形态,诸如分层和纵向分裂,或者产生通道使得湿气和腐蚀液体进入其中。

6.3.5 载荷和环境影响

大多数实验是在施加单轴拉伸的情况下进行的,但是在其他负载条件下也会形成铺层裂纹,诸如疲劳加载、双轴加载、剪切加载等。双轴加载的 $[0_m/90_n]_s$ 层合板在 0°和 90°铺层上会出现裂纹。如果发生开裂之后材料响应为线性弹性,忽略铺层裂纹之间的相互作用,$[0_m/90_n]_s$ 层合板的双轴加载等同于两个单轴加载层合板的情况,这两个层合板分别是 $[0_m/90_n]_s$ 和 $[90_m/0_n]_s$ 层合板。关于热加载,0°和 90°铺层之间的不均匀收缩也能诱导双轴加载[59-65]。总体来说,在传统层合板理论的分析和预测中应该考虑热效应。Bailey 等[41]研究了热应力和泊松比对 CFRP 和 GFRP 正交铺设层合板铺层开裂的影响。热残余应力通常会降低裂纹开裂应变。CFRP 的热效应高于 GFRP 的热效应,这是由于两种热膨胀系数以及平行和垂直于纤维方向的弹性模量的较大差异所引起的[41]。例如,一种铺层厚度为 0.5mm 的 $[0/90]_s$ 层合板在 CFRP 和 GFRP 上分别表现出 0.322% 和 0.094%的热应变。由于其较大的失效应变,发现泊松效应大于 GFRP。有时泊松应变相当高,可以在 0°铺层上引起横向开裂。

不同铺层热膨胀之间的不匹配会导致微开裂的高密度形态,称为"针脚开裂"。Lavoie 和 Adolfsson[66]研究了$[+\theta_n/-\theta_n/90_{2n}]_s$层合板中这一形态的开裂(图 6.14)。当两个铺层之间的夹度大于 50°时,针脚开裂的出现可避免在相邻约束的铺层中的 90°裂纹尖端处层间分层。在疲劳载荷条件下也可以观察到针脚开裂[19]。层间断裂韧性的变化大于温度变化时会导致铺层开裂的开始和演变[67]。

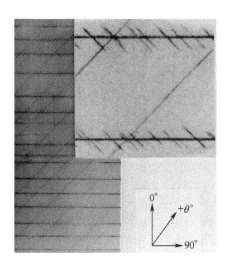

图 6.14 在$[+45_4/-45_4/90_8]_s$层合板中,热应力诱导的基体
微裂纹的 X 射线照片[66]
(90°铺层基体裂纹从左到右,引发许多短的、针状-45°
方向铺层基体裂纹的形成。+45°铺层基体长裂纹也会出现)

由于潮湿引起的残余应力会影响开裂过程[63,68],这可以归因于湿热老化过程中基体退化[69-70]。潮湿和热残余应力的结合会引起刚度的大幅下降,尤其是在较高的裂纹密度的情况下[71]。

如果层合板受到弯曲加载,将会在有张力的那边形成铺层裂纹,对于加载分析需要考虑由此产生的局部应力状态[11,73-77]。

6.3.6 多向层合板开裂

在实际应用中,正交铺设层合板不是很常见。事实上,复合材料层合板的广泛实际应用需要将铺层以多个方向放置。常见的例子就是准各向同性层合板,它可以由不同的方法构成。一种常用的方法是由 0°、45°、90°方向的铺层混合而成,以$[0/90/\pm45]_s$构型示范。在这种层合板的偏轴铺层中,裂纹通常起始于施加的较高轴向应变而不是 90°铺层内的应变,有时可能会由于斜主应力轨迹而呈弯曲模式。弯曲裂纹和自由边缘附近的裂纹往往会促进铺层交界面分层[78]。实验数据显示,大多数偏轴裂纹形成于试件边缘位置,在样本因大量分层而失效前,其生长不会从厚度和宽度方向贯穿试件。

此外,在某些情况下,诸如分层或纤维断裂在内的其他损伤模式,可能会发生于偏轴铺层开裂之前。Johnson 和 Chang[79-80]对多向层合板构型进行了大量实验,发现对于铺层角度大于 45°的层合板,铺层开裂为显性损伤模式,在自由边缘有可能分层。例如,对于 $\theta \geqslant 45°$ 的[$0/\theta/0$]层合板,显性损伤为铺层开裂[31,35];而在[90/30/-30]$_s$ 层合板中,边缘分层和纤维断裂同时发生时会导致最终失效。Crocker 等[35]发现,在[0/45/0]层合板中,45°铺层发生裂纹后紧接着会发生分层。

如果多向层合板中含有 90°铺层,临近 90°铺层的偏轴铺层显现出许多非贯穿裂纹,这些裂纹在载荷增加状态下可能会或可能不会形成贯穿裂纹。邻近铺层的裂纹基本上都始于 90°铺层的交界面。关于[$0/\theta_2/90$]$_s$ 层合板的实验,Yokozeki 和 coworkers[50-51]还指出 90°和 θ 铺层之间的交角以及 θ 铺层的厚度会对这些铺层开裂的初始和发展产生重大的影响。

在更为常见的多向裂纹体系中,需要考虑另一个重要的问题,即两个相邻铺层中裂纹的相互作用。这一相互作用会在某些特定方向引发更多开裂,进而导致刚度进一步下降。例如,准各向同性层合板 45°裂纹会导致 90°铺层加速开裂。这种层间裂纹相互作用与相关裂纹位置、方向、裂纹大小(铺层厚度)以及不同方向裂纹密度成复杂的函数关系,因此无法通过分析和采用诸如三维 FEM 数值计算法来确定开裂层合板的应力。图 6.15 所示为含有多个偏轴方向裂纹的[$0/90/\theta_1/\theta_2$]$_s$ 层合板的代表性体积元。

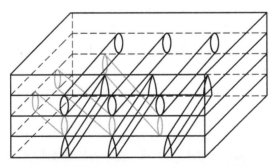

图 6.15　含有多个偏轴方向裂纹[$0/90/\theta_1/\theta_2$]$_s$ 层合板代表性体积元

6.4　建模方法

在接下来的章节中将介绍复合材料层合板铺层开裂演变的预测方法。在讨论的模型中,假设铺层裂纹从铺层厚度方向完全贯穿铺层,且从样本宽度方向完全贯穿样本。在给定的铺层裂纹阵列中,假设所有裂纹的尺寸大小、形状以及方向都相同。这里需要强调的问题是裂纹成倍增长过程与施加载荷成函数关系。如前所述,有两条解决问题的途径:一条是基于强度准则(单点失效);另一条基于能量准则(表面成型)。本节仅针对正交铺设层合板,多向层合板将在以后进行讨论。此处要解决的基本 BVP 与第 4 章中所用的方法相同,见图 4.7。如果没有特别说明,我们将使用与 4.4 节相同的符号和注释。

6.4.1 基于强度的方法

根据这些模型,当铺层局部应力(或应变)状态达到临界水平时形成微裂纹[37-39,81-88]。最常用的临界水平值包括受横向拉伸的铺层的失效应变 ε_{1T} 或失效应力 σ_{tu}。也会应用到 2.2.4 节所提到的其他的铺层失效准则,诸如 Tsai-Wu 准则、Hashin 准则。由于横向开裂刚开始的应力状态并不均匀[45],这些模型没能考虑到裂纹最初开始(作为点失效过程)和裂纹发展(作为表面生长过程)的差异。因此,铺层厚度对横向裂纹的影响并不能通过这一准则得到合理解决。

基于强度准则的一个问题,一般来说需要局部应力状态知识进行失效评估,通过分析来确定局部应力只是在一部分情况下是可能的,且绝大部分是针对正交铺设层合板而言。然而,更主要的问题是基于强度的预测与实验数据的不一致性。应用强度统计概念[83-84,86,89-90]可改进预测结果,但是需要额外的材料数据。在接下来的章节中将简要介绍基于强度的模型。

用以确定裂纹初始应变和裂纹成倍增长的基本剪切滞后分析见文献[91],这在 4.2 节中已经有所介绍。这是一种一维分析,因此无法提供因开裂而造成的精确的应力干扰。Garrett 和 Bailey 将单向纤维复合材料的多缝开裂分析应用于正交铺设层合板的横向开裂这一情况,见文献[38](4.4.1 节)。据分析,裂纹平面上横向铺层所产生的载荷,在距离 y 的范围内反向转移回横向铺层,可由文献[38]给出,即

$$F = 2t_0 w \Delta\sigma_0 [1 - e^{-\beta y}] \tag{6.6}$$

式中:t_0 为 0°铺层的厚度;w 为样本宽度;$\Delta\sigma_0$ 为因横向铺层开裂引起的纵向铺层额外应力的最大值(发生在开裂平面内,以指数方式从裂纹表面衰减);β^2 为剪切滞后参数,用式(4.62)表示:

$$\beta^2 = G_{xz0}^{90} \left[\frac{1}{E_{x0}^{90}} + \frac{1}{\lambda E_{x0}^{0}} \right] \tag{6.7}$$

式中:G_{xz0}^{90} 为 90°铺层初始面内剪切模量;$\lambda = t_0/t_{90}$ 为铺层厚度比;E_{x0}^{0}、E_{x0}^{90} 分别为 0°和 90°铺层的纵向模量。

横向铺层在下列情况下拉伸失效:
$$F = 2t_{90}w\sigma_{tu} \tag{6.8}$$
式中:σ_{tu}为横向铺层失效应力。

假设第一条裂纹发生在样本长边的中间部位,$\Delta\sigma_0 = (t_{90}/t_0)\sigma_{tu}$,即$\sigma_0 = E_c\varepsilon_{tu}$所施加的载荷,$E_c$为复合材料的纵向模量,$\varepsilon_{tu}$为横向铺层开裂应变。接下来,开裂过程会导致第二条、第三条裂纹的同时产生(分别在第一条裂纹之上和之下)。当$y = l$时,其中$2l$为裂纹间隔,从式(6.6)和式(6.8)可得到$\Delta\sigma_0$:
$$\Delta\sigma_0 = \frac{1}{\lambda}\frac{\sigma_{tu}}{1 - e^{-\beta l}} \tag{6.9}$$

这些裂纹将干扰作用力的转移,以致将在如下情况下发生新的开裂过程:
$$\Delta\sigma_0 = \frac{1}{\lambda}\frac{\sigma_{tu}}{1 + e^{-\beta l} - 2e^{-\beta l/2}} \tag{6.10}$$

相似地,当达到如下表达式时,第($N+2$)条裂纹将会形成。
$$\Delta\sigma_0 = \frac{1}{\lambda}\frac{\sigma_{tu}}{1 + e^{-\frac{\beta l}{N}} - 2e^{-\frac{\beta l}{2N}}} \tag{6.11}$$

裂纹密度演变可以通过使用上面的迭代算法得到。图6.16所示为裂纹间隔随载荷增加而变化的模型预测,是针对一个长130mm、横向铺层厚度为3.2mm的玻璃-聚酯样本而言的。尽管这一模型代表了实验结果的总体趋势,但是平均裂纹间隔通常被过低估计。这可能是由于等强度90°铺层会在已有裂纹之间产生新的裂纹。随后的模型试图通过以概率函数表示90°铺层强度来解决这一问题。Manders 等[92]考虑了沿着90°铺层长度的强度两参数威布尔分布,将每单位体积断裂风险表示如下:
$$p(\sigma) = \left(\frac{\sigma}{\sigma^*}\right)^{\varpi} \tag{6.12}$$

式中:常量σ^*为应力的尺寸参数;ϖ为形状参数,失效的累积分布函数如下:
$$S_V = 1 - \exp\left[-\int_V p(\sigma)dV\right] = 1 - \exp\left[-A\int_L p(\sigma)dy\right] \tag{6.13}$$

式中:A为面积;L为层合板长度。

对式(6.13)中的所有项取对数,得
$$\ln(1 - S_V) = -A\int_L p(\sigma)dy \approx -ApL \tag{6.14}$$

通过绘制$\ln(1 - S_V)$与L关系图可获得Ap值。通过对实验裂纹密度演变和模型进行拟合可得到威布尔参数σ^*和ϖ。为描述层合板应力σ,Manders 等[92]使用了初始剪滞分析,这在4.4.1节有所介绍。裂纹间隔变化的模型预测与施加应变之间的函数关系如图6.17所示。

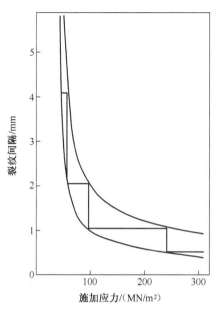

图 6.16 使用剪滞模型,裂纹间隔的预测与施加应力之间的函数关系[38]

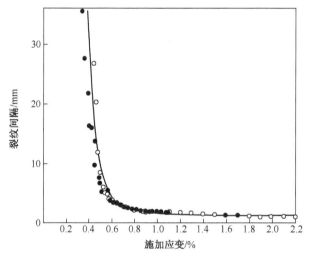

图 6.17 [0/90/0]玻璃/环氧复合材料层合板的裂纹间隔
变化的模型预测与施加应变之间的函数关系(使用 Manders 等[92]的
概率剪滞模型进行预测,实心圆和空心圆代表两种样本的实验数据,实线代表模型预测)

Fukunaga 等[83]进行了相似的分析,他们应用了 90°铺层强度的威布尔分布,而不是层间剪滞分析,见 4.4.1 节。通过此分析可推导出热残余应力和泊松收缩的影响。根据他们的分析,施加的轴向应力和裂纹间隔($2l$)的关系

如下:

$$\sigma_c = \frac{E_c}{Q_{22}\left(1 - \frac{Q_{12}A_{12}}{Q_{22}A_{22}}\right)}\left[\sigma^*\left(\frac{L_0 t_1}{2lt_{90}\delta_1}\right)^{1/\varpi} - \sigma_{xxR}^{90}\right] \quad (6.15)$$

式中: $\sigma^* = \sigma_{xx0}^{90}(\ln2/L_0 t_1 w)^{1/\varpi}$, L_0、w、t_1 分别为单一 90°铺层的长度、宽度和厚度; $\delta_1 = \frac{1}{l}\int_0^l [1 - (\cosh\beta x/\cosh\beta l)]\mathrm{d}x$ 为反映 90°铺层强度对应力不均匀性影响的参数。

相应的应变可以通过开裂层合板的应力-应变关系计算得出,由文献[83]推导得

$$\varepsilon_c = \frac{\sigma_c}{E_c}\left[1 + \frac{t_{90}Q_{22}}{t_0 Q_{11}}\left(1 - \frac{Q_{12}A_{12}}{Q_{22}A_{22}}\right)\frac{\tanh(\alpha l)}{\alpha l}\right] + \frac{t_{90}\sigma_{xxR}^{90}}{t_0 Q_{11}}\frac{\tanh(\alpha l)}{\alpha l} \quad (6.16)$$

式(6.16)中 $\tan(\alpha l)/\alpha l = 0$(当 $l \to \infty$ 时),式(6.15)中 $2l = L_0$,$\delta_1 = 1$,可以求得裂纹初始应变。因此,在 90°铺层第一条裂纹上的施加应变为

$$\varepsilon_0 = \frac{1}{Q_{22}\left(1 - \frac{Q_{12}A_{12}}{Q_{22}A_{22}}\right)}\left[\sigma^*\left(\frac{t_1}{t_{90}}\right)^{1/\varpi} - \sigma_{xxR}^{90}\right] \quad (6.17)$$

对于正交铺设层合板,根据铺层强度的统计描述,可得出良好结论。但是这些模型不能合理解释铺层厚度变化的影响。此外,如前面所提到的,剪滞分析是一种一维应力分析,所以不是非常精确。基于 Steif 抛物线位移变化,尝试对 90°铺层[93]进行二维剪滞分析[55,94-96]。在 6.5 节中,将针对概率概念进行详细讨论。

6.4.2 基于能量的方法

对于裂纹扩展,基于能量方法的起源是以断裂力学为基础的(见 2.4 节,线性弹性断裂力学)。从脆性断裂的经典理论来看,当能量释放率等于或大于含裂纹材料的断裂韧性时,即 $G \geqslant G_c$,裂纹尖端生长不稳定。这一材料性能可由标准化的独立实验得到。对于完美的脆性断裂,即当没有其他能量消散机理存在,除了在裂纹表面形成中存在的耗散,断裂韧性等同于表面能量的两倍。但是对于复合材料层合板内多缝开裂,裂纹尖端的脆性裂纹扩展情况并不像假设的那样。这里,在拉伸状态下形成的铺层裂纹在铺层交界面受到阻止,任何通过外部加载,针对层合板的进一步能量输入会导致更多铺层裂纹的形成。尽管独立的铺层裂纹会经历穿过厚度生长阶段以及沿着纤维方向生长阶段,在大多数情况下铺层裂纹会快速形成,因此分析主要聚焦于成倍增长,即裂纹密度变大。由于这一点,传统的断裂机理的改进方法称为有限断裂机理[97]。因此,与传统的断裂机理不同,横向开裂由有限数量的新形成的断裂区域构成。对于正交铺设层

合板,有限断裂机理与变量应力分析相结合可用于多项研究工作[5,33,46,97-99]。

在脆性断裂条件下,有限的表面形成的准则可以表示为

$$\Delta \Gamma \geqslant \gamma \cdot \Delta A \tag{6.18}$$

式中:$\Delta \Gamma$ 为裂纹表面在 ΔA 面积增加时的能量变化(释放);γ 为新形成裂纹的每单位面积的表面能。

下面分别介绍基于能量的各种方法。

1. 剪滞分析

前面提到的基于能量的铺层断裂分析是由 Parizi 等[81]提出的。他们认识到外部的0°铺层对[0/90]$_s$ 层合板横向开裂的约束作用,并在开裂过程的能量平衡中加以考虑。回顾4.2节的 ACK 理论,受到恒定张力的样本不会形成裂纹,除非

$$\Delta W \geqslant \Delta U_S + U_D + 2\gamma_m V_m \tag{6.19}$$

式中:V_m 为基体容积率,定义为复合材料每单位横截面积;ΔW 是施加应力所做的功;ΔU_S 为储存在复合材料中储存的能量的增加量;U_D 为开裂过程中的能量损失(脱粘的纤维和基体之间的滑动摩擦);γ_m 为每单位表面积的基体表面能量。

对于横向铺层开裂,上述不等式可转化为

$$\Delta W \geqslant \Delta U_S + 2\gamma_t \frac{t_{90}}{h} \tag{6.20}$$

式中:γ_t 为平行于纤维的横向铺层开裂的表面能量;$h = t_0 + t_{90}$。

对于线性弹性体,外力的功等同于储存的应变能量,即

$$\Delta U_S = \frac{1}{2}\Delta W \tag{6.21}$$

将式(6.21)代入式(6.20),开裂发生在下列情况下:

$$\Delta W \geqslant 4\gamma_t \frac{t_{90}}{h} \tag{6.22}$$

关于开裂,额外的应力被转移到外部未开裂铺层上,且层合板长度增加。这个过程所做的功可通过下式得到[81]:

$$\Delta W = \frac{2E_{x0}^{90} E_c \varepsilon_{tu}^2}{\lambda E_{x0}^0 \beta} \tag{6.23}$$

式中:β 在式(6.7)已作了定义。

将式(6.22)和式(6.23)结合,横向铺层中初始开裂所需的应变为

$$\varepsilon_0 = \varepsilon_{tu}^{\min} = \sqrt{\frac{2t_0 E_{x0}^0 \gamma_t \beta}{h E_{x0}^{90} E_c}} \tag{6.24}$$

玻璃/环氧正交铺设层合板的多种横向铺层厚度模型预测与实验数据的对比如图 6.18 所示。

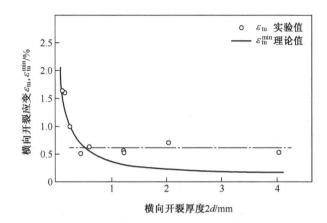

图 6.18 裂纹初始应变值 ε_{tu}^{min} 与铺层厚度 $2t_{90} = 2d$ 之间的函数关系(从式(6.24)得到),以及玻璃/环氧正交铺设层合板中不同铺层厚度的实验数据[81](水平线是大型内部铺层厚度 ε_{tu}^{min} 的有限值)

Laws 和 Dvorak[100] 应用一维应力分析,提出了另一种更为复杂的基于能量的铺层开裂分析(请参考 4.4.1 节的剪滞分析)。考虑到开裂的正交铺设层合板处于状态 1,该状态中裂纹分开的距离为 $2l$,裂纹之间韧带 AB 并未产生开裂(图 6.19(a))。当施加载荷达到临界值 σ_c 时,在该位置 C 处产生新的裂纹(图 6.19(b))。假设在额外裂纹形成过程中载荷保持恒定不变,Laws 和 Dvorak 计算了宽度为 w 的层合板在开裂过程中的能量释放为

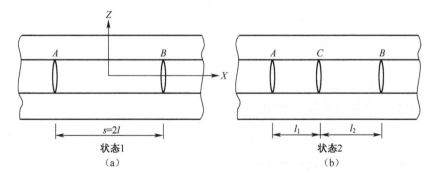

图 6.19 正交铺设层合板横向铺层裂纹的增长
(a)状态 1,裂纹间隔 $s=2l$;(2)状态 2,韧带 AB 上的位置 C 处有额外裂纹

$$\Delta \Gamma = \frac{2 t_{90}^2 w h E_c}{\beta t_0 E_{x0}^0 E_{x0}^{90}} \left(\sigma_{xxR}^{90} + \frac{E_{x0}^{90}}{E_{x0}^0} \sigma_c \right)^2 \left[\tanh \frac{\beta l_1}{2 t_{90}} + \tanh \frac{\beta l_2}{2 t_{90}} - \tanh \frac{\beta l}{t_{90}} \right]$$
(6.25)

式中：$\beta^2 = K t_{90} [(1/E_{x0}^{90}) + (1/\lambda E_{x0}^0)]$ 为剪滞参数（见式(4.67)）；σ_{xxR}^{90} 为横向铺层的热残余应力。

将式(6.25)代入式(6.18)，使用 $\Delta A = 2 w t_{90}$，在下列情况下产生新的裂纹：

$$\frac{t_{90} h E_c}{\beta t_0 E_{x0}^0 E_{x0}^{90}} \left(\sigma_{xxR}^{90} + \frac{E_{x0}^{90}}{E_{x0}^0} \sigma_c \right)^2 \left[\tanh \frac{\beta l_1}{2 t_{90}} + \tanh \frac{\beta l_2}{2 t_{90}} - \tanh \frac{\beta l}{t_{90}} \right] \geqslant \gamma \quad (6.26)$$

第一铺层失效应力(裂纹开始时所施加的应力)可通过限定 $l \to \infty$ 得到，即

$$\sigma_c^{\text{fpf}} = \left(\frac{\beta t_0 E_{x0}^0 E_c \gamma}{t_{90} h E_{x0}^{90}} \right)^{1/2} - \frac{E_c}{E_{x0}^{90}} \sigma_{xxR}^{90} \quad (6.27)$$

热残余应力 σ_{xxR}^{90}，以及上述表达式中的其他参数可通过未损伤层合板的性能数据获得。因此，式(6.27)提供了 $\sigma_c^{\text{fpf}}, \beta, \gamma$ 之间的关系。现在，σ_c^{fpf} 和 γ 可以由实验数据确定。因此，Laws 和 Dvora 将式(6.27)看作是确定剪滞参数 β 的关系式。一旦 β 已知，位置 C 处产生开裂的施加应力可由下式求得：

$$\sigma_c(l_1) = \left(\sigma_c^{\text{fpf}} + \frac{E_c}{E_{x0}^{90}} \sigma_{xxR}^{90} \right) \left[\tanh \frac{\beta l_1}{2 t_{90}} + \tanh \frac{\beta l_2}{2 t_{90}} - \tanh \frac{\beta l}{t_{90}} \right]^{-1/2} - \frac{E_c}{E_{x0}^{90}} \sigma_{xxpR}^{90}$$
(6.28)

在实际情况中，由于裂纹形成的阻力在空间上是有变化的，位置 C 是随机的。p 为给定位置下一条裂纹形成的概率密度函数。在归一化裂纹密度的层合板中，$\rho_c = t_{90}/l$，造成额外开裂所需施加应力的期望值为

$$E[\sigma_c(\rho_c)] = \int_0^{2l} p(x) \sigma_c(x) \mathrm{d}x \quad (6.29)$$

$p(x)$ 可能的 3 种情况如下：

情况一：下一条裂纹在中途产生。

$$p(x) = \delta(x - l) \quad (6.30)$$

式中：$\delta(x)$ 为狄拉克三角函数。

情况二：所有位置都基本相同。

$$p(x) = \frac{1}{2l} \quad (6.31)$$

情况三：$p(x)$ 与局部应力成比例[100]。

$$p(x) = \left(\sigma_{xxR}^{90} + \frac{E_{x0}^{90}}{E_{x0}^0} \sigma_c \right) \left[1 - \frac{\cosh \dfrac{\beta x}{t_{90}}}{\cosh \dfrac{\beta l}{t_{90}}} \right] \quad (6.32)$$

对于情况一,可由下式求解:

$$E[\sigma_c(\rho_c)] = \left(\sigma_c^{\text{fpf}} + \frac{E_c}{E_{x0}^{90}}\sigma_{xxR}^{90}\right)\left[2\tanh\frac{\beta}{2\rho_c} - \tanh\frac{\beta}{\rho_c}\right]^{-1/2} - \frac{E_c}{E_{x0}^{90}}\sigma_{xxR}^{90}$$
(6.33)

对于情况二和情况三,式(6.29)的积分需要数值评估。这两种情况下,$p(x)$的模型预测见图6.20($\gamma = 193\text{J/m}^2$,$\beta = 0.9$)。通过比较实验数据,Laws和Dvorak认为基于$p(x)$(情况三)的断裂机理是最有效的选择。此时,模型预测可以与玻璃/环氧层合板的另一组实验数据相媲美。

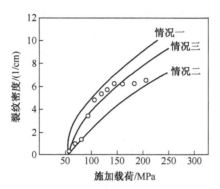

图 6.20 玻璃/环氧层合板中裂纹密度演变,概率分布函数$p(x)$的3种情况[100]
(实验数据来自文献[8]。注意,文献[8]在高负载端有额外的3个数据点与模型预测相差甚远)

2. 变量分析

Narin[99]对有裂纹的正交铺设层合板使用了变量法[101],包括热残余应力、能量释放率准则,用于预测有裂纹的正交铺设层合板的裂纹密度。当基体开裂的临界能量释放率通过实验数据推导时,他的预测与实验数据高度一致。

Vinogradove和Hashin[97-98,102]提出了另一个正交铺设层合板损伤演变模型。它使用了应力计算的变量分析[101]和开裂准则的有限断裂机理。在4.6节中,对应力计算做了详细的介绍,由于N条横向裂纹导致的余能变化可由下式导出:

$$\Delta \Pi^* = \sum_{n=1}^{N} \Delta \Pi_n^* = (\sigma_{xx0}^{90})^2 t_{90}^2 C_{22} \sum_{n=1}^{N} \chi(\rho_n) \quad (6.34)$$

式中:$C_{22} = (\lambda + 1)(3\lambda^2 + 12\lambda + 8)\dfrac{1}{60E_2}$(见式(4.151)),以及

$$\chi(\rho_n) = -\left.\frac{d^3\phi_n}{d\xi^3}\right|_{\rho_n} = 2\alpha_1\alpha_2(\alpha_1^2 + \alpha_2^2)\frac{\cosh(2\alpha_1\rho_n) - \cos(2\alpha_2\rho_n)}{\alpha_1\sin(2\alpha_2\rho_n) + \alpha_2\sinh(2\alpha_1\rho_n)}$$
(6.35)

式(6.34)的求和超出了以相邻裂纹为边界的所有的区域。$\rho_n = l_n/t_{90}$ 为归一化的裂纹间隔,不能同裂纹密度混淆。为了进一步理解,读者可查阅 4.6 节。最初当裂纹离得很远($\rho_n \to \infty$)时,该函数可通过下式得到其近似值:

$$\chi(\infty) = 2\alpha_1(\alpha_1^2 + \alpha_2^2) \tag{6.36}$$

现在对带有 N 裂纹的层合板的状态进行研究。当一条新裂纹出现时,能量释放可以表示为[97]

$$\Delta \Gamma_n = \Pi^*(\boldsymbol{\sigma}^{N+1}) - \Pi^*(\boldsymbol{\sigma}^N) \tag{6.37}$$

式中:σ^N、σ^{N+1} 为形成第($N+1$)条裂纹之前和之后的应力场。应力场包括力学的应力场和热效应的应力场(如果有)。假设新的裂纹迅速形成,两个应力场可在相同外部载荷情况下被评估。式(6.37)可以表示为

$$\Delta \Gamma_n = [\Pi^*(\boldsymbol{\sigma}^{N+1}) - \Pi^*(\boldsymbol{\sigma}^0)] - [\Pi^*(\boldsymbol{\sigma}^N) - \Pi^*(\boldsymbol{\sigma}^0)] \tag{6.38}$$

式中:σ^0 为相同外部载荷下未损伤材料的应力场。

假设式(6.34)是一个良好的能量近似值,由于第($N+1$)条裂纹而导致的能量释放可由下式得出:

$$\Delta \Gamma_n = (\sigma_{xx0}^{90})^2 t_{90}^2 C_{22} \sum_{i=1}^{N+1} \chi(\rho_i^{N+1}) - (\sigma_{xx0}^{90})^2 t_{90}^2 C_{22} \sum_{i=1}^{N} \chi(\rho_i^N) \tag{6.39}$$

式中:σ_{xx0}^{90} 为未损伤的 90°铺层内的应力;ρ_i^N 是第 N 个开裂步骤的第 i 区域的无量纲裂纹间隔(从 N 到 $N+1$ 裂纹)。

根据能量释放率准则和式(6.18),取平均值,且表示变量为连续变量,则开裂过程中的能量释放可以表示为(完整推导见文献[98])

$$\gamma = -(\sigma_{xx0}^{90})^2 t_{90} C_{22} \frac{\mathrm{d}}{\mathrm{d}\bar{\rho}}\left(\frac{\bar{\chi}}{\bar{\rho}}\right) \bar{\rho}^2 \tag{6.40}$$

Hashin[101]取层合板纵向模量的下边界(见 4.6 节),有

$$\frac{1}{E_x^*} = \frac{1}{E_0} + k_1^2 \frac{t_{90}}{h} C_{22} \frac{\bar{\chi}}{\bar{\rho}} \tag{6.41}$$

式中:当缺少温度变化时,$k_1 = \sigma_{xx0}^{90}/\sigma_{xx0}^0$。

令 $A = L/2\bar{\rho}$,最终可得到开裂准则如下:

$$\gamma = \frac{1}{2}(\sigma_{xx0}^{90})^2 \frac{\mathrm{d}}{\mathrm{d}A}\left(\frac{1}{E_x^*}\right) V \tag{6.42}$$

式中:V 为层合板体积。

式(6.42)表示了由 Hashin[103]的断裂准则推导出的特定恒温情况,推导如下:

$$\gamma = \left[\frac{1}{2}\bar{\sigma}\frac{\partial S^*}{\partial A}\bar{\sigma} + \frac{\partial \alpha^*}{\partial A}\bar{\sigma} T - \frac{1}{2}\frac{\partial c_p^*}{\partial A}\frac{T^2}{T_r}\right] V \tag{6.43}$$

式中:S^* 为有效弹性柔性张量;α^* 为有效热膨胀张量;c_p^* 为复合材料的有效比

热容;T_r 为参照温度。

当应用了能量释放率的概率分布时,使用这种方法进行的损伤演变预测是非常精确的。下一节将对此进行详细讨论。

Nairn 的原始结果[48,99]与上述的断裂准则非常类似。但是,他没有应用常用的能量释放率,而是使用了基体断裂韧性(G_m),并指出这可以通过铺层开裂的拟合实验数据得到。如果我们假设新裂纹形成于已有裂纹之间,Nairn 的断裂准则为

$$G_m = \left(\sigma_c^2 \frac{E_2^2}{E_c^2} + \frac{\Delta\alpha T^2}{C_{00}^2}\right) t_{90} C_{22} [2\chi(\rho/2) - \chi(\rho)] \quad (6.44)$$

其中,$C_{00} = (1/E_2) + (1/\lambda E_1)$(见式(4.151))。另一种表述是许可在已有两条裂纹之间的任何地方形成新裂纹。如果任何位置裂纹形成的概率都与拉伸应力成比例,能量释放率为

$$G_m = \left(\sigma_c^2 \frac{E_2^2}{E_c^2} + \frac{\Delta\alpha T^2}{C_{00}^2}\right) t_{90} C_{22} [\chi(\delta) + \chi(\rho - \delta) - \chi(\rho)] \quad (6.45)$$

其中

$$[\chi(\delta) + \chi(\rho - \delta) - \chi(\rho)] = \frac{\int_0^{\rho/2} [\chi(\delta) + \chi(\rho - \delta)][1 - \phi(\rho - 2\delta)]d\delta}{\int_0^{\rho/2} [1 - \phi(\rho - 2\delta)]d\delta} - \chi(\delta)$$

(6.46)

对于$[90_m/0_n]_s$层合板开裂,除了常数C_{22}由$C_{22} = (\lambda + 1)(3 + 12\lambda + 8\lambda^2)(1/60E_2)$求得,能量释放率的表达式保持不变(见式(4.164))。需要注意的是,Nairn 的分析包括残余热应力,这主要改变裂纹初始应变(下面会详细介绍)。参数G_m可通过拟合模型与实验数据进行评估。当$G_m = 330 J/m^2$且热残余应力为 13.6MPa 时,$[0/90_3]_s$玻璃/环氧层合板的施加应力与裂纹密度之间的函数关系如图 6.21 所示。

3. 平面应变公式

McCarney[104-109]开发了基于吉布斯自由能的模型,而不是上述的应变余能。他使用平面应变公式对损伤层合板的弹性模量进行估计,这已在 4.7 节进行过讨论。考虑到 90°铺层从 m 裂纹到 n 裂纹的损伤增进,假设每一条裂纹都是在固定的施加的牵引力条件下形成的。基于能量考虑,在下列条件下裂纹开始形成:

$$\Delta \Gamma + \Delta G \geq 0 \quad (6.47)$$

式中:ΔG 为吉布斯自由能的变化;$\Delta \Gamma$ 为由于新裂纹形成而导致的层合板体积 V 所吸收的能量,即

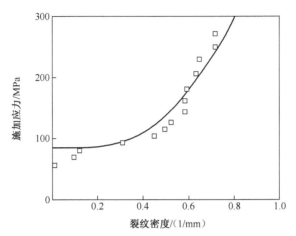

图 6.21 $[0/90_3]_s$ 玻璃/环氧层合板的施加应力与裂纹密度之间的函数关系[99]
(小正方形是从文献[8]得到的数据。实线是能量释放率分析拟合,使用式(6.45),
$G_m = 330 J/m^2$,假设 90°铺层中残余热应力的初始水平为 13.6MPa)

$$\Delta \Gamma = V[\Gamma(\omega_n) - \Gamma(\omega_m)] \quad (6.48)$$

其中:ω 为损伤参数,表征了层合板裂纹密度。

相应的吉布斯自由能的变化为

$$\Delta G = \int_V [g(\omega_n) - g(\omega_m)] dV \quad (6.49)$$

式中:$g(\omega)$ 为每单位体积吉布斯自由能。

经过求解(详见文献[109]),开裂准则为

$$\frac{[\hat{\varepsilon}(\omega_n) - \hat{\varepsilon}(\omega_m)]^2}{\dfrac{1}{\hat{E}(\omega_n)} - \dfrac{1}{\hat{E}(\omega_m)}} + \mu_A(\omega_n)[\gamma(\omega_n)]^2 - \mu_A(\omega_m)[\gamma(\omega_m)]^2 -$$

$$2[\Gamma(\omega_n) - \Gamma(\omega_m)] > 0 \quad (6.50)$$

式中:$\hat{\varepsilon}(\omega)$、$\widetilde{E}(\omega)$、$\mu_A(\omega)$、$\gamma(\omega)$、$\Gamma(\omega)$ 分别为给定损伤状态 ω 的轴向应变、轴向弹性模量、面内轴向剪切模量、施加的面内剪切应变和长度为 $2L$ 的层合板每单位体积的能量吸收。

$$\Gamma(\omega) = \frac{h^{(90)}}{hL} \sum_{j=1}^{M} \delta_j^{(90)} \gamma_j^{(90)} \quad (6.51)$$

式中:$h^{(90)}$、h 分别为 90°铺层和整个层合板的总厚度的 $1/2$;M 为 90°铺层潜在开裂位置的序号,铺层从上至下排序,层合板从中心向外递增顺序;$\gamma_j^{(90)}$ 为第 j 个潜在开裂位置的断裂能量的 $1/2$。其他参数的表达式见文献[109]。裂纹初

始应变可通过设定式(6.50)中 $\omega_m = \omega_0$ 求得。

4. 基于 COD 的模型

根据 Parvizi 等[81]以及 Wang 和 Crossman[110]对能量释放率的研究成果,研究正交铺设层合板中裂纹的形成。Joffe 和同事[111-114]考虑了贯穿裂纹,并基于虚拟裂纹闭合技术,开发了一种可用于预测横向裂纹的增长的方法。该方法为了探测两条已有裂纹之间的区域,引入了一条虚拟裂纹。针对引入的虚拟裂纹,计算闭合裂纹表面所做的功,并将其与该位置形成新的裂纹所需的能量做比较,即与临界能量释放率(G_c)做比较。当闭合裂纹所做的功超过 G_c 时,新的裂纹形成。

考虑一种损伤的$[0_m/90_n]_s$层合板,具有"N"自相似裂纹周期系统,在 90°铺层中,裂纹间隔 $s=2l$(图(6.19(a)))。给层合板施加应力 σ_0(90°铺层中的相应远场应力 σ_{xx0}^{90}),新的裂纹在已有的两条裂纹之间形成,总裂纹数变为 $2N$,裂纹间隔为 l(图 6.19(b))。根据裂纹闭合概念,由于这些新的 N 条裂纹所释放的能量等于闭合它们所需做的功。用 $W_{2N \to N}$ 表示所做的功,同时闭合所有裂纹所做的功用 $W_{2N \to 0}$ 表示,能量平衡需要

$$W_{2N \to 0} = W_{2N \to N} + W_{N \to 0} \tag{6.52}$$

其中,闭合间隔 s 的 N 条裂纹所做的功为

$$W_{N \to 0} = N \cdot 2 \cdot \frac{1}{2} \int_{-t_{90}}^{t_{90}} \sigma_{xx0}^{90} u(z) \mathrm{d}z = 2N\sigma_{xx0}^{90} t_{90} \bar{u}_n(l) = N \frac{(\sigma_{xx0}^{90})^2}{E_2} t_{90}^2 \tilde{u}_n(l) \tag{6.53}$$

式中:假设单位宽度已知,$u(z)$、$\bar{u}_n$、$\tilde{u}_n$ 分别为沿厚度方向的常规裂纹张开位移(COD)变量、其平均值、关于铺层的远处应力和横向模量的归一化平均值。$\bar{u}_n$ 和 $\tilde{u}_n$ 可定义为

$$\bar{u}_n = \frac{1}{t_{90}} \int_0^{t_{90}} u(z) \mathrm{d}z, \quad \tilde{u}_n = \frac{\bar{u}_n}{(\sigma_{xx0}^{90}/E_2) t_{90}} \tag{6.54}$$

相似地,闭合间隔为 l 的 $2N$ 条裂纹所做的功为

$$W_{2N \to 0} = 4N \frac{(\sigma_{xx0}^{90})^2}{E_2} t_{90}^2 \tilde{u}_n(l/2) \tag{6.55}$$

将式(6.53)和式(6.55)代入式(6.52),在已有间隔为 s 的裂纹之间形成新裂纹所释放的能量为

$$W_{2N \to N} = 2N \frac{(\sigma_{xx0}^{90})^2}{E_2} t_{90}^2 [2\tilde{u}(l/2) - \tilde{u}(l)] \tag{6.56}$$

当所做的功等于或大于新形成表面的累积表面能时,裂纹形成,即

$$W_{2N \to N} \geqslant 2N2t_{90} \cdot G_c \quad (6.57)$$

根据式(6.56)和式(6.57),裂纹形成准则为

$$\frac{(\sigma_{xx0}^{90})^2}{2E_2} t_{90} [2\tilde{u}(s/2) - \tilde{u}(s)] \geqslant G_c \quad (6.58)$$

为了分析两条已有裂纹之间的任意位置上的开裂,在裂纹之间的任意位置引入了一条新裂纹(图6.19(b)),这就导致了新的损伤状态,第一条裂纹间隔为s_1,第二个裂纹间隔为$s_2=s-s_1$。这种情况下开裂准则为

$$\frac{(\sigma_{xx0}^{90})^2}{2E_2} t_{90} [2\tilde{u}(l_1/2) - \tilde{u}(l_1) + 2\tilde{u}(l_2/2) - \tilde{u}(l_2)] \geqslant G_c \quad (6.59)$$

作者将$[\pm\theta/90_4]_s$玻璃/环氧层合板中的裂纹密度演变预测分析应用于裂纹间隔变化的情况。对G_c进行威布尔分布分析,使用FR分析计算COD。预测结果与实验数据对比如图6.22所示。

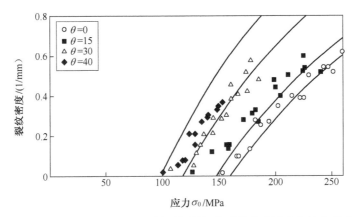

图6.22 使用$[\pm\theta/90_4]_s$玻璃/环氧层合板能量模型,裂纹密度演变与施加的应力之间成函数关系[113](符号代表了实验数据,线条代表采用能量模型运行的4次(模拟)计算均值)

Adolfsson和Gudmundson[11]使用应力分析开发了基于能量的损伤演变方法。在4.9.1节中,介绍了使用这种方法的基础应力分析,虽然他们改进了包括弯曲载荷在内的分析,见文献[11,115]。裂纹密度演变的能量模型是基于开裂所产生的应变能量变化的。根据文献[11],有n个铺层构成的损伤层合板,其每单位面内应变能量可以表示为

$$w_{(c)} = \frac{1}{2}(\boldsymbol{e} - \boldsymbol{a}_{(c)}\Delta T - \boldsymbol{e}^{(R)})^T \boldsymbol{C}_{(c)}(\boldsymbol{e} - \boldsymbol{a}_{(c)}\Delta T - \boldsymbol{e}^{(R)}) + \sum_{k=1}^{n} h^k(\Delta T, \boldsymbol{\sigma}^{k(R)})$$

(6.60)

式中:粗体字母代表基体,$\boldsymbol{C}_{(c)}$、$\boldsymbol{a}_{(c)}$、$\boldsymbol{e}^{(R)}$分别为损伤层合板的刚度、热膨胀系数和残余应力诱导的本征应变,文献[115]推导了这些裂纹密度数量的表达式;ΔT

为固化温度和工作温度之间的温度差;h^k 为由于铺层间约束条件和热残余应力所导致的层合板存储能量的函数(表达式见文献[11]的附录 A),从应变能可得,第 i 个开裂铺层的能量释放率为

$$G^i = -\frac{\partial U}{\partial A^i} = -\frac{\partial (Aw_{(c)})}{\partial A^i} \tag{6.61}$$

式中:A^i 为铺层 i 的裂纹表面面积,可由 $A^i = A\rho^i$ 得出,归一化的裂纹密度为 $\rho^i = t^i/l^i$,其中 l^i 为第 i 铺层中裂纹的平均间隔,A 为层合板面内面积。

从式(6.60)和式(6.61)可知,第 i 铺层开裂的能量释放率 G_i 为

$$G^i = \left(\frac{\partial \boldsymbol{a}_{(c)}}{\partial \rho^i}\Delta T + \frac{\partial \boldsymbol{e}^{(R)}}{\partial \rho^i}\right)^T \boldsymbol{C}_{(c)}(\boldsymbol{e} - \boldsymbol{a}_{(c)}\Delta T - \boldsymbol{e}^{(R)})$$
$$-\frac{1}{2}(\boldsymbol{e} - \boldsymbol{a}_{(c)}\Delta T - \boldsymbol{e}^{(R)})^T \frac{\partial \boldsymbol{C}_{(c)}}{\partial \rho^i}(\boldsymbol{e} - \boldsymbol{a}_{(c)}\Delta T - \boldsymbol{e}^{(R)}) - \sum_{k=1}^{N}\frac{\partial h^k}{\partial \rho^i} \tag{6.62}$$

关于铺层裂纹密度,上面的表达式包含了损伤层合板的有效热弹性的推导。相比于确定属性,计算是一件更为复杂的工作。为此,必须使用 FEM 或者文献[11]的附录 A 中给定的近似分析表达式。图 6.23 所示为石墨/环氧正交铺设层合板的应力-应变响应模型预测与实验数据的对比。

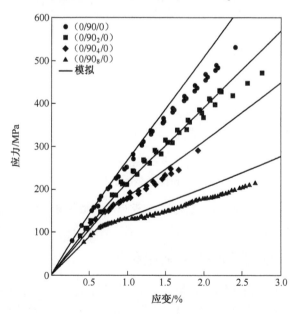

图 6.23　石墨/环氧正交铺设层合板的应力-应变响应模型预测与实验数据的对比[11]
(符号表示实验数据,实线表示 Adolfsson 和 Gudmundson 的模型预测值)

5. Qu-Hoiseth 分析

在 4.5 节中,使用 Qu 和 Hoiseth[116]提出的方法对受损伤的正交铺设层合板的模量进行评估。这一模型的开裂准则为

$$G_c = \frac{3\varepsilon_c^2 t_{90} E_c E_2}{(E_1 + E_2)\rho}\left[\exp\left(-\frac{\bar{\delta}\rho}{2t_{90}}\right) - \exp\left(-\frac{\bar{\delta}\rho}{t_{90}}\right)\right] \quad (6.63)$$

式中:G_c 为横向铺层面内模式 I 的断裂韧性;ε_c 为施加应变;E_c 为纵向未损伤正交铺设层合板的面内应变弹性模量;E_1、E_2 分别为铺层纵向和横向模量;$\bar{\delta}$ 为 90°裂纹的平均裂纹张开位移;$\rho = t_{90}/l$ 为归一化的裂纹密度。

设式(6.63)中的 $\rho \to 0$,横向基体开裂初始的阀值应变为

$$\varepsilon_0 = \sqrt{\frac{G_c(E_1 + E_2)}{\bar{\delta} E_c E_2}} \quad (6.64)$$

由 AS/3501-06 材料制成的正交铺设层合板的模型预测,G_c 的两个值如图 6.24 所示。实验数据来自文献[117]。

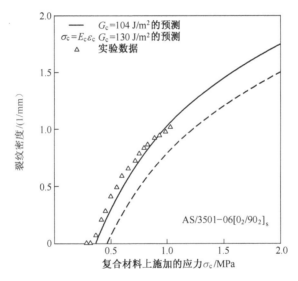

图 6.24 Qu 和 Hoiseth 的正交铺设层合板 COD 模型预测和实验数据对比[116]

6.4.3 多次开裂的强度与能量准则

当应用于层合板内多铺层开裂时,基于强度和基于能量准则之间存在根本的差异。从本质上来说,强度表示特定应力分量或应力函数达到临界值时材料点失效。这一方法主要针对均质材料,如金属和陶瓷。其假设金属中的屈服点遵循冯·米塞斯准则,而假设在拉伸主应力最大值达到临界点时,陶瓷发生脆性

失效。根据屈服准则,由于"失效"会从一点延伸到另一点,屈服发生时,在该点上的应力分量会达到临界值。然而,"脆性断裂"代表了裂纹生长的不稳定性,除非裂纹存在下去,否则其增长是无意义的,这可以通过下面的假设来解决。根据单点失效(强度)准则,假设脆性失效是并发形成的,是裂纹的不稳定性。在不受约束的失效情况下,诸如非增强陶瓷的脆性失效,这种近似假设易理解,因为断裂开始及其不稳定生长通常无法完全区分开,也就是说,在施加相同载荷时两者几乎同时发生。然而,当裂纹生长的约束条件加入补强或者基体的刚度元素时,裂纹的形成及其生长的不稳定性由不同的条件决定。当发现强度准则不足以预测单向脆性基体复合材料的多裂纹形成时,文献[91]所指出的这一事实可以实现。接下来需要考虑裂纹表面形成的能量耗散。

复合材料中多缝开裂是失效过程中固有的特性,定向交界面(纤维/基体和层间)将应力机理从开裂要素转移到非开裂要素上,这反过来为裂纹提供约束力。因此,多开裂过程中引入不充分的受限开裂一定会带来误差。一个常见的例子就是在多缝开裂模型的无限介质中使用裂纹张开位移求解。

6.5 铺层开裂的随机性

铺层开裂的物理观察表明,在开裂过程的早期,裂纹的局部位置、尺寸及其变化过程(生长和成倍增长)具有随机性。随着开裂过程发展,随机性逐渐减小,开裂过程趋于饱和,会导致裂纹间隔的均一性。导致随机性的原因有很多,大多数是由于制造过程所引起。例如,纤维体积分数能在空间上变化。文献[118]中的图像分析展示了 T300/914 碳/环氧复合材料,其平均纤维体积分数为 55.9%,局部体积分数范围为 15%~85%。其他常见的缺陷是基体中的空穴和夹杂物、非贯穿固化的区域、断裂纤维、纤维弯曲、纤维表面交界处以及铺层之间的脱粘区域。

相关文献中可以查阅到针对微观结构随机变化的解决方案。Silberschmidt[119-120]提出了一种晶格方案,结合了初始微观结构随机性影响和损伤的分散变化及其向局部基体开裂空间的过渡。该方案包含了应力重复归一化系数的动态矩阵映射到涵盖开裂(90°)层的要素晶格。图 6.25 所示为在疲劳加载过程中$[0_2/90_4]_s$ T300-934 层合板在基于该方案的加载历史中的不同时间的铺层裂纹分布。

Manders 等[87]在准静态拉伸加载条件下实验了$[0/90]_s$玻璃/环氧层合板的裂纹分布,如图 6.26 所示,Berthelot 和 Le Corre[121]预估了沿层合板长度方向的平均轴向应力分布。可以看出,使用确定性方法很难预测损伤演变的应力状态。正如之前所述,通常使用概率概念来纠正随机效应的裂纹预测。在前面已

图 6.25 基于 Silberschmidt[119-120] 的晶格方案,在加载历史的不同时间,
[$0_2/90_4$]$_s$ T300-934 层合板的铺层裂纹分布情况

(a) 100 次循环;(b) 4×10^3 次循环;(c) 10^5 次循环[120];(d) 2×10^5 次循环[120]。

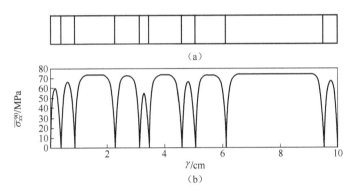

图 6.26 [0/90]$_s$ 玻璃/环氧层合板裂纹分布(a)以及
沿着层合板长度方向 90°铺层的平均轴向应力的相应变化(b)[121]

经对概率断裂准则进行了讨论,此处需要将焦点放在变化应力模型,强调概率因素的细节。

Wang 和同事[1,110,122-125]提出可以基于断裂力学的随机模型来预测铺层开裂的发展。正交铺层合板的横向铺层中的裂纹受到"有效"裂纹的特征分布影响,本质上,这是材料固有的看不见的微裂纹,直到生长到宏观尺寸才可以看到。因此,这些微裂纹在裂纹最初形成过程中各自产生独立的作用,并增长形成贯穿性横向裂纹。假设沿着样本长度方向,裂纹尺寸 $f(a)$ 以及间隔 $f(S)$ 的分布符合下面正态概率分布:

$$\begin{cases} f(a) = \dfrac{1}{a\sqrt{2\pi}} \exp\left[-\dfrac{(a-\mu_a)^2}{2\sigma_a^2}\right] \\ f(S) = \dfrac{1}{S\sqrt{2\pi}} \exp\left[-\dfrac{(S-\mu_S)^2}{2\sigma_S^2}\right] \end{cases} \quad (6.65)$$

式中:a 为平均裂纹尺寸的 1/2;S 为两条相邻裂纹之间的平均距离;μ_a、μ_S、σ_a、

σ_S 为拟合参数。

最严重的缺陷会导致第一铺层开裂。随着载荷加大,较小的裂纹会导致横向裂纹进一步开裂。第一条横向裂纹产生的条件为

$$G(\sigma_c, a_0) = G_c \quad (6.66)$$

式中:σ_c 为施加在复合材料上的纵向应力;a_0 为裂纹初始尺寸的 1/2;G_c 为临界能量释放率,假定其沿着层合板长度方向为常数,裂纹成倍增长在下面情况下稳定:

$$G(\sigma_c, a_0 + \Delta a) < G_c \quad (6.67)$$

在下面情况下不稳定:

$$G(\sigma_c, a_0 + \Delta a) > G_c \quad (6.68)$$

当有足够的能量用于多裂纹增长成为贯穿性横向裂纹时,随之而来的是进一步开裂。当第一条裂纹形成以后,裂纹增长所需的能量释放率取决于与已有裂纹之间的相对距离 S,可以用下式表示:

$$G(\sigma_c, a) = R(S) G_0(\sigma_c, a) \quad (6.69)$$

式中:G_0 为没有裂纹时的能量释放率;$R(S)$ 为能量保留因子,其数值在 0~1 区间内,这可以解释临界裂纹存在的原因。类似地,对于已有的两条横向裂纹的增长,能量释放率为

$$G(\sigma_c, a) = R(S_L) G_0(\sigma_c, a) R(S_R) \quad (6.70)$$

式中:S_L、S_R 分别为左侧裂纹和右侧裂纹缺陷的距离。

Chou 等[126]应用了蒙特卡罗方法,研究结论与实验数据一致。从根本上来看,这一方法预测了微裂纹发展为贯穿性横向裂纹的情况,所以可以用来预测铺层裂纹的增长。然而,这一方法需要许多未知参数,而这些参数需要与实验数据拟合,因此并没有得到广泛应用。前面已经提到,实验观察表明,横向裂纹通常快速生长并穿过 90°铺层厚度以及样本宽度。因此,这些方法并没有用于预测裂纹扩展,而是关注于裂纹增长,即裂纹密度变大。

为了说明如何改进最近的断裂准则,包括概率测量,我们遵循 Vinogradov 和 Hashin[98] 的解决方法。相应地,可以将开裂过程的不确定性划分为两种概率概念,即"几何学的"和"物理的"。"几何学的"不确定性是指新裂纹在已有的相邻裂纹之间的特定位置出现具有随机性;"物理的"不确定性则需要解决材料抵抗裂纹形成的变化。通过考虑相邻裂纹之间距离的变化可引入几何层面的开裂概率,即

$$\bar{\rho} = \int_0^\infty \rho p(\rho) \mathrm{d}\rho, \quad \bar{\chi} = \int_0^\infty \chi(\rho) p(\rho) \mathrm{d}\rho \quad (6.71)$$

式中:$p(\rho)$ 为相邻裂纹之间距离的概率密度函数(PDF)。

将 $\rho \to \infty$ 代入式(6.40),应用式(6.36)可得到第一条裂纹形成的准则:

$$\gamma = (\sigma_{xx0}^{90})^2 t_{90} C_{22} \quad \chi(\infty) = 2(\sigma_{xx0}^{90})^2 t_{90} C_{22} \alpha(\alpha^2 + \beta^2) \tag{6.72}$$

事实上,式(6.72)中的准则可用于预测损伤演变曲线的初始阶段。对于两条相邻裂纹之间的任何材料区域,式(6.40)中的开裂准则可以表示为

$$\gamma = (\sigma_{xx0}^{90})^2 t_{90} C_{22} \left[\chi\left(\frac{\rho+\xi}{2}\right) + \chi\left(\frac{\rho-\xi}{2}\right) - \chi(\rho) \right] \tag{6.73}$$

式中:ξ 为两条裂纹之间新裂纹位置的无量纲坐标。

式(6.73)是裂纹形成的局部准则,因为它主要针对下一条裂纹的位置。

损伤演变的"物理"性质可通过求出材料性能 γ 的概率变化得到。因此:

$$\gamma = G(\xi) \tag{6.74}$$

可以认为参数 $G(\xi)$ 是材料的局部韧性,在含有许多裂纹并有一个脆弱的交界面的区段上,极易形成新的裂纹。γ 的变化可通过威布尔分布描述,γ 的 PDF 可以表示为

$$p_r(\gamma) = \frac{\eta}{\gamma_0}\left(\frac{\gamma-\gamma_{\min}}{\gamma_0}\right)^{\eta-1} \exp\left[-\left(\frac{\gamma-\gamma_{\min}}{\gamma_0}\right)\right], \quad \gamma \geq \gamma_{\min} \tag{6.75}$$

式中:$\gamma_{\min}$ 为 γ 的最小可能值;η、γ_0 分别为分布的参数,可通过拟合实验数据评估。

对不同的层合板系统,即 0° 和 90° 铺层的不同组合,例如 $[0_{n1}/90_{m1}]_s$ 层合板和 $[0_{n2}/90_{m2}]_s$ 层合板,分布参数可能是不同的。如果第一个层合板构型的参数 η_1、γ_{01} 已知(通过拟合实验数据),那么第二个层合板构型参数 η_2、γ_{02} 可由下面表达式求得:

$$\begin{cases} \dfrac{\Gamma\left(\dfrac{2+\eta_2}{\eta_2}\right) - \Gamma^2\left(\dfrac{1+\eta_2}{\eta_2}\right)}{\Gamma^2\left(\dfrac{1+\eta_2}{\eta_2}\right)} = \dfrac{m_2}{m_1} \dfrac{\Gamma\left(\dfrac{2+\eta_1}{\eta_1}\right) - \Gamma^2\left(\dfrac{1+\eta_1}{\eta_1}\right)}{\Gamma^2\left(\dfrac{1+\eta_1}{\eta_1}\right)} \\ \gamma_{02} = \gamma_{01} \dfrac{\Gamma\left(\dfrac{1+\eta_1}{\eta_1}\right)}{\Gamma\left(\dfrac{1+\eta_2}{\eta_2}\right)} \end{cases} \tag{6.76}$$

式中:$\Gamma(x)$ 为随机变量为 x 的标准的伽马函数其推导可查阅文献[98]。

这一模型的模拟过程可以概括如下:

(1) 选择一种铺层材料或一种铺层材料的层合板构型。

(2) 沿着层合板长度方向随机分布可能的裂纹位置。

(3) 根据威布尔分布生成每一个点的 γ 随机值。

(4) 将裂纹密度演变的实验数据与模型预测拟合,推导出威布尔分布的参数。

(5) 使用式(6.76)计算其他层合板系统的威布尔参数,预测这些层合板的裂纹密度演变。

数值模拟结果与拟合的和计算的分布参数的实例如图 6.27 所示。

Berthelot 和 Le Corre[121]基于强度分析指出,概率分布需要考虑材料的薄弱区域。对[0/90$_2$]$_s$碳/环氧层合板的分析表明,考虑薄弱区域的强度概率分布恰当地更正了初始阶段的裂纹密度变化(图 6.28)。在低裂纹密度条件下,总是能观察到考虑薄弱区域的模型与不考虑薄弱区域的模型之间的区别,这是因为裂纹通常会在薄弱区域产生,而薄弱区域的材料断裂韧性相比于整个层合板的平均值较低(由于固有缺陷)。对于玻璃/环氧层合板,Berthelot 和 Le Corre 发现在高的裂纹密度条件下会发生分层,这会导致模型预测的数据有偏差。

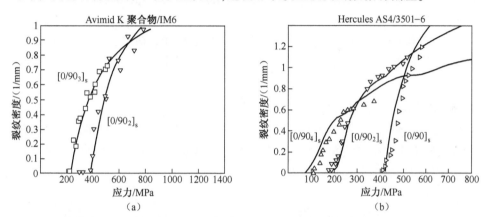

图 6.27 利用 Vinogradov 和 Hashin 模型[98]对两种材料系统的正交铺设层合板的裂纹密度演变进行预测

(a) Avimid K 聚合物/IM6;(b) Hercules AS4/3501-6。

(实验数据来自文献[127])

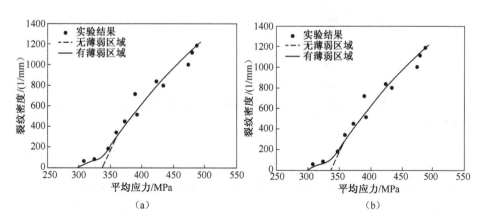

图 6.28 [0/90$_2$]$_s$碳/环氧层合板裂纹密度演变与施加应力之间的函数关系[121]

(实验数据来自文献[1])

6.6 多向层合板的损伤演变

尽管正交铺设层合板铺层开裂的特点是明显的,这一类层合板通常仅在有限定的情况下使用。大部分情况需要层合板构型中的铺层方向的混合,从而使其可以承载常规载荷、弯曲力矩和扭距。在多向层合板中,当应力垂直于、平行于纤维或发生面内剪切时,任何铺层都会发生开裂。实验研究[27,34-35,50-51,128]澄清了有关裂纹生长的混合模式、铺层内裂纹之间的相互作用以及铺层之间裂纹相互作用。

关于$[0/90/\theta_1/\theta_2]_s$层合板,假设在0°方向上施加载荷,层合板在90°、θ_1和θ_2铺层上都会形成裂纹。图6.29解释了多向层合板构型的裂纹发展。90°铺层在受到总应变为ε_0^{90}时开始开裂,随着载荷加大,裂纹开始成倍增长。应变为$\varepsilon_0^{\theta_1}$时,θ_1铺层开始开裂(假设$\theta_1>\theta_2$),随着施加载荷不断增大,交互式开裂过程在90°和θ_1铺层方向持续进行。应变为$\varepsilon_0^{\theta_2}$时,θ_2铺层开始开裂,最终所有的偏轴铺层都发生了交互式裂纹增长。裂纹初始应变和裂纹增长率取决于相邻铺层对给定铺层中裂纹所施加的约束力。

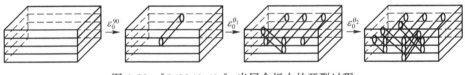

图6.29 $[0/90/\theta_1/\theta_2]_s$半层合板中的开裂过程

为预测铺层开裂的演变,本书作者开发了一种基于能量的方法,可解决正交层合板偏轴铺层开裂问题。在文献[129]中,详细描述了该方法,并将其应用于几个铺层开裂案例中。接下来将对该方法做简要介绍。

如图6.30所示,考虑两种损伤状态:状态1,间隔为s的N条平行偏轴裂纹;状态2,间隔为$s/2$的裂纹增长至$2N$条。当从状态1到状态2所需做的功(与闭合N条裂纹从状态2到状态1所需做的功相等)超过临界值时,裂纹损伤演变,即

$$W_{2N \to N} \geq NG_c \frac{1}{\sin\theta} t_c \tag{6.77}$$

式中:θ为偏轴角;G_c为给定层合板内(下面会进行详细讨论)多铺层裂纹形成所需能量的临界值(阈值)。

在状态1到状态2的转变过程中形成N条额外裂纹所需做的功(与闭合这些裂纹所做的功相等)为

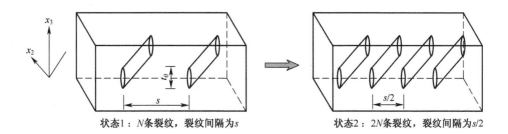

图 6.30　多向层合板偏轴铺层裂纹的进一步增长[129]

$$W_{2N \to N} = W_{2N \to 0} - W_{N \to 0} \quad (6.78)$$

式中：$W_{N \to 0}$、$W_{2N \to 0}$分别为状态 1 和状态 2 中闭合 N 条裂纹和 $2N$ 条裂纹所需做的功，计算的两个量如下(详细的推导过程见文献[130])：

$$W_{N \to 0} = N \frac{1}{\sin\theta}(t_c)^2 \cdot \frac{1}{E_2}\left[(\sigma_{20}^\theta)^2 \cdot \tilde{u}_n^\theta(s) + (\sigma_{120}^\theta)^2 \cdot \tilde{u}_t^\theta(s)\right] \quad (6.79)$$

$$W_{2N \to 0} = N \frac{1}{\sin\theta}(t_c)^2 \cdot \frac{1}{E_2}\left[(\sigma_{20}^\theta)^2 \cdot \tilde{u}_n^\theta\left(\frac{s}{2}\right) + (\sigma_{120}^\theta)^2 \cdot \tilde{u}_t^\theta\left(\frac{s}{2}\right)\right]$$

$$(6.80)$$

式中：$\tilde{u}_n^\theta$、$\tilde{u}_t^\theta$分别为归一化的平均裂纹张开位移(COD)和裂纹滑动位移(CSD)，可由下式求解：

$$\begin{cases} \tilde{u}_n^\theta = \dfrac{\bar{u}_n^\theta}{t_c(\sigma_{20}^\theta/E_2)} = \dfrac{1}{t_c(\sigma_{20}^\theta/E_2)}\int_{t_\theta/2}^{t_\theta/2} u_n(z)\,\mathrm{d}z \\ \tilde{u}_t^\theta = \dfrac{\bar{u}_t^\theta}{t_c(\sigma_{120}^\theta/E_2)} = \dfrac{1}{t_c(\sigma_{120}^\theta/E_2)}\int_{t_\theta/2}^{t_\theta/2} u_t(z)\,\mathrm{d}z \end{cases} \quad (6.81)$$

式中：u_n、u_t分别为裂纹表面的相对张开位移和滑动位移，上画线代表平均值。对于只有 90°铺层开裂的特殊情况，滑动位移为 0，因此铺层裂纹成倍增长准则为

$$t_c \frac{(\sigma_{20}^\theta)^2}{E_2}\left[2\tilde{u}_n^\theta\left(\frac{s}{2}\right) - \tilde{u}_n^\theta(s)\right] \geqslant G_{Ic} \quad (6.82)$$

式中：G_{Ic}为模式 I 的临界能量释放率(裂纹张开模式)。

这与 Joffe 等[113]推导出的正交层合板开裂关系相同，只有一点不同，即 Joffer 等考虑的在模型中集中放置开裂的 90°铺层，用铺层厚度的一半($t_c/2$)将平均 COD 归一化。

对于普通偏轴铺层开裂，可以使用多模式准则如下：

$$\left(\frac{w_{\mathrm{I}}}{G_{\mathrm{Ic}}}\right)^{M} + \left(\frac{w_{\mathrm{II}}}{G_{\mathrm{IIc}}}\right)^{N} \geqslant 1 \tag{6.83}$$

式中

$$w_{\mathrm{I}} = \frac{(\sigma_{20}^{\theta})^{2} t_{c}}{E_{2}}\left[2\widetilde{u}_{\mathrm{n}}^{\theta}\left(\frac{s}{2}\right) - \widetilde{u}_{\mathrm{n}}^{\theta}(s)\right], \quad w_{\mathrm{II}} = \frac{(\sigma_{120}^{\theta})^{2} t_{c}}{E_{2}}\left[2\widetilde{u}_{\mathrm{t}}^{\theta}\left(\frac{s}{2}\right) - \widetilde{u}_{\mathrm{t}}^{\theta}(s)\right] \tag{6.84}$$

式中：G_{IIc} 为模式 II（裂纹滑动模式）的能量释放率临界值；指数 M 和 N 取决于材料系统，如：玻璃/环氧系统中 $M=1$、$N=2$[130]。

在文献[129]中，并没有以通常的线性弹性断裂力学解释材料临界参数 G_{Ic} 和 G_{IIc}，这两个参数被定义为不稳定裂纹生长点的裂纹前沿发展的阻力。相反，假设从状态 1 到状态 2 所需要做的功涉及一系列的损耗过程，取决于给定层合板内开裂铺层的材料状况。这个材料参数代表铺层裂纹表面每单位耗散的能量，因此，在测定 G_{Ic} 或 G_{IIc} 的标准断裂韧性实验中无法获得。为了强调这里使用的临界能量项不是一般断裂韧性值 G_{Ic} 或 G_{IIc}，接下来将使用符号 W_{Ic}、W_{IIc} 来代替。这些新的数值无法通过独立实验获得，但是可以通过拟合参考层合板的实验数据和模型预测(式(6.83))进行评估。通过这一方法得到的实验数据可表示层合板内多缝开裂有关的能量。参考层合板可以从将要进行预测的层合板（材料等）中选择，并且这类层合板的实验数据可从文献[129,131]获得。此外，如文献[129]所描述，除非有足够能量打开其表面（以模式 I 开裂），否则层合板内无法形成铺层裂纹。换句话说，纯粹的滑动行为本身不会产生图 6.30 所示的一系列平行裂纹。这表示式(6.84)的第二项与第一项相比可以忽略。基于以上这些假设和近似值，裂纹密度演变的预测与实验数据完全一致[129]。

一般对称层合板的偏轴铺层中，微裂纹产生和演变的能量模型的完整过程如下。这一过程可分为两部分。

I 部分：预估的 W_{Ic}。

(1) 根据 FE 模拟，确定具有裂纹间隔的归一化的 COD 和 CSD 变化(式(6.81))

(2) 假设 W_{Ic} 的值，绘制参考层合板损伤演变示意图：

(a) 将样本长度划分成间隔为 $\delta X = t_{\theta}/10$ 的若干部分；

(b) 找到多裂纹初始应变，在裂纹间隔非常大的情况下($s \to \infty$)计算 COD 值(式(6.82))；

(c) 假设初始裂纹密度较小，例如，$\rho_{\mathrm{initial}} = 1/50 t_{\theta}$；

(d) 选择随机的长度间隔并检查是否有裂纹存在，当满足式(6.82)的准则时，新裂纹产生，为了进一步仔细考虑铺层开裂，增加裂纹密度并消除裂纹长度

间隔;

(e) 选择另一个长度间隔,重复之前的步骤直到满足断裂准则;

(f) 增加施加的应变。重复步骤(d)和(e)。

(3) 改变 W_{Ic} 的值,不断重复步骤(2),以便使参考层合板的演变曲线与实验数据吻合。例如,为了预测玻璃/环氧$[0/\pm\theta_4/0_{1/2}]_s$层合板的损伤演变,选择$[0/90_8/0_{1/2}]_s$层合板作为参考层合板。

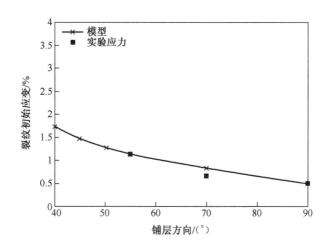

图 6.31 玻璃/环氧$[0/\pm\theta_4/0_{1/2}]_s$层合板裂纹初始应变随铺层方向的变化(实验数据来自文献[27])

Ⅱ部分:预测其他偏轴铺层的损伤演变。

(1) 根据 FE 模拟,确定给定偏轴层合板具有裂纹间隔的 COD 和 CSD 变化(式(6.81));

(2) 根据前面求得的 W_{Ic} 值,以及Ⅰ部分中步骤(2)的来预测损伤演变。

上述的半分析模型被编写进 MATLAB 程序中。输入数据包括下列层合板特性:铺层材料(弹性模量)、铺层厚度和方向(层合板铺放方式),以及关于裂纹密度的 COD 变化(可以通过独立的三维 FR 分析获得)。

前面描绘的能量模型被用来预测玻璃/环氧$[0/\pm\theta_4/0_{1/2}]_s$层合板、准各向同性$[0/90/\mp\theta_p]_s$层合板和$[0_m/90_n\mp\theta_p]_s$层合板的损伤演变[129]。图 6.31 所示为偏轴铺层方向为 θ 的$[0/\mp\theta_4/0_{1/2}]_s$层合板的裂纹初始应变的变化。如预计的一样,裂纹初始应变随 θ 减小而增大,当 $\theta<45°$ 时会超过 1.5%。事实上,Varna 等[27]对层合板所做的实验表明,$\theta<45°$ 时铺层裂纹无法完全形成。采用上述步骤,W_{Ic} 可由$[0/90_8/0_{1/2}]_s$参考层合板的模型预测和实验数据拟合而获

得。$\theta=70°$ 和 $\theta=45°$ 时,这些层合板的裂纹密度演变与轴向应变如图 6.32 和图 6.33 所示。

对于这些层合板,直接应用式(6.84)并不能产生精确的预测。这是因为,在低的裂纹密度情况下,功 w_I 几乎为常量(与裂纹间隔不相关)。但是,鉴于裂纹间隙中以一定分布发展足够裂纹的情况,由于相邻裂纹之间的相互作用,w_I 取决于裂纹间隔。为解释这一点,Liu 和 Nairn[127]提出用有效裂纹间隙代替平均裂纹间隙 s。因此,w_I 可改为

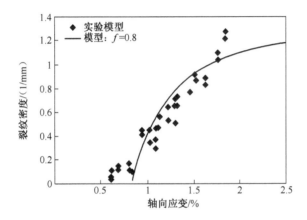

图 6.32　$[0/\pm70_4/0_{1/2}]_s$ 层合板的损伤演变[129](实验数据来自文献[27],裂纹密度是 $+70°$、$-70°$ 铺层的平均数)

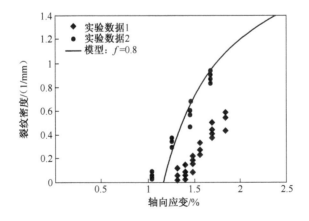

图 6.33　$[0/\pm55_4/0_{1/2}]_s$ 层合板的损伤演变[129](实验数据来自文献[27],裂纹密度是 $+55°$、$-55°$ 铺层的平均数)

$$w_{\text{I}} = \frac{(\sigma_{20}^{\theta})^2 t_c}{E_2} \left[2\widetilde{u}_n^{\theta}\left(\frac{fs}{2}\right) - \widetilde{u}_n^{\theta}(fs) \right] \qquad (6.85)$$

式中: f 为开裂间隔的平均速率,在这个时间间隔中微裂纹会发展成平均裂纹间隙。图 6.32 和图 6.33 为当 $f=0.8$ 时 $[0/\pm\theta_4/0_{1/2}]_s$ 层合板的预测。

使用相同的模型预测准各向同性层合板的损伤演变。这种情况下通过拟合 $[0/90]_s$ 参考层合板的模型预测和实验数据可得到 $W_{\text{I}c}$ 的值。由于 45°铺层所在的准各向同性层合板包含了非贯穿生长的裂纹,因此可在多向裂纹分析中证明,同时通过 FE 分析计算 COD。这表明,90°铺层的 COD 增加会导致横向铺层开裂加剧。图 6.34 中,这一裂纹密度演变模型预测与实验数据做对比。这种情况下的裂纹间隔不需要做任何调整,即 $f=1$。

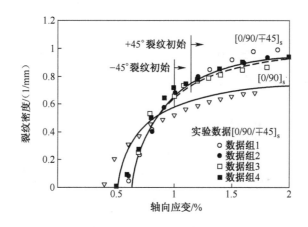

图 6.34 $[0/90]_s$ 和 $[0/90/\pm45]_s$ 层合板中 90°裂纹密度的演变[129]
(实验数据来自文献[34])

$[0/90_n/\pm\theta_p]_s$ 层合板的参数研究表明,不同取向的裂纹相互作用对损伤演变具有较重的影响。如果 θ 接近 90°,这种内部模式相互作用较为明显,这是因为 90°和 θ 裂纹面极为接近。铺层裂纹一般首先发生在 90°铺层上,其次是 60°铺层。因此,最初的模拟假设只是 90°裂纹,然后 60°裂纹产生,FE 模型中应用了多模式方案。60°裂纹会对 90°铺层损伤增进造成影响。$\theta=60°$ 时不同值 m、n、p 的模型预测如图 6.35(a)~(c)所示,这 3 个图分别为 90°、-60°和+60°铺层的情况。当 $p=2$ 时,模型预测 60°和+60°铺层比 90°铺层较早产生裂纹。当 $\theta<45°$ 时,这种内部模式相互作用不明显,这种情况下的 90°铺层损伤演变并不会受影响。

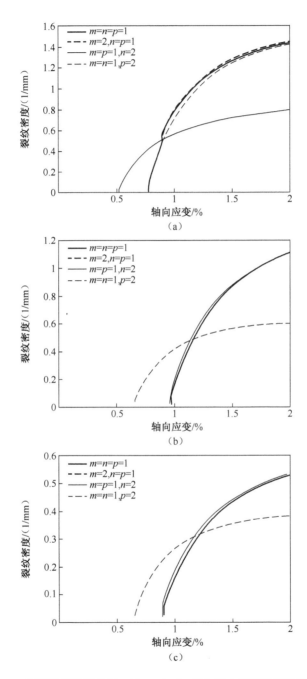

图 6.35 不同铺层厚度的 $[0_b/90_n/\pm 60p]_s$ 层合板中的裂纹密度演变[129]
(a)90°铺层;(b)-60°铺层;(c)+60°铺层。

6.7 循环载荷下损伤演变

复合材料的疲劳过程将在第 7 章进行介绍,这里将描述一种建模方法,其针对的是在循环轴向拉伸情况下正交铺设层合板中横向开裂的演变。由于其简易的几何构型,这一方法可很好地阐释复合材料疲劳的基础理念。如果想进一步了解解决方案的具体细节,可参阅文献[53,132]。

任何疲劳分析的指导原则必须强调一个问题,即导致从一个负载周期到另一个负载周期的损伤积累,其不可逆机理是什么?常见的能量耗散机理由可塑性、摩擦和表面形成的。对于复合材料层合板,建模为层状弹性固体可塑性是不允许的。如果裂纹表面有接触,在这种复合材料体积内的摩擦过程可能发生在裂纹表面之间。最终,由于脆性断裂可能形成无塑性的新表面。

作为一个说明事例,应考虑正交铺设层合板在首次施加轴向拉伸载荷情况下,其中间 90°铺层发生开裂。如果卸掉载荷,并反复施加之前的最大值,那么什么时候在已有裂纹之间形成新的裂纹呢?开始分析时,我们注意到对于开裂的正交铺设层合板,有一种高精度方案可以得到裂纹之间区域应力场(如文献[101])。这一方案对于无瑕疵的线性弹性(无塑性)层合板有效。此外,该方案不适用于非贯穿裂纹,即裂纹在 90°铺层的厚度和宽度方向没能完全延伸。因此,应用这一方案时必须保证裂纹的对称性和周期性。这个条件排除了从非贯穿延展到完全延展的横向裂纹周期生长的分析。显然,在这种情况下进行数值分析是可能的,但并不能提供我们打算开发的分析疲劳损伤模型。

借助于开裂的正交铺设层合板的解析应力方法,可知,除非包含一些不可逆转机理,裂纹密度没有变化是可以预测的,这是由于弹性体的任何重复加载都无法改变应力场。因此,为了得到一种分析应力解决方法,文献[132]提出了一种创新理念,即保持层合板几何对称性和裂纹周期性,并包含不可逆转性。在此基础上,所有导致损伤累计的不可逆转性都集中在由横向裂纹前沿产生的分层面。图 6.36(a)说明了由此产生的开裂层合板的模型几何结构,图 6.36(b)展示了重复单元。如图 6.36 所示,已存在的横向裂纹以 $2a$ 为间隔距离分开,裂纹两侧的分层距离为 d。该模型基于的想法是,施加循环载荷时分层增长,裂纹也会在相同条件下生长,将变化传给横向铺层裂纹之间的区域内的应力场。通过这种方式,该模型具有循环依赖不可逆转性,从而可对横向铺层裂纹因疲劳而成倍增长进行建模。尽管已有裂纹之间的新裂纹的形成可通过不同准则进行建模,文献[132]中应用了开裂的最大应力准则,由前面所做的研究支撑[133]。然而,如果分层表面无牵引力,铺层裂纹之间最大轴向应力随分层长度 d 的增大而减小。这表示,这类分层发展中的不可逆转性是不足的。由文献[132]可知,分层表面受到了压缩应力的作用,使得表面之间存在摩擦接触。随后的摩擦滑动可通过界面剪切应力进行建模,提供裂纹形成所需增加的轴向应力。下面会对模型做简要介绍。

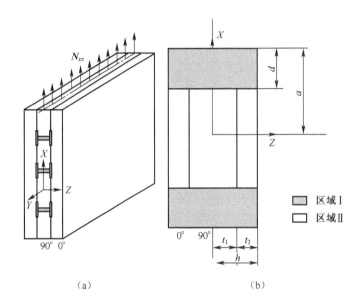

图 6.36 开裂的正交铺设层合板的示意图
(a)90°铺层上均匀分布的横向基体裂纹,0°/90°交界面上有分层;
(b)两条基体裂纹之间的一个单元,带有分层区域(区域Ⅰ)和完美粘接区域(区域Ⅱ)。

参考图 6.36(a)和(b),应力分析通过沿用文献[101]中的变分方法来实现,分别对区域Ⅰ和区域Ⅱ的补充能量进行最小化。首先,区域Ⅱ的 x-z 平面内的可容性应力系统表示为

$$\sigma_{ij}^{L(m)} = \sigma_{ij}^{0(m)} + \sigma_{ij}^{(m)} \tag{6.86}$$

式中:$\sigma_{ij}^{L(m)}$、$\sigma_{ij}^{0(m)}$ 分别为开裂层合板和原始层合板的应力分量;$\sigma_{ij}^{(m)}$ 为干扰应力;$m=1$ 和 $m=2$ 分别表示 90°和 0°铺层。

假设铺层中的轴向干扰应力为下列形式:

$$\sigma_{xx}^{(1)} = -\sigma_1\phi_1(x), \sigma_{xx}^{(2)} = \sigma_2[\phi_2(x) + A(x)\cdot z] \tag{6.87}$$

式中:$\sigma_{xx}^{0(m)} = \sigma_m$;$\phi_1(x)$、$\phi_2(x)$、$A(x)$ 为未知函数。

应用 x 方向上的平衡理论以及当 $z=t_1$ 时的交界面均匀应变条件,式(6.87)中的 $\phi_2(x)$ 和 $A(x)$ 可以消除,所以轴向干扰应力只用未知函数 $\phi_1(x)$ 来表示。在平衡方程积分后,使用式(6.87),所有干扰应力分量可以用函数 $\phi_1(x)$ 来表示,应用 $z=t_1$ 时的界面连续性条件以及 $z=h$ 时无牵引力的边界条件,基于未知

函数 $\phi_1(x)$，然后建立开裂层合板的许用应力系统。在区域Ⅱ仅有外力边界条件情况下，体积 V 中对应余能的线性弹性材料函数可以写为[101]

$$U_c = U_c^0 + U_c^t = \frac{1}{2}\int_V s_{ijkl}\sigma_{ij}^{0(m)}\sigma_{kl}^{0(m)}\mathrm{d}V + \frac{1}{2}\int_V s_{ijkl}\sigma_{ij}^{(m)}\sigma_{kl}^{(m)}\mathrm{d}V \quad (6.88)$$

式中：s_{ijkl} 为柔性张量的分量。

由于原始层合板应力为常数，U_c^0 值对于分析意义不大。将所有干扰应力分量代入式(6.88)，可得

$$U_c^t = (\sigma_1)^2 \int_{-(a-d)}^{(a-d)} [t_1 C_{00}\phi_1^2 + t_1^3 C_{11}(\phi_1')^2 + t_1^5 C_{22}(\phi_1'')^2 + t_1^3 C_{02}\phi_1\phi_1'']\mathrm{d}x$$

(6.89)

式中：C_{ij} 为由弹性常数和每一铺层厚度决定的常数；a 为裂纹间隔的 $1/2$；d 为分层长度。引入无量纲变量 $\xi = x/t_1$ 后，最小化 U_c^t 值，ϕ_1 的欧拉-拉格朗日微分方程为

$$\frac{\mathrm{d}^4\phi_1}{\mathrm{d}\xi^4} + p\frac{\mathrm{d}^2\phi_1}{\mathrm{d}\xi^2} + q\phi_1 = 0 \quad (6.90)$$

式中：p、q 为由 C_{ij} 确定的常量。

根据材料弹性特性和给定层合板的几何构型，式(6.90)有两个解：

$$\begin{cases} \phi_1(\xi) = A_1\cosh(\alpha\xi)\cos(\beta\xi) + A_2\sinh(\alpha\xi)\sin(\beta\xi), & \left(\frac{p^2}{4} - q\right) < 0 \\ \phi_1(\xi) = A_1\cosh(\alpha\xi) + A_2\cosh(\beta\xi), & \left(\frac{p^2}{4} - q\right) > 0 \end{cases}$$

(6.91)

90°铺层中面的轴向垂直应力可从下式获得：

$$\sigma_{xx}(0,z) = \sigma_1[1 - \phi_1(0)], \quad -t_1 < z < t_1 \quad (6.92)$$

如果区域Ⅰ的应力已知，两个常量 A_1、A_2 可在 $x = \pm(a-d)$ 时通过使用牵引力连续条件求得。

为了得到区域Ⅰ内的应力状态，应用了非常相似的变分方法。对于可容性应力系统，假设干扰应力为

$$\sigma_{xx}^{(1)} = -\sigma_1\psi_1(x), \quad \sigma_{xx}^{(2)} = -\sigma_2[\psi_2(x) + A \cdot z] \quad (6.93)$$

沿着交界面 ($z = t_1$) 剪切应力的三次(分阶)变化量被用于解释沿分层方向的摩擦滑动影响。

$$\sigma_{xx}^{(1)}(x,t_1) = \frac{\tau}{a^3}(x-a)[x-(a-d)]^2 \quad (6.94)$$

其中 τ 未知。平衡方程求积分之后，在 $z = t_1$ 时，应用连续应力穿过交界面，以及裂纹表面无牵引力边界条件，可得到唯一未知的可容性应力系统函数 τ。最小

化相应的余能函数：

$$\frac{dU_c}{d\tau} = 0 \quad (6.95)$$

可求解未知的 τ，进而可得到区域Ⅰ的应力场。通过在区域Ⅰ和区域Ⅱ之间的边界处应用牵引力连续条件，式(6.91)中的 A_1、A_2 可以求得。对于指定裂纹间隔和分层长度的给定单元体，将 A_1、A_2 代入式(6.92)，最终可求得90°铺层中面的轴向垂直应力。图6.37所示为在恒定裂纹密度下分层时典型的轴向垂直应力变化。

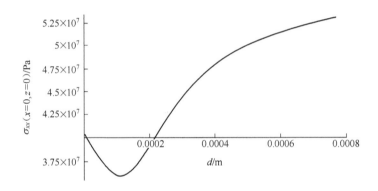

图6.37 在恒定裂纹密度下分层时典型的轴向垂直应力变化

假设用下面的幂律关系来描述铺层在循环加载情况下的分层增长。

$$\frac{dl}{dN} = B\left(\frac{\overline{\Delta\tau}}{\bar{l}}\right)^m \quad (6.96)$$

式中：$\overline{\Delta\tau} = (\tau_{\max} - \tau_{\min})/\sigma_{\max}$；$\bar{l} = l/t_1$，$l$ 为分层长度，在上述应力分析中用 d 表示。

式(6.96)的积分可得到分层长度和循环次数 N 的关系。从图6.37可以看出，初次下降之后，轴向垂直应力随着分层增长而增长。当满足最大应力准则 $\sigma_{xx}(x = 0, -t_1 < z < t_1) = \sigma_c$ 时，新裂纹在已有裂纹之间产生，相对应的裂纹间隔(或者裂纹密度)被更新。应用这一方法，承受疲劳加载的基体裂纹增长事实上受到了分层增长的控制，因此通过式(6.96)的积分，由循环次数确定。损伤演变与正交铺设层合板循环次数之间的函数关系最终在模型中进行定量描述。图6.38所示为在给定循环拉伸情况下横向裂纹演变。

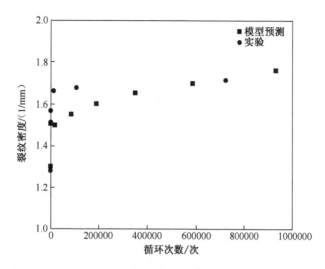

图 6.38 [0/90$_2$]$_s$ 碳/环氧层合板在最大应力(482.633MPa)和应力比为 0.1 的循环条件下横向裂纹演变

6.8 总结

层合板铺层内裂纹最初开始、生长和成倍增长是复合材料损伤演变领域的一部分,构成了这些复合材料结构的性能评估关键要素。本章的重点是与铺层裂纹最初开始和发展预测有关的各种应力和失效分析。由于材料缺陷所引发的裂纹是随机的,分析中考虑了它们的尺寸、空间分布及统计。

对于裂纹形成所应用的准则是基于与断裂相关的强度或能量。本章介绍并比较了两种准则。实验数据已被用以评估预测。

相关文献中,大多数的损伤演变是关于正交铺设层合板的横向开裂。针对这种开裂模式已经做了大量研究,近来越来越多的研究将重点放在斜裂纹上,即多向层合板偏轴铺层的裂纹研究已在进行中。

复合材料层合板的疲劳会在另一个章节重点介绍,本章划分出一个小节来介绍循环加载作用下的铺层开裂,用以说明如何对重复加载情况下损伤累计进行建模。

参考文献

[1] A. S. D. Wang, Fracture mechanics of sublaminate cracks in composite materials. In *Composites Technology Review*. (Philadelphia, PA: ASTM, 1984), pp. 45-62.

[2] J. M. Masters and K. L. Reifsnider, An investigation of cumulative damage development in quasi-isotropic graphite/epoxy laminates. In *Damage in Composite Materials*, ASTM STP 775, ed. K. L. Reifsnider. (Philadelphia, PA: ASTM, 1982), pp. 40-62.

[3] K. L. Reifsnider, ed. *Damage in Composite Materials*, ASTM STP 775, ed. K. L. Reifsnider. (Philadelphia, PA: ASTM, 1982).

[4] J. E. Masters, ed. *Damage Detection in Composite Materials*, ASTM STP 1128. (Philadelphia, PA: ASTM, 1992).

[5] J. A. Nairn, S. F. Hu, and J. S. Bark, A critical-evaluation of theories for predicting microcracking in composite laminates. *J Materials Sci*, **28**:18(1993), 5099-111.

[6] D. O. Stalnaker and W. W. Stinchcomb, Load history-edge damage studies in two quasi-isotropic graphite epoxy laminates. In *Composite Materials: Testing and Design (Proc. 5th Conference)*, ASTM STP 674. (Philadelphia, PA: ASTM, 1979), pp. 620-41.

[7] J. E. Masters, An experimental investigation of cumulative damage development in graphite epoxy laminates. Ph. D. dissertation, Materials Engineering Science, Department, Virginia Polytechnic Institute, Blacksburg, VA, 1980, p. 40-62.

[8] A. L. Highsmith and K. L. Reifsnider, Stiffness-reduction mechanisms in composite laminates. In *Damage in Composite Materials*, ASTM STP 775, ed. K. L. Reifsnider. (Philadelphia, PA: ASTM, 1982), pp. 103-17.

[9] K. L. Reifsnider and R. Jamison, Fracture of fatigue-loaded composite laminates. *Int J Fatigue*, **4**:4(1982), 187-97.

[10] K. L. Reifsnider and A. Talug, Analysis of fatigue damage in composite laminates. *Int J Fatigue*, **2**:1(1980), 3-11.

[11] E. Adolfsson and P. Gudmundson, Matrix crack initiation and progression in composite laminates subjected to bending and extension. *Int J Solids Struct*, **36**:21(1999), 3131-69.

[12] B. F. Sorensen and R. Talreja, Analysis of damage in a ceramic matrix composite. *Int J Damage Mech*, **2**:3(1993), 246-71.

[13] B. F. Sorensen, R. Talreja, and O. T. Sorensen, Micromechanical analysis of damage mechanisms in ceramic-matrix composites during mechanical and thermal cycling. *Composites*, **24**:2(1993), 129-40.

[14] T. J. Dunyak, W. W. Stinchcomb, and K. L. Reifsnider, Examination of selected NDE techniques for ceramic composite components. In *Damage Detection in Composite Materials*, ASTM STP **1128**, ed. J. E. Masters. (Philadelphia, PA: ASTM, 1992), pp. 3-24.

[15] K. V. Steiner, Defect classifications in composites using ultrasonic nondestructive evaluation techniques. In *Damage Detection in Composite Materials*, ASTM STP 1128, ed. J. E. Masters. (Philadelphia, PA: ASTM, 1992), pp. 72-84.

[16] K. V. Steiner, R. F. Eduljee, X. Huang, and J. W. Gillespie, Ultrasonic NDE techniques for the evaluation of matrix cracking in composite laminates. *Compos Sci Technol*, **53**:2(1995), 193-198.

[17] G. E. Maddux and G. P. Sendeckyj, Holographic techniques for defect detection in composite materials. In *Nondestructive Evaluation and Flaw Criticality for Composite Materials*, ASTM STP 696. (Philadelphia, PA: ASTM, 1979), pp. 26-44.

[18] G. P. Sendeckyj, G. E. Maddux, and E. Porter, Damage documentation in composites by stereo radiography. In *Damage in Composite Materials*, ASTM STP 775, ed. K. L. Reifsnider. (Philadelphia, PA: ASTM, 1982), pp. 16-26.

[19] R. D. Jamison, K. Schulte, K. L. Reifsnider, and W. W. Stinchcomb, Characterization and analysis of damage mechanisms in tension-tension fatigue of graphite/epoxy laminates. In *Effects of Defects in Composite Materials*, ASTM STP 836. (Philadelphia, PA: ASTM, 1984), pp. 21-55.

[20] C. Bathias and A. Cagnasso, Application of x-ray tomography to the non-destructive testing of high-performance polymer composites. In *Damage Detection in Composite Materials*, ASTM STP 1128, ed. J. E. Masters. (Philadelphia, PA: ASTM, 1992), pp. 35-54.

[21] K. Maslov, R. Y. Kim, V. K. Kinra, and N. J. Pagano, A new technique for the ultrasonic detection of internal transverse cracks in carbon-fibre/bismaleimide composite laminates. *Compos Sci Technol*, **60**: 12-13(2000), 2185-90.

[22] V. K. Kinra, A. S. Ganpatye, and K. Maslov, Ultrasonic ply-by-ply detection of matrix cracks in laminated composites. *J Nondestr Eval*, **25**: 1(2006), 39-51.

[23] Y. Zou, L. Tong, and G. P. Steven, Vibration-based model-dependent damage(delamination) identification and health monitoring for composite structures – a review. *J Sound Vib*, **230**: 2 (2000), 357-78.

[24] S. K. Seth, et al., Damage detection in composite materials using lamb wave methods. *Smart Mater Struct*, **11**: 2(2002), 269.

[25] R. Talreja, Transverse cracking and stiffness reduction in composite laminates. *J Compos Mater*, **19**: 4(1985), 355-75.

[26] J. Varna, N. V. Akshantala, and R. Talreja, Crack opening displacement and the associated response of laminates with varying constraints. *Int J Damage Mech*, **8**(1999), 174-93.

[27] J. Varna, R. Joffe, N. V. Akshantala, and R. Talreja, Damage in composite laminates with off-axis plies. *Compos Sci Technol*, **59**: 14(1999), 2139-47.

[28] D. G. Katerelos, L. N. McCartney, and C. Galiotis, Local strain re-distribution and stiffness degradation in cross-ply polymer composites under tension. *Acta Mater*, **53**: 12(2005), 3335-43.

[29] D. T. G. Katerelos, P. Lundmark, J. Varna, and C. Galiotis, Analysis of matrix cracking in GFRP laminates using Raman spectroscopy. *Compos Sci Technol*, **67**: 9(2007), 1946-54.

[30] D. G. Katerelos, M. Kashtalyan, C. Soutis, and C. Galiotis, Matrix cracking in polymeric composite laminates: Modelling and experiments. *Compos Sci Technol*, **68**: 12(2008), 2310-17.

[31] D. G. Katerelos, L. N. McCartney, and C. Galiotis, Effect of off-axis matrix cracking on stiffness of symmetric angle-ply composite laminates. *Int J Fract*, **139**: 3-4(2006), 529-36.

[32] D. T. G. Katerelos, J. Varna, and C. Galiotis, Energy criterion for modelling damage evolution in cross-ply composite laminates. *Compos Sci Technol*, **68**:12(2008), 2318-24.

[33] J. A. Nairn, Matrix microcracking in composites. In *Polymer Matrix Composites*, ed. R. Talreja and J. A. E. Manson. (Amsterdam: Elsevier Science, 2000), pp. 403-32.

[34] J. Tong, F. J. Guild, S. L. Ogin, and P. A. Smith, On matrix crack growth in quasi-isotropic laminates – I. Experimental investigation. *Compos Sci Technol*, **57**:11(1997), 1527-35.

[35] L. E. Crocker, S. L. Ogin, P. A. Smith, and P. S. Hill, Intra-laminar fracture in angle-ply laminates. *Compos A*, **28**:9-10(1997), 839-46.

[36] N. Balhi, et al., Intra-laminar cracking in CFRP laminates: observations and modelling. *J Mater Sci*, **41**:20(2006), 6599-609.

[37] K. W. Garrett and J. E. Bailey, Effect of resin failure strain on tensile properties of glass fiber-reinforced polyester cross-ply laminates. *J Mater Sci*, **12**:11(1977), 2189-94.

[38] K. W. Garrett and J. E. Bailey, Multiple transverse fracture in 90 cross-ply laminates of a glass fibre-reinforced polyester. *J Mater Sci*, **12**:1(1977), 157-68.

[39] A. Parvizi and J. E. Bailey, Multiple transverse cracking in glass-fiber epoxy cross-ply laminates. *J Mater Sci*, **13**:10(1978), 2131-6.

[40] A. Parvizi, K. W. Garrett, and J. E. Bailey, Constrained cracking in glass fibre – reinforced epoxy cross-ply laminates. *J Mater Sci*, **13**:1(1978), 195-201.

[41] J. E. Bailey, P. T. Curtis, and A. Parvizi, On the transverse cracking and longitudinal splitting behavior of glass and carbon-fiber reinforced epoxy cross ply laminates and the effect of Poisson and thermally generated strain. *Proc R Soc London A*, **366**:1727(1979), 599-623.

[42] M. G. Bader, J. E. Bailey, P. T. Curtis, and A. Parvizi, eds., The mechanisms of initiation and development of damage in multi-axial fibre-reinforced plastic laminates. In *Proceedings of the Third International Conference on the Mechancial Behaviour in Materials(ICM3)*, Cambridge, UK, Vol. 3. (1979), pp. 227-39.

[43] J. E. Bailey and A. Parvizi, On fiber debonding effects and the mechanism of transverse-ply failure in cross-ply laminates of glass fiber-thermoset composites. *J Mater Sci*, **16**:3(1981), 649-59.

[44] F. R. Jones, A. R. Wheatley, and J. E. Bailey, The effect of thermal strains on the microcracking and stress corrosion behaviour of GRP. In *Composite Structures 1st International Conference*, ed. I. H. Marshall. (Barking, UK: Applied Science Publishers, 1981), pp. 415-29.

[45] D. L. Flaggs and M. H. Kural, Experimental – determination of the insitu transverse lamina strength in graphite epoxy laminates. *J Compos Mater*, **16**(1982), 103-16.

[46] J. A. Nairn and S. Hu, Micromechanics of damage: a case study of matrix microcracking. In *Damage Mechanics of Composite Materials*, ed. R. Talreja. (Amsterdam: Elsevier, 1994), pp. 187-243.

[47] R. Talreja, Transverse cracking and stiffness reduction in composite laminates. *J Compos Mater*, **19**:4(1985), 355-75.

[48] J. A. Nairn and S. F. Hu, The formation and effect of outer-ply microcracks in cross-ply laminates - a variational approach. *Eng Fract Mech*, **41**:2(1992), 203-21.

[49] J. Tong, F. J. Guild, S. L. Ogin, and P. A. Smith, On matrix crack growth in quasi-isotropic laminates - II. Finite element analysis. *Compos Sci Technol*, **57**:11(1997), 1537-45.

[50] T. Yokozeki, T. Aoki, T. Ogasawara, and T. Ishikawa, Effects of layup angle and ply thickness on matrix crack interaction in contiguous plies of composite laminates. *Compos A*, **36**:9(2005), 1229-35.

[51] T. Yokozeki, T. Aoki, and T. Ishikawa, Consecutive matrix cracking in contiguous plies of composite laminates. *Int J Solids Struct*, **42**:9-10(2005), 2785-802.

[52] J. E. Masters and K. L. Reifsnider, An investigation of cumulative damage development in quasi-isotropic graphite/epoxy laminates. In *Damage in Composite Materials*, ASTM STP 775, ed. K. L. Reifsnider. (Philadelphia, PA: ASTM, 1982), pp. 40-62.

[53] N. V. Akshantala and R. Talreja, A micromechanics based model for predicting fatigue life of composite laminates. *Mater Sci Eng A*, **285**:1-2(2000), 303-13.

[54] K. W. Garrett and J. E. Bailey, Multiple transverse fracture in 90 degrees cross-ply laminates of a glass fiber-reinforced polyester. *J Materials Sci*, **12**:1(1977), 157-68.

[55] J. M. Berthelot, Transverse cracking and delamination in cross-ply glass-fiber and carbon-fiber reinforced plastic laminates: static and fatigue loading. *Appl Mech Rev*, **56**(2003), 111-47.

[56] S. E. Groves, et al., An experimental and analytical treatment of matrix cracking in cross-ply laminates. *Exp Mech*, **27**:1(1987), 73-9.

[57] S. F. Hu, J. S. Bark, and J. A. Nairn, On the phenomenon of curved microcracks in [(S)/90(n)](s) laminates - their shapes, initiation angles and locations. *Compos Sci Technol*, **47**:4(1993), 321-9.

[58] P. Lundmark and J. Varna, Damage evolution and characterisation of crack types in CF/EP laminates loaded at low temperatures. *Eng Fract Mech*, **75**:9(2008), 2631-41.

[59] H. L. McManus, D. E. Bowles, and S. S. Tompkins, Prediction of thermal cycling induced matrix cracking. *J Reinf Plast Compos*, **15**:2(1996), 124-40.

[60] H. L. McManus and J. R. Maddocks, On microcracking in composite laminates under thermal and mechanical loading. *Polym Compos*, **4**:5(1996), 305-14.

[61] C. H. Park and H. L. McManus, Thermally induced damage in composite laminates: predictive methodology and experimental investigation. *Compos Sci Technol*, **56**:10(1996), 1209-17.

[62] T. G. Reynolds and H. L. McManus, Understanding and accelerating environmentally-induced degradation and microcracking. In *Proceedings of 39th AIAA Structures, Structural Dynamics and Materials Conference*. Reston, VA: AIAA, 1998, pp. 2103-16.

[63] D. S. Adams, D. E. Bowles, and C. T. Herakovich, Thermally induced transverse cracking in graphite-epoxy cross-ply laminates. *J Reinf Plast Compos*, **5**:3(1986), 152-69.

[64] C. T. Herakovich and M. W. Hyer, Damage-induced property changes in composites subjected

[64] to cyclic thermal loading. *Eng Fract Mech*, **25**:5-6(1986), 779-91.

[65] R. G. Spain, Thermal microcracking of carbon fibre/resin composites. *Compos*, **2**:1(1971), 33-7.

[66] J. A. Lavoie and E. Adolfsson, Stitch cracks in constraint plies adjacent to a cracked ply. *J Compos Mater*, **35**:23(2001), 2077-97.

[67] X. Huang, J. W. Gillespie, and R. F. Eduljee, Effect of temperature on the transverse cracking behavior of cross-ply composite laminates. *Compos B*, **28**:4(1997), 419-24.

[68] M. H. Han and J. A. Nairn, Hygrothermal aging of polyimide matrix composite laminates. *Compos A*, **34**:10(2003), 979-86.

[69] J. E. Lundgren and P. Gudmundson, Moisture absorption in glass-fibre/epoxy laminates with transverse matrix cracks. *Compos Sci Technol*, **59**:13(1999), 1983-91.

[70] E. Vauthier, J. C. Abry, T. Bailliez, and A. Chateauminois, Interactions between hygrothermal ageing and fatigue damage in unidirectional glass/epoxy composites. *Compos Sci Technol*, **58**:5(1998), 687-92.

[71] A. Tounsi, K. H. Amara, and E. A. Adda-Bedia, Analysis of transverse cracking and stiffness loss in cross-ply laminates with hygrothermal conditions. *Comput Mater Sci*, **32**:2(2005), 167-74.

[72] P. A. Smith and S. L. Ogin, On transverse matrix cracking in cross-ply laminates loaded in simple bending. *Compos A*, **30**:8(1999), 1003-8.

[73] P. A. Smith and S. L. Ogin, Characterization and modelling of matrix cracking in a(0/90) 2s GFRP laminate loaded in flexure. *Proc R Soc London A*, **456**:2003(2000), 2755-70.

[74] S.-R. Kim and J. A. Nairn, Fracture mechanics analysis of coating/substrate systems: part I: analysis of tensile and bending experiments. *Eng Fract Mech*, **65**:5(2000), 573-93.

[75] S.-R. Kim and J. A. Nairn, Fracture mechanics analysis of coating/substrate systems: part II: experiments in bending. *Eng Fract Mech*, **65**:5(2000), 595-607.

[76] L. N. McCartney and C. Pierse, *Stress Transfer Mechanics for Multiple-ply Laminates Subject to Bending*. NPL Report CMMT(A) 55, February 1997.

[77] L. N. McCartney and C. Pierse, Stress transfer mechanics for multiple ply laminates for axial loading and bending. *Proc ICCM-11*, **5**(1997), 662-71.

[78] S. A. Salpekar and T. K. Obrien, Analysis of matrix cracking and local delamination in(0/θ/−θ)s graphite-epoxy laminates under tensile load. *J Compos Tech Res*, **15**:2(1993), 95-100.

[79] P. Johnson and F. K. Chang, Characterization of matrix crack-induced laminate failure – part I: experiments. *J Compos Mater*, **35**:22(2001), 2009-35.

[80] P. Johnson and F. K. Chang, Characterization of matrix crack-induced laminate failure – part II: analysis and verifications. *J Compos Mater*, **35**:22(2001), 2037-74.

[81] A. Parvizi, K. W. Garrett, and J. E. Bailey, Constrained cracking in glass fiber-reinforced epoxy cross-ply laminates. *J Mater Sci*, **13**:1(1978), 195-201.

[82] H. T. Hahn and S. W. Tsai, Behavior of composite laminates after initial failures. *J Compos Mater*, **8**(1974), 288–305.

[83] H. Fukunaga, T. W. Chou, P. W. M. Peters, and K. Schulte, Probabilistic failure strength analysis of graphite epoxy cross-ply laminates. *J Compos Mater*, **18**:4(1984), 339–56.

[84] H. Fukunaga, T. W. Chou, K. Schulte, and P. W. M. Peters, Probabilistic initial failure strength of hybrid and non-hybrid laminates. *J Mater Sci*, **19**:11(1984), 3546–53.

[85] P. W. M. Peters, The strength distribution of 90-deg plies in 0/90/0 graphite-epoxy laminates. *J Compos Mater*, **18**(1984), 545–56.

[86] P. W. M. Peters, The fiber/matrix bond strength of CFRP deduced from the strength transverse to the fibers. *J Adhes*, **53**(1995), 79–101.

[87] P. W. Manders, T. W. Chou, F. R. Jones, and J. W. Rock, Statistical analysis of multiple fracture in [0/90/0] glass fiber/epoxy resin laminates. *J Mater Sci*, **19**(1983), 2876–89.

[88] F. W. Crossman, W. J. Warren, A. S. D. Wang, and J. G. E. Law, Initiation and growth of transverse cracks and edge delamination in composite laminates: part 2. Experimental correlation. *J Compos Mater Suppl*, **14**(1980), 89–108.

[89] P. W. M. Peters, Strength distribution of 90 degree plies in 0/90/0 graphite – epoxy laminates. *J Compos Mater*, **18**:6(1984), 545–56.

[90] N. Takeda and S. Ogihara, In-situ observation and probabilistic prediction of microscopic failure processes in CFRP cross-ply laminates. *Compos Sci Technol*, **52**:2(1994), 183–95.

[91] J. Aveston and A. Kelly, Theory of multiple fracture of fibrous composites. *J Mater Sci*, **8**:3(1973), 352–62.

[92] P. W. Manders, T. W. Chou, F. R. Jones, and J. W. Rock, Statistical analysis of multiple fracture in 0/90/0 glass fibre/epoxy resin laminates. *J Mater Sci*, **18**:10(1983), 2876–89.

[93] P. S. Steif, Parabolic shear lag analysis of a [0/90]s laminate. In *Transverse Ply Crack Growth and Associated Stiffness Reduction during the Fatigue of a Simple Cross-ply Laminate*, ed. S. L. Ogin, P. A. Smith and P. W. R. Beaumont, Report CUED/C/MATS/TR 105, Cambridge University, September 1984, pp. 40–1.

[94] J. M. Berthelot, P. Leblond, A. El Mahi, and J. F. Le Corre, Transverse cracking of cross-ply laminates: part 1. Analysis. *Compos A*, **27**:10(1996), 989–1001.

[95] J. M. Berthelot, A. El Mahi, and P. Leblond, Transverse cracking of cross-ply laminates: part 2. Progressive widthwise cracking. *Compos A*, **27**:10(1996), 1003–10.

[96] J. M. Berthelot, Analysis of the transverse cracking of cross-ply laminates: a generalized approach. J *Compos Mater*, **31**:18(1997), 1780–805.

[97] Z. Hashin, Finite thermoelastic fracture criterion with application to laminate cracking analysis. *J Mech Phys Solids*, **44**:7(1996), 1129–45.

[98] V. Vinogradov and Z. Hashin, Probabilistic energy based model for prediction of transverse cracking in cross-ply laminates. *Int J Solids Struct*, **42**:2(2005), 365–92.

[99] J. A. Nairn, The strain-energy release rate of composite microcracking – a variational ap-

proach. *J Compos Mater*, **23**:11(1989), 1106-29.

[100] N. Laws and G. J. Dvorak, Progressive transverse cracking in composite laminates. *J Compos Mater*, **22**:10(1988), 900-16.

[101] Z. Hashin, Analysis of cracked laminates: A variational approach. *Mech Mater*, **4**:2(1985), 121-36.

[102] Z. Hashin, Micromechanics of cracking in composite materials. In *Continuum Models and Discrete Systems. Proc 9th Int Symposium*, ed. E. Inan and K. Markov. (Singapore: World Scientific Publishing, 1998), pp. 702-9.

[103] Z. Hashin, Thermal-expansion coefficients of cracked laminates. *Compos Sci Technol*, **31**:4 (1988), 247-60.

[104] L. N. McCartney, Predicting transverse crack formation in cross-ply laminates. *Compos Sci Technol*, **58**:7(1998), 1069-81.

[105] L. N. McCartney, Energy-based prediction of progressive ply cracking and strength of general symmetric laminates using an homogenisation method. *Compos A*, **36**:2(2005), 119-28.

[106] L. N. McCartney, Energy-based prediction of failure in general symmetric laminates. *Eng Fract Mech*, **72**:6(2005), 909-30.

[107] L. N. McCartney, Physically based damage models for laminated composites. *Proc Inst Mech Engineers L - J Mater Design Appl*, **217**:L3(2003), 163-99.

[108] L. N. McCartney, Prediction of ply crack formation and failure in laminates. *Compos Sci Technol*, **62**:12-13(2002), 1619-31.

[109] L. N. McCartney, Model to predict effects of triaxial loading on ply cracking in general symmetric laminates. *Compos Sci Technol*, **60**:12-13(2000), 2255-79.

[110] A. S. D. Wang and F. W. Crossman, Initiation and growth of transverse cracks and edge delamination in composite laminates part 1. An energy method. *J Compos Mater*, **14**: Suppl. (1980), 71-87.

[111] R. Joffe and J. Varna, Damage evolution modeling in multidirectional laminates and the resulting nonlinear response. In *Proceeedings of International Conference on Composite Materials 12*, Paris, France, July 5-9, 1999.

[112] J. Varna, R. Joffe, and R. Talreja, A synergistic damage-mechanics analysis of transverse cracking in $[\pm\theta/90_4]$s laminates. *Compos Sci Technol*, **61**:5(2001), 657-65.

[113] R. Joffe, A. Krasnikovs, and J. Varna, COD-based simulation of transverse cracking and stiffness reduction in $[s/90_n]$s laminates. *Compos Sci Technol*, **61**:5(2001), 637-56.

[114] J. Varna, R. Joffe, and R. Talreja, Mixed micromechanics and continuum damage mechanics approach to transverse cracking in $[S,90_n]$s laminates. *Mech Compos Mater*, **37**:2(2001), 115-26.

[115] E. Adolfsson and P. Gudmundson, Thermoelastic properties in combined bending and extension of thin composite laminates with transverse matrix cracks. *Int J Solids Struct*, **34**:16

(1997),2035-60.

[116] J. Qu and K. Hoiseth, Evolution of transverse matrix cracking in cross-ply laminates. *Fatigue Frac Eng M*, **21**:4(1998),451-64.

[117] J. Varna and L. A. Berglund, Multiple transverse cracking and stiffness reduction in cross-ply laminates. *J Compos Tech Res*, **13**:2(1991),97-106.

[118] C. Baxevanakis, D. Jeulin, and J. Renard, Fracture statistics of a unidirectional composite. *Int J Fract*, **73**:2(1995),149-81.

[119] V. V. Silberschmidt, Matrix cracking in cross-ply laminates: effect of randomness. *Compos A*, **36**:2(special issue)(2005),129-35.

[120] V. V. Silberschmidt, Effect of micro-randomness on macroscopic properties and fracture of laminates. *J Mater Sci*, **41**:20(2006),6768-76.

[121] J. M. Berthelot and J. F. Le Corre, Statistical analysis of the progression of transverse cracking and delamination in cross-ply laminates. *Compos Sci Technol*, **60**:14(2000),2659-69.

[122] F. W. Crossman, W. J. Warren, A. S. D. Wang, and G. E. Law, Initiation and growth of transverse cracks and edge delamination in composite laminates, part 2: experimental correlation. *J Compos Mater*, **14**:Suppl. (1980),88-108.

[123] F. W. Crossman and A. S. D. Wang, The dependence of transverse cracking and delamination on ply thickness in graphite/epoxy laminates. In *Damage in Composite Materials*, ASTM STP 775, ed. K. L. Reifsnider. (Philadelphia, PA: ASTM, 1982), pp. 118-39.

[124] A. S. D. Wang, P. C. Chou, and S. C. Lei, Stochastic model for the growth of matrix cracks in composite laminates. *J Compos Mater*, **18**:3(1984),239-54.

[125] A. S. D. Wang, N. N. Kishore, and C. A. Li, Crack development in graphite-epoxy laminates under uniaxial tension. *Compos Sci Technol*, **24**:1(1985),1-31.

[126] P. C. Chou, A. S. D. Wang, and H. Miller, *Cumulative Damage Model for Advanced Composite Eaterials*, Final report by Dyna East Corp, Philadelphia, PA, September 1982.

[127] S. L. Liu and J. A. Nairn, The formation and propagation of matrix microcracks in cross-ply laminates during static loading. *J Reinf Plast Compos*, **11**:2(1992),158-78.

[128] T. Yokozeki, T. Ogasawara, and T. Ishikawa, Evaluation of gas leakage through composite laminates with multilayer matrix cracks: cracking angle effects. *Compos Sci Technol*, **66**:15(2006),2815-24.

[129] C. V. Singh and R. Talreja, Evolution of ply cracks in multidirectional composite laminates. *Int J Solids Struct*, **47**:10(2010),1338-49.

[130] M. Kashtalyan and C. Soutis, Stiffness and fracture analysis of laminated composites with off-axis ply matrix cracking. *Compos A*, **38**:4(2007),1262-9.

[131] C. V. Singh, Multiscale modeling of damage in multidirectional composite laminates. Ph. D. thesis, Department of Aerospace Engineering, Texas A&M University, College Station, TX(2008).

[132] N. V. Akshantala and R. Talreja, A mechanistic model for fatigue damage evolution in composite laminates. *Mech Mater*, **29**:2(1998), 123–40.

[133] R. Talreja and N. V. Akshantala, An inadequacy in a common micromechanics approach to analysis of damage evolution in composites. *Int J Damage Mech*, 7:3(1998), 238–49.

[134] T. W. Kim, H. J. Kim, and S. Im, Delamination crack originating from transverse cracking in cross-ply laminates under extension. *Int J Solids Struct*, **27**:15(1991), 1925–41.

第7章
损伤机理和疲劳寿命图表

7.1 简　介

考虑到可能影响复合材料失效机理的所有参数的数量和种类,对复合材料进行损伤分析是一个巨大的挑战。如果不能开发基于物理模型的合理分析原则,仅凭经验进行疲劳设计存在很大风险,而且成本效益差。为了解决这一问题,在本章开发了一种基于机理的分析框架以解释复合材料疲劳行为,开始先针对单向纤维增强层合板结构,再延伸到层合板和其他纤维结构。这种框架是以疲劳寿命图表的形式显示,可以对组分性能的影响效应(如纤维刚度、基体延展性)的进行评估,提供失效设计原则,并开发基于机理的寿命预估模型。

在对疲劳寿命图表及其使用进行综述之后,我们将讨论疲劳设计方法,将飞机部件和风力发电机叶片作为举例。最后讨论基于机理的多轴疲劳模型。

7.2 疲劳寿命图表

源于金属疲劳的 S-N 图(或 Wöhler 图表)是一种人们所熟悉的疲劳寿命图表,可以表示给定材料抵抗外加循环载荷的能力。材料的强度,由第一周期加载时承受的最大应力表示,随着载荷重复施加材料的强度下降,与重复加载的次数成逆相关关系。与预选的最大加载周期,如 10^6 相对应的强度值为材料的疲劳极限。在一些情况下,"真实"的疲劳极限是存在的,当应力低于疲劳极限时不会引发疲劳机理;但是,在大多数情况下,我们定义直到达到预选的最大加载周期才会发生失效。

对由纤维和基体组成的复合材料,Wöhler 图表的有效性可能受到质疑。明显的问题是:两种组成材料在确定疲劳寿命时起什么作用?各扮演什么角色?为解决这些问题,Talreja 提出针对复合材料疲劳分析的概念解释架构[1]。该架构将在下面讨论,从单向复合材料轴向拉伸-拉伸疲劳开始介绍。

7.3 单向复合材料轴向疲劳

考虑在纤维方向承受循环拉伸载荷的单向复合材料。将复合材料试件在控制载荷条件下进行加载试验,例如,载荷在上下限之间变化。我们来研究此条件下材料工作和失效的机理。为此,构建加载次数的对数值为横坐标、第一个加载周期得到的最大应变为纵坐标的图,如图 7.1 所示。选择应变而非应力作图是基于以下考虑:①在第一载荷周期中,当复合材料应变与纤维失效应变(与纤维体积分数无关)相等时发生失效。图 7.1 中坐标 $(\lg 1, \varepsilon_c)$ 点可以确定,ε_c 是复合材料失效应变。②复合材料疲劳极限由基体疲劳极限确定,这将在后面讨论。复合材料在控制载荷试验下,由于纤维约束,复合材料中的基体与应变控制疲劳失效相关。因此,复合材料疲劳极限以应变形式表述。

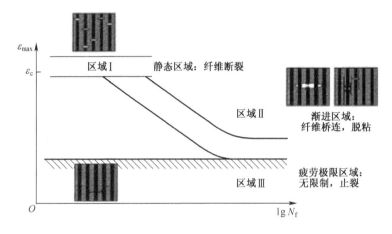

图 7.1 单向复合材料的疲劳寿命示意图,显示了 3 个不同损伤机理的区域

由于疲劳寿命上下限以应变形式给出,不必强求给出上下限之间的应变。我们注意到,对给定纤维类型(如玻璃纤维或碳纤维)和基体材料,复合材料应力-应变关系随纤维体积分数或纤维刚度变化而变化。画出第一载荷周期最大应变的意义在于该应变值能够为第一周期损伤提供很好的参考,且后续损伤和疲劳寿命很可能取决于该损伤状态。

最早由 Teresa[1] 描述,在 $(\lg N, \varepsilon_{\max})$ 坐标系绘制的试验数据分为 3 个区域。区域 I 为水平延伸的复合材料失效散布带(如在 5%~95% 失效概率之间)。该区域描述缺乏强度(失效应变)的退化,即纤维失效的主要机理是非渐进性的。关于这一假设的讨论将在下面描述。区域 II 是疲劳寿命散布带,偏离区域 I 一定数量载荷周期,向下延伸至疲劳极限。该区域是由纤维桥连的基体裂纹机理控制,将在下面论述。最后,区域Ⅲ是疲劳极限以下的无疲劳失效区域(在选定的载荷周期次数下,如 10^6 次)。

图 7.2 绘制了 3 种情形。第一种是纤维断裂,由于第一次施加高载荷时产生最大应变,处于失效散布带之内。这些纤维断裂是由于第一次加载时在一些薄弱点的局部纤维应力(或应变)超过材料强度引起的。只有在发生不可逆(非弹性)变形时,卸载和重新加载才会改变局部纤维应力。假设断裂纤维周围基体由于硬质纤维的约束仅发生小的非弹性变形。如果基体相对较脆(如环氧树脂),这一点是可能的。对于高韧性(如可流动的)的基体将在后面考虑。对于基体发生小非弹性变形的情况,重复加载对断裂纤维附近的纤维应力影响不大。在后续循环加载中接下来断裂的纤维将会出现在已断裂纤维附近,但并不是说所有之前已断裂纤维附近的纤维都必然会断裂,前提是纤维局部应力超过局部强度,如图 7.2 中 $N=N_1$ 所示。需要关注的是,由于在加载循环中局部纤维应力变化小,而且纤维强度又具有随机性,因此纤维断裂不太可能是渐进的机理。也就是说,对于给定位置,纤维断裂数量不是单调增加的。因此,由于纤维失效的不断增加(图 7.2)所导致的最终失效可能发生在任何一处潜在失效位置。结果是在规定加载条件下,复合材料可能在任意加载循环次数下失效。这个可以描述为非渐进性失效机理,与材料强度下降无关。所以,区域Ⅰ的散布带是水平的。

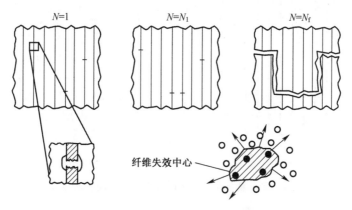

图 7.2　单向复合材料疲劳区域Ⅰ的非进行性纤维断裂

区域Ⅱ失效机理如图 7.3 所示。在施加最大载荷水平时,低于区域Ⅰ散布带下边界,由邻近纤维束断裂导致的复合材料失效是不可能的。相反,随着加载循环次数增加,基体将发生疲劳裂纹。基体裂纹随着纤维失效或纤维与基体脱粘而不断扩展。典型的纤维桥连裂纹就会出现,如图 7.3 所示。在诸多这种裂纹中,最早引起失效的裂纹是那种最先不稳定增长的裂纹。

229

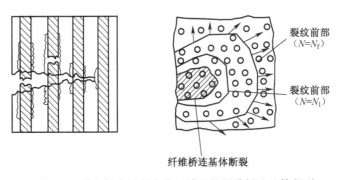

图7.3 单向复合材料疲劳区域Ⅱ的纤维桥连基体断裂

疲劳寿命图中区域Ⅲ可以看成是在预先选定的大的加载循环次数($>10^6$)下无疲劳断裂的区域。这个区域的一个可能的情形如图7.4所示。正如该图所示,在基体中形成的疲劳裂纹可能会发展,但它们局限于纤维之间的横断面。裂纹扩展的驱动力不足以使基体裂纹扩展或基体与纤维脱粘。在该区域另一个可能发生的情形是纤维桥连的基体裂纹扩展速度非常低,不足以在预定的大加载循环次数下造成失效。只有当基体裂纹增长速度非常显著时才会引发"真正"的疲劳。

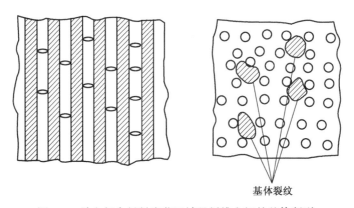

图7.4 单向复合材料疲劳区域Ⅲ纤维之间的基体断裂

7.4 组成材料性能的影响

疲劳寿命图的基本出发点是通过评估复合材料的组成材料性能来确定复合材料疲劳响应。接下来将讨论由于复合材料组成的性能变化对疲劳寿命的一些影响趋势。

不同材料的纤维,如玻璃纤维、碳纤维和碳化硅纤维,具有不同的轴向模量,在不同的轴向拉伸应变下失效。各种不同刚度的碳纤维已实现商业化应用,这些纤维在应变低至 0.5%,或应变超过 1.8%时都会失效,取决于不同的工艺和表面处理方法。在大多数工程实践中,复合材料的纤维方向的刚度和失效应变主要取决于纤维性能。由于纤维的缺陷,尤其是表面缺陷,会导致纤维失效明显分散。因此,复合材料失效是统计工程,纤维和基体之间的应力传递、纤维脱粘、纤维错斜、在断裂纤维附近纤维的应力集中等都加剧了问题的复杂性。对于我们所考虑的纤维和(或)基体性能变化对复合材料疲劳的影响,通过观察疲劳寿命图确定下面的趋势(图 7.5),这里纤维桥连裂纹是渐进性的扩展机理。

(1) 正如上面所解释的,区域 I 由复合材料失效应变 ε_c 水平延伸的分散带构成。该应变可高可低取决于纤维失效应变。这样,考虑疲劳极限 ε_m(主要是基体性能),区域 I 由选择的纤维决定。这也意味着区域 II 的范围 $\varepsilon_c \sim \varepsilon_m$ 也是由纤维决定。由于目前商业化可用和正在研发的纤维种类很多,因此可选的范围很大。我们注意到,通过选择满足 $\varepsilon_c \leqslant \varepsilon_m$ 的纤维可以使区域 II 消失(无疲劳),我们将在后面验证这一点。

(2) 疲劳寿命图区域 II 中渐进疲劳机理受纤维显著影响。桥连纤维应变会在基体裂纹处产生拉伸。对相同的拉伸应变,刚性更大的纤维比柔性纤维能够提供更强的拉力。因此,较低的疲劳降级速率使得复合材料中纤维的刚性增加,从而导致区域 II 右移,如图 7.5 所示。

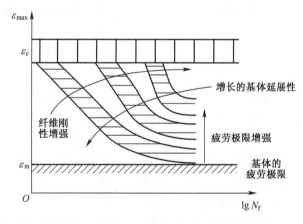

图 7.5 由于组分性能引起的疲劳寿命图趋势

(3) 再考虑柔韧性基体和脆性基体两种情况。与脆性基体相比,柔韧性基体上的裂纹会在裂纹尖端产生更高的应变。因而,对于相同裂纹长度,柔韧性基体较脆性基体的裂纹张开位移更大。这意味着在纤维桥连的基体裂纹处,柔性基体较脆性基体使得桥连纤维承受更高的应变,导致柔性基体复合材料比脆性基体复合材料更早失效。对应疲劳寿命,柔性基体复合材料较脆性基体复合材料疲劳寿命更低,如图7.5中的趋势线所示。

(4) 复合材料组成性能对疲劳极限的影响可以通过下面的方法来研究。首先,复合材料疲劳只有在基体产生裂纹时才发生。因此,在应变循环中的基体疲劳极限是底线(如上所述)。这个极限可以通过纤维阻碍基体裂纹扩展来增强。然而,刚性更大的纤维通过在基体裂纹平面提供更大的闭合压力对抑制裂纹扩展更有效。这就导致了疲劳极限趋势,如图7.5所示。

结合试验数据,下面说明在循环拉伸载荷下单向复合材料的疲劳行为。

7.5 平行纤维加载的单向复合材料

上面描述的疲劳寿命图是按照一般的损伤机理研究的。下面将对几种特定的材料体系进一步解释疲劳寿命图。

7.5.1 聚合物基体复合材料

疲劳寿命图将被作为解释聚合物基体复合材料疲劳的基本图。其他复合材料体系的疲劳,如金属基体和陶瓷基体的复合材料可以通过强调与聚合物复合材料之间差异和相似的方式得到解决。

图7.6为3种不同纤维体积含量的单向玻璃/环氧复合材料的疲劳寿命数据。这张图按常规方式绘制,纵轴是施加的循环应力幅度。3种纤维体积分数的疲劳寿命曲线是有区别的。图7.7所示为按照数据重新绘制的疲劳寿命图,纵轴为第一加载循环施加的最大应变,发现3种体积含量复合材料的数据同时下降。在设想的疲劳寿命图上3个区域与数据进行了叠加。复合材料失效应变的水平分散带为区域Ⅰ,在应变控制试验中(Dharan报道应变为0.6%)得到的环氧树脂疲劳极限作为玻璃/环氧复合材料假设的疲劳极限。疲劳寿命数据的散布带显示为区域Ⅱ。正如前所述,这张图说明以应变来绘制疲劳寿命图更有意义。同时也确认了在应变坐标系中,基体的疲劳极限很好预示了复合材料疲劳极限。与其他试验数据相比,玻璃/环氧数据不能很清晰地显示区域Ⅰ的存在。

下面考察一组环氧基体相同、不同碳纤维的单向碳/环氧复合材料。图7.8给出两个应力-应变行为的例子,图7.8(a)中复合材料的纤维刚度相对较低,图7.8(b)中复合材料的纤维刚度相对较高。假设复合材料失效应变 ε_c 等于纤维失效应变,对于两种复合材料在各自的应变轴标出失效应变 ε_c。我们注意到,对于纤维刚度较大的复合材料,其失效应变较低,与所观察的碳纤维的行为一致。同时还标注出环氧的疲劳极限,为了简便起见,假设基体的性能不受纤维的影响。

改变碳纤维刚度的结果是在本质上增加或减小区域Ⅱ的范围。现在我们设

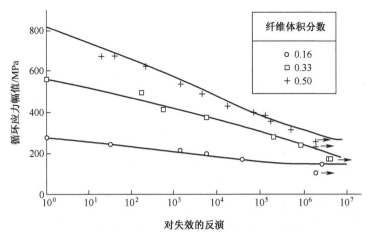

图 7.6 承受平行于纤维的拉伸载荷的单向玻璃/环氧复合材料的疲劳寿命数据[2]
(经许可转载自复合材料疲劳,版权归 ASTM International 所有)

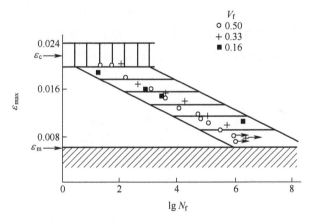

图 7.7 承受平行于纤维的拉伸载荷的单向玻璃/环氧复合材料疲劳寿命图[2]
(经许可转载自复合材料疲劳,版权归 ASTM International 所有)

想使用某种具有高刚度的碳纤维,使得复合材料失效极限 ε_c<疲劳极限 ε_m。这种情况也可以由低强度的纤维缺陷造成。复合材料在低于疲劳极限的应变条件下发生失效,其结果是没有疲劳扩展。换而言之,由于疲劳极限在区域 I 的上方,区域 II 不存在。因而,在疲劳寿命图上只有区域 I(水平散布带)。图 7.9 利用 Sturgeon 所搜集的含有高刚度碳纤维的碳/环氧复合材料的疲劳寿命数据阐明了这个现象。环氧基体疲劳极限取 0.6%(应变),复合材料失效应变平均值取大约 0.48%,疲劳极限和失效应变均在图中标注。

图 7.10 中所绘制的下一组数据,是利用 Awerbuch 和 Hahn[4] 提供的碳/环

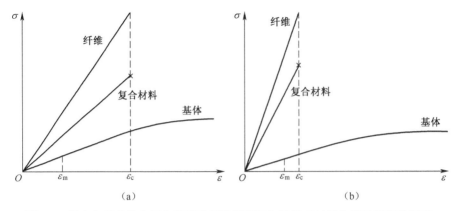

图7.8 纵向加载的单向复合材料的纤维刚度和失效应变对复合材料刚度的影响
(a)纤维刚度较低的复合材料;(b)纤维刚度较高的复合材料。
ε_c—复合材料失效应变;ε_m—基体疲劳极限。

氧复合材料的数据,其中碳纤维刚度低于Sturgeon所采集的碳/环氧复合材料的碳纤维刚度。在不参照疲劳寿命图时,此处数据显示没有疲劳退化。然而,当将区域Ⅰ和环氧树脂的疲劳极限置于图中时,对试验数据就有了不同的解释。区域Ⅱ中渐进疲劳机理是存在的,尽管只是在很窄的应变范围内。

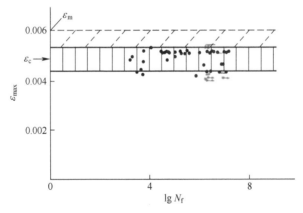

图7.9 硬质纤维增强的单向复合材料疲劳寿命图(具有较低的失效应变(数据来自文献[3]),注意,由于机理为非进行式纤维断裂,没有出现疲劳退化)

考虑和不考虑疲劳寿命图的不同解释的另一种情况如图7.11所示,数据来自Sturgeon,其采集的碳/环氧复合材料中碳纤维的刚度较低。Sturgeon认为这种材料不存在疲劳退化,然而,与之相反,由疲劳寿命图可以看出:存在渐进性疲劳损伤区域Ⅱ,取决于疲劳极限的位置。在图中,疲劳极限为0.6%(应变)并作为参照,与碳/环氧复合材料的其他情形相对比。

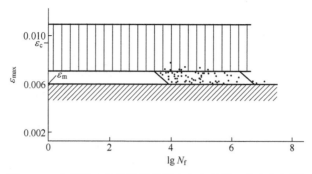

图 7.10 中等刚度纤维增强的单向复合材料疲劳寿命图[4]
（显示了疲劳发生的窄的应变范围）

作为碳/环氧复合材料疲劳的最后一种情况，图 7.12 中绘制了 P. T. Curtis 提供的数据。图 7.12 中疲劳寿命图的区域是明显的，这说明了利用图解释疲劳寿命的重要性。没有疲劳寿命图，评估疲劳寿命将会造成明显的误差。

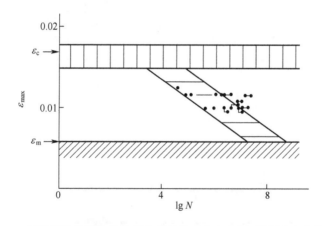

图 7.11 纤维刚度较低的单向复合材料的疲劳寿命图（数据来自文献[5]，疲劳发生的应变范围相对较大）

为进一步解释疲劳寿命图，图 7.13 和图 7.14 分别绘制出凯芙拉-环氧和凯芙拉-J2 聚合物的试验数据。J2 聚合物是一种非结晶聚酰胺热塑性材料。疲劳寿命图的普遍性是指它可以描述和解释任何类型复合材料的疲劳寿命数据，这样就可以将不同材料的寿命性能进行对比。通过对未知组分的商业化材料体系进行对比，就能够针对具体的应用领域确定最佳的材料。

以下介绍机理的实验研究。

如上所述，针对 PMC 材料，文献[1]开发的疲劳寿命图是基于这样一个推

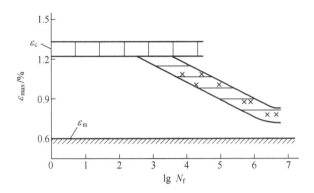

图 7.12 具有明显区域 I 的单向碳纤维/环氧复合材料疲劳寿命图(数据来源:P. T. Cartis,RAE,英国)

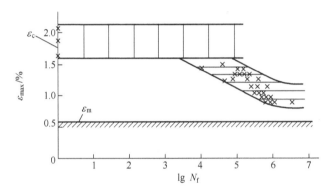

图 7.13 单向凯夫拉纤维/环氧复合材料疲劳寿命图(数据来自文献[6])

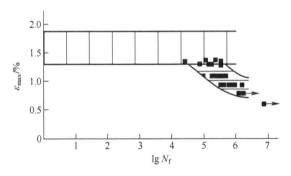

图 7.14 一种单向凯夫拉纤维/J2 聚合物复合材料的疲劳寿命图(数据来自文献[6])

理,即缺乏一个针对这类机理的系统研究。从那时起,Gamstedt 和 Talreja 开始了一项研究,通过观察单向碳/环氧复合材料轴向拉伸-拉伸疲劳,收集证据支持疲劳寿命图。例如，在区域Ⅱ中假想存在的纤维桥连裂纹得到如图 7.15 所示的表面复制图像的证实，裂纹张开轮廓显示裂纹尖端受到纤维的挤压。

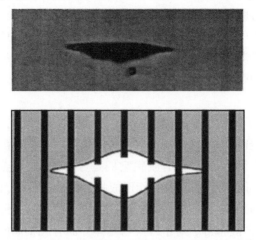

图 7.15　受拉伸-拉伸疲劳影响的碳/环氧单向复合材料的表面裂纹[7]
(裂纹尖端受桥连纤维挤压，示意图见图 7.15 中的下图)

文献[7]发现了区域Ⅲ中基体裂纹增长机理，见图 7.16。如图所示，沿加载方向横向增长的基体裂纹被纤维和基体的大面积脱粘所抑制。没有脱粘过程的能量耗散，裂纹扩展的驱动力更大。

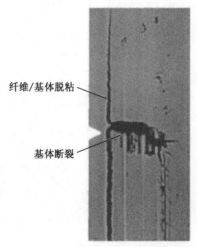

图 7.16　表面复制图像显示了纤维/基体脱粘的基体断裂[7]

文献[8]对单向 PMC 中的纤维桥连裂纹传播进行了分析。正如人们所预期的，与无纤维增强的基体裂纹相比，发现纤维桥连裂纹疲劳增长速率较低，甚至减速增长。在其他的研究中，Gamstedt 研究了复合材料在轴向拉伸-拉伸加载条件下,易出现脱粘的纤维/基体界面在复合材料疲劳中的作用。如果纤维/基体界面抗脱粘,这被认为是正常的基本情况,上面疲劳寿命图中所描述的疲劳机理可以应用。随着脱粘增加,纤维强度变化对决定损伤进程越来越重要。在出现明显脱粘的情形中,脱粘引起的纤维断裂替代纤维桥连的裂纹扩展成为渐进性的损伤机理。疲劳寿命图区域Ⅱ的斜率和范围取决于脱粘引起的纤维断裂。纤维断裂分离,结果使得平坦的区域Ⅰ将逐渐缩小,并最终成为区域Ⅱ的一部分。

图 7.17 描述了脱粘很少或无脱粘与大量脱粘两种情况下的对比。前者是典型的碳/环氧复合材料界面粘接相对较强的情形。当纤维断裂发生时,开始是随机地在较薄弱点发生,由于没有脱粘它们是分离的和不连接的。正如上述对区域Ⅰ的讨论,任何最初的断裂都可能形成临界尺寸的裂纹,裂纹增长是不稳定的,直至失效。因而不存在渐进性的机理,复合材料可能在任意加载循环次数下失效,导致出现水平散布带。对于纤维与基体界面有脱粘倾向的情形,初始的纤维断裂会扩展到其他纤维,这取决于脱粘裂纹的传播速率,结果是发生渐进的纤维断裂。这种损伤发展速率取决于界面抵抗脱粘裂纹增长的能力以及脱粘裂纹与其他裂纹连接的可能性。最终的失效路线按照平均扩展速率描述。对这种扩展进行建模是一项十分困难的工作。Gamstedt[9]进行了尝试,他对纤维断裂过程进行了数值模拟,并阐明了界面脱粘和纤维强度变化的作用。

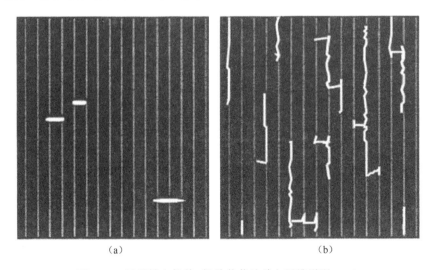

图 7.17　承受轴向拉伸-拉伸载荷的单向纤维增强 PMC
的疲劳损伤进程中纤维/基体脱粘的两个例子[7]
(a)未发生脱粘或脱粘不明显时不连续纤维断裂的情况;
(b)广泛脱粘,将纤维断裂连接起来,导致纤维断裂持续发生。

图7.18对比了单向碳/环氧和碳/PEEK(聚醚醚酮)两种复合材料在拉伸-拉伸载荷下的疲劳寿命图。前者代表了纤维/基体粘接很好的情形(图7.17(a)),后者代表了纤维/基体有脱粘倾向的情形。PEEK基体是一种半晶体热塑性塑料,它形成从纤维表面延伸的横晶结构。这种结构在平行纤维的平面更易发生脱粘。不同于其他韧性材料,PEEK的材料界面易发生脆性断裂。如上所述,碳/PEEK复合材料的大量脱粘所诱发的渐进性纤维断裂使得疲劳寿命图的区域Ⅰ移除。

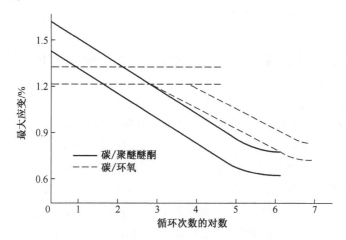

图7.18 沿纤维方向承受周期性拉伸载荷的单向碳/
环氧和碳/PEEK复合材料疲劳寿命图的对比
(注意,碳/PEEK复合材料缺少区域Ⅰ)

7.5.2 金属基体复合材料

上面讨论的疲劳寿命图可以看成是聚合物基体复合材料疲劳寿命基本图,其机理是基于对这种材料系统结构的实验观察和猜测。下面讨论当基体采用金属时,疲劳寿命图该进行什么样的变化。注意:纤维的作用是改变在基体中发生的疲劳机理,即材料经历不可逆的塑性变形。对金属基体复合材料MMC,Talreja[10]提出的疲劳寿命的3个区域如下:

(1)区域Ⅰ:正如之前所讨论的,这个区域由纤维失效表示。对聚合物基体的复合材料,纤维失效没有明显的扩展(在某个位置纤维累积失效)过程,从而导致材料在随机位置和随机载荷次数发生最终失效。形成这个推论的一个重要因素是基体中没有发生足够的不可逆变形,从而形成循环加载应力增强和纤维失效。当相对脆性的聚合物基体被更柔韧的金属基体代替时这种情形会发生变化。周期循环加载下在断裂纤维周围的金属基体塑性变形将使其附近的纤维应力重新分布,从而发生纤维累积失效。这将带来局部化渐进性降级,当达到临界水平时,会导致复合材料失效。因此,表征聚合物基体复合材料的区域Ⅰ水平散布带,对金属基体复合材料来说将有向下的斜率。

(2)区域Ⅱ:对金属基体复合材料,人们预计纤维桥连的基体裂纹机理也是主要的渐进机理。与聚合物基体复合材料的不同之处在于纤维/基体的脱粘作用。在金属基体复合材料中,纤维/基体粘接通常更牢靠,导致界面失效的范围较窄。而且,金属基体的韧性大,通过裂尖钝化可获得更大的裂纹张开位移,使得桥连纤维的失效增加。基于上述推断的基体韧性对区域Ⅱ疲劳寿命趋势的影响见图7.5。

(3)区域Ⅲ:人们预计该区域和聚合物基体复合材料的相同。复合材料的疲劳极限也与基体疲劳极限有关。

下面研究金属基体复合材料的一些实验数据。图7.19所示为SCS6/Ti-153单向复合材料在室温下以两种加载速率循环加载拉伸载荷的疲劳寿命图。第一循环的静态失效应变作为纵轴。如上所述,区域Ⅰ偏离水平散布带显示出一些渐进特性。区域Ⅱ表现出更大的降级速率,逐步逼近疲劳极限。我们注意到基体疲劳曲线的虚线走向逼近复合材料的疲劳极限。这种复合材料高温实验数据如图7.20所示。高温疲劳寿命图保留了室温疲劳寿命图的一般特征,但是定量特征有差异。两个区域的比较如图7.21和图7.22所示。图7.21所示为区域Ⅰ在室温和高温两种情况下的双对数尺度数据。实验数据最佳拟合结果表明高温条件下发生的疲劳降级比室温条件更高。类似的两种温度条件下区域Ⅱ的对比如图7.22所示。随着温度的增加,区域Ⅱ左移,显示更大的疲劳降级。这可能是由于在高温下基体的韧性更高(屈服应力更低),与上述疲劳寿命图中所示的趋势一致。

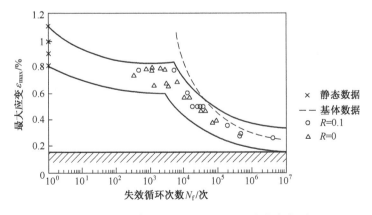

图7.19 室温条件 SCS6/Ti-15-3 的疲劳寿命图

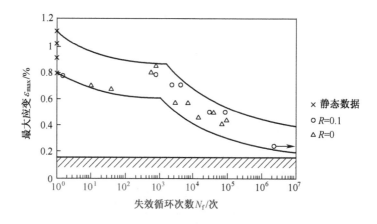

图 7.20　高温条件下(540~550℃)SCS6/Ti-15-3 的疲劳寿命图

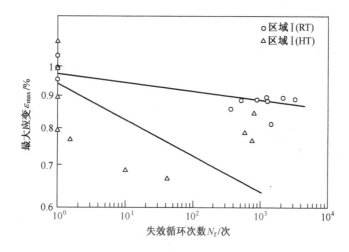

图 7.21　高温(540~550℃)和低温(20℃)条件下 SCS6-Ti-15-3 材料的区域 I

7.5.3　陶瓷基体复合材料

与聚合物和金属基体相比,陶瓷所具有的不可逆变形是微不足道的。这表明陶瓷更少发生疲劳损伤。但是,当陶瓷由弱黏的纤维增强时,由于界面摩擦滑动,耗散机理是成立的,这个机理在 CMC 材料疲劳中扮演主要角色。下面讨论单向 CMC 复合材料在循环轴向拉伸下的疲劳寿命图。

在讨论陶瓷复合材料 CMC 疲劳之前,简要回顾其在单一轴向拉伸下所观察到的损伤以及应力-应变响应是很有帮助的。这些工作在若干文献中都有报道,这里重点介绍 Sørensen 和 Talreja[11] 的研究来说明我们所关注的一些特征。

241

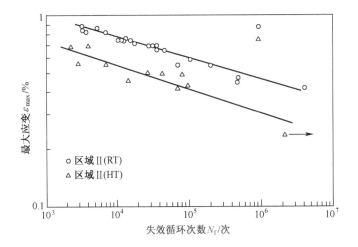

图 7.22 高温(540~550℃)和低温(20℃)条件下 SCS6-Ti-15-3 材料的区域 II

图 7.23 所示为 SiC/CAS(钙铝硅酸盐)玻璃试样在室温条件 3 种轴向应变下的 3 个形貌。作为参照,失效应变约为 1.0%。我们注意到在 0.15% 应变下,在垂直纤维的方向可见少数不规则的裂纹。在这个低应变水平下,这些裂纹出现部分扩展,但并未在宽度方向贯穿整个试件。随着施加的应变增加,裂纹在宽度方向贯穿整个试件,出现规则的空间分布。在某个点,裂纹间隔达到最小值,通常被描述为达到饱和,在应变为 0.8% 下可以看到。在轴向以及横向的应力-应变响应如图 7.24 所示,同时也绘制出在实验过程中所记录的 AE(声发射)结果。图中所示的双应力-应变曲线是由于在试件两面使用了应变计来监控加载的同轴度。图 7.25 总结了损伤发展过程的各个阶段,借助显微镜和声发射揭示它们的工作范围。

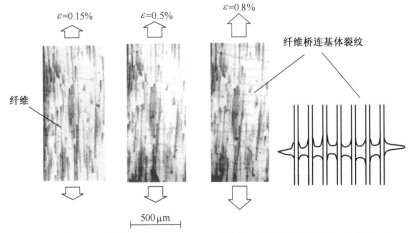

图 7.23 应变不断增大的单向 CMC 表面复制的显微图(数据来自文献[11])

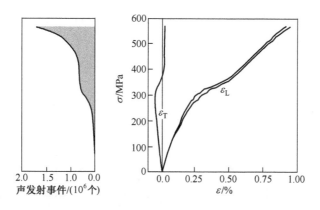

图 7.24 测量的声发射和应力-应变响应[11]

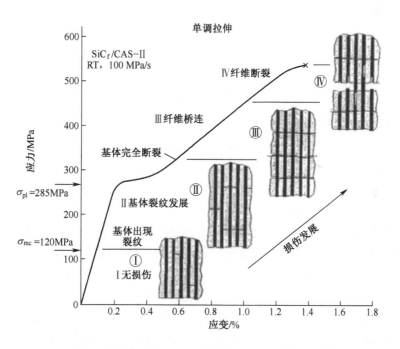

图 7.25 承受拉伸载荷(拉力平行于纤维)的单向 CMC 不同阶段损伤机理的示意图

当考虑疲劳时,首先想到的是:经历第一个加载周期后,倘若有损伤,在第二个加载周期和后续加载周期后材料发生的变化与第一个加载有什么不同?要回答这个问题,需要了解材料不可逆根源。例如,如材料在第一个加载周期后产生裂纹(单条或者多条),在第二个加载周期和后续加载周期后裂纹将不会进一步扩展,除非出现塑性或摩擦等不可逆机理。正如之前所阐述的那样,陶瓷材料不

243

具有明显的不可逆(塑性)变形,使得裂纹随循环加载而增长。可能的不可逆根源是界面的摩擦滑动。记住这一点,我们将在下面研究陶瓷复合材料 CMC 的疲劳寿命图 3 个区域的存在和本质,如图 7.26 所示。

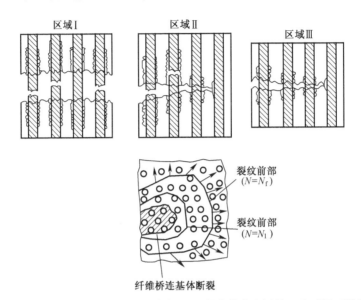

图 7.26　承受平行于纤维的拉力的单向 CMC 的疲劳寿命图的 3 个不同区域的机理

(1) 区域Ⅰ:当第一个加载周期施加载荷达到复合材料失效应变散布带内最大值时,基体裂纹发展超过饱和状态,如图 7.25 所示。这意味着在第一个加载周期后,存在一组完全扩展的纤维桥连裂纹。由于施加的高载荷,大量的纤维可能会断裂。当施加第二个加载周期和后续加载周期时,由于不可逆的摩擦滑动,脱粘长度增加,纤维应力也将随之增加,导致界面处的剪切应力增加。同时,界面磨损所产生的碎片对纤维表面的周期性研磨将使得纤维受损,降低纤维强度。所有这些将导致纤维失效,当任何存在贯穿裂纹的横截面没有足够数量的完好无损纤维来承受施加的载荷时,就会发生复合材料失效。现在核心的问题是这个失效机理是渐进的还是非渐进的。如果失效仅来自于一条横截面,如仅存在一条裂纹,或假如一条裂纹是某种倾向扩展的裂纹,累积的纤维断裂将导致渐进的失效。但是,这个不符合此处的损伤特征。这里有多个裂纹,这些裂纹中的任意一个都可能导致潜在的失效。尽管每一条纤维桥连裂纹都具有渐进的(累积的)纤维失效,渐进的速率可能是不连续的、在不同裂纹之间是不相同的。这样,最终的失效不一定必然由第一次加载后形成的最弱的横截面引起。因此,这种情况下,我们假设复合材料失效的加载循环次数不能由单一速率方程来推导,所以,失效是非渐进的。

(2) 区域Ⅱ:现在考虑这样一个加载状况,第一个加载周期最大载荷在这样范围内,基体裂纹要么部分形成,要么充分形成,但是桥连纤维没有大量断裂。在后续加载循环中,部分裂纹由于裂纹尖端(或前端)处出现脱粘和(或)纤维断裂而增长。界面上循环摩擦滑动将造成桥纤维发生脱粘,从而引起裂纹表面分离随脱粘长度增加和更多桥连纤维断裂而增加。随着周期性承受应力,部分裂纹将充分增长到最大程度。随着更多的脱粘产生,由纤维传递到基体的应力将逐渐增大,导致在已有的两条裂纹之间出现基体开裂。最终将形成裂纹饱和状态,除非复合材料的失效是由桥连任意一条裂纹的所有纤维失效引起的。疲劳寿命图中这个区域损伤的发展可以明确定义为渐进的,由部分裂纹到充分裂纹直至裂纹饱和。终止点是至少一条裂纹损失所有它的桥接纤维。这个点可以出现在裂纹饱和状态(逼近区域Ⅱ下限)之前或饱和状态以外(逼近区域Ⅱ上限)。区域Ⅱ和区域Ⅰ主要的区别是后者的饱和状态是在第一次加载后就已经出现裂纹伴随大量纤维断裂。

(3) 区域Ⅲ:我们定义这个区域为这样一个加载范围(第一个加载周期最大应变),在预选的大循环加载次数(通常为 10^6 次)下,材料损伤可以发展但是未发展到临界状态(材料失效)。在单向复合材料中,当至少一条裂纹的所有桥连纤维失效时,或者界面脱粘和基体裂纹将断裂纤维端面相互连接形成两个分离面时,就会发生复合材料失效(断开)。不论发生哪种情形,界面摩擦滑动在增加界面脱粘从而使纤维承受应力直至失效都起到十分重要的作用。人们已发现,脱粘界面的磨损会使得摩擦滑动不太有效。这将会减慢损伤的发展,在预先确定的循环加载次数下不会达到失效。Sφrensen等[12]发现,对于 SiC/CAS 试件来说,由于脱粘界面摩擦加热引起的温度升高在失效前会出现温度急升的现象,而对于在加载 10^8 次下仍未失效的试件,在加载到一定的循环次数时温度停止升高,接着温度转而下降(图 7.27)。这些作者挑战 CMC"真实"疲劳极限的概念,指出只要界面脱粘在第一次循环加载时发生,损伤会持续扩展甚至在加载 10^8 次后仍会继续。他们主张损伤不发展的条件是没有出现纤维桥连裂纹,前提是把此类裂纹形成的应力(或应变)假设为真实的疲劳极限。

关于对 CMC 材料疲劳极限的讨论在一定程度上是学术研究性质的,因为脱粘界面处摩擦滑动的能量耗散机理取决于加载频率和试件几何尺寸,这是因为由摩擦滑动产生的热量传导的时间变化率影响由于单位加载周期内摩擦滑动能量耗散速率。

相关文献中所记录的 CMC 疲劳数据不足以很好地解释疲劳寿命图的用处,因为实验是按照传统 S-N 曲线做的,在区域Ⅰ形成的数据太少以至于不能有效证实区域Ⅰ存在。同时,由于材料昂贵,形成的数据仅在几个载荷下获得的,难以形成完整明了的 3 个区域图。

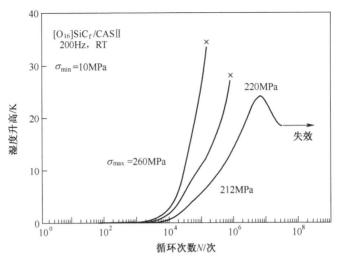

图 7.27　在对单向 SIC/CAS Ⅱ 复合材料施加循环载荷的过程中,由于摩擦加热造成温度升高

7.6　偏斜于纤维方向加载的单向复合材料

考虑加载方向与单向复合材料纤维方向成一定角度的周期拉伸载荷情况,如图 7.28 所示,裂纹沿纤维方向出现,要么在界面,要么在基体。裂纹首先发生于基体或界面的缺陷,随着循环加载沿厚度方向和纤维方向增长。在损伤演化的某个阶段,一个单裂纹或许在下一个加载周期增长到不稳定的程度,将复合材料分离成两部分。

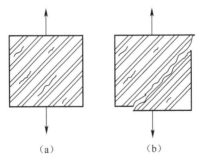

图 7.28　施加偏轴周期拉伸力造成的单向复合
材料断裂(a)和裂纹增长导致的失效(b)

如图 7.29 所示,当循环加载方向倾斜于纤维方向时,区域Ⅰ(水平散布带)

不存在。单独的散布带于复合材料失效应变开始,并逐渐终结于疲劳极限。失效应变和疲劳极限应变取决于偏轴角度 θ。根据文献[13]所记录的玻璃/环氧材料的 S-N 数据,绘出了几个角度下的疲劳寿命图,如图 7.30 所示。通过对数据拟合所绘制的曲线显示了图 7.29 所描述的趋势。从这些实验数据[13]所提取的疲劳极限如图 7.31 所示,同时也给出玻璃/环氧角交铺设的层合板的疲劳极

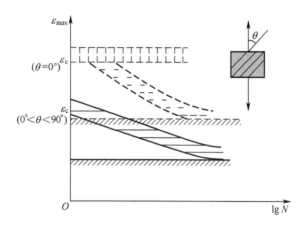

图 7.29 单向复合材料承受偏轴载荷时的疲劳寿命图(图中虚线为轴向加载情况)

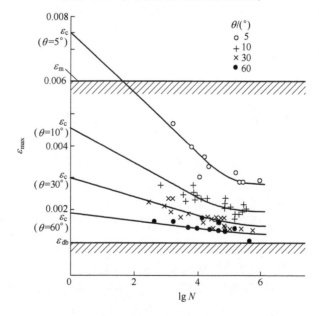

图 7.30 玻璃/环氧单向复合材料的疲劳寿命数据[13],绘制成承受拉伸-拉伸载荷的不同偏轴角的疲劳寿命图(轴向载荷疲劳极限以应变为 0.6% 作为参考来显示)

限。对相同的偏轴角,与单向复合材料相比,偏角铺设的层合板显著的改进将在 7.7 节层合板的疲劳中进行讨论。

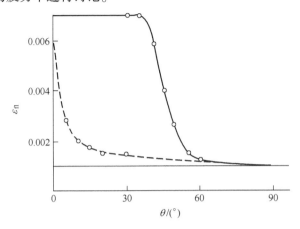

图 7.31　来自图 7.30 的偏轴疲劳极限数据(虚线所示)与文献[14]中报道的玻璃/环氧角交铺设层合板的疲劳极限的对比

7.7　层合板的疲劳

复合材料结构是将纤维在不同方向铺设以有效实现多向承载。这里考虑在循环拉伸载荷下多个纤维方向的层合板对疲劳损伤机理的影响,以及对上面描述的疲劳寿命图产生哪些变化。

7.7.1　角铺设层合板

这些层合板的纤维取向是以主方向对称的两个取向,如图 7.32 所示的 $[\pm\theta_n]_s$。在轴向加载时,即 0°方向,θ 角度铺设层合板的性能不同于在相同的 θ 角度偏轴加载的单向复合材料的性能。第一,对同样的轴向施加的应变,层合板中板层的应力状态与单向复合材料的应力状态不同。第二,对于单向复合材料来说,当出现一条裂纹并沿着纤维不稳定增长时,材料会发生失效。而在层合板中,板层裂纹不稳定的增长不会引起层合板失效,相反,在其他偏轴方向存在的板层界面会导致产生多条裂纹。第 4 章详细讨论了裂纹增加过程中所出现的剪力滞后。图 7.32 所示的多条裂纹增加及随后引起的(相关联的)分层。当一条板层裂纹前端碰到板层界面时,在裂纹前端的高应力状态使界面脱粘,导致局部板层分离(分层)。这种分层伴随着每一条板层裂纹,在循环加载时会沿界面平面增长。当这种情况发生时,由于板层内应力重新分布,且如果重新建立的应力足够高的话,在板层内就会持续出现多条裂纹形成过程。在什么条件下重新建立的应力状态会达到产生新裂纹的临界危险状态是本章后续章节的主要介绍的内容,其涉及损伤演变建模。

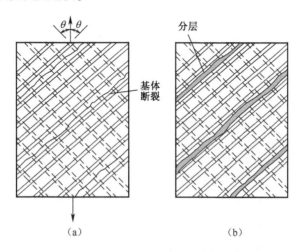

图 7.32 层合板偏轴板层的多条基体裂纹(a)和由疲劳导致的分层(b)(为说明清楚,断裂和分层都只针对一个板层,其他板层由虚线代替)

层合板内疲劳失效过程的关键要素由角铺设层合板来描述,可以总结为:多个板层裂纹、分层形成、增长,以及在板层界面可能合并出现更多的板层裂纹和分层,导致板层分离,反过来使得各个板层载荷过大,导致板层失效(分离)。纤维失效最终会导致层合板失效(分离成几部分)。

对偏斜纤维方向加载的单向复合材料基本上有两个疲劳过程,包括裂纹萌生和裂纹增长至不稳定状态。在层合板中,疲劳过程通常有几个相互作用的断裂过程。可以把它们看作两部分:临界失效和亚临界失效。临界失效是纤维断裂过程,其本身有它的渐进性。亚临界失效包括直到纤维失效的所有过程。

角铺设层合板的偏轴疲劳极限会增加(图 7.31 的数据),可以解释为由于层合板存在亚临界失效过程,这一过程在单向复合材料偏离轴向加载中不存在。

除 θ 接近 0°时外,角铺设层合板的疲劳寿命图没有区域 I。疲劳极限不会产生不利影响,直到亚临界损伤过程变得无关紧要,例如 $\theta>30°$ 时图 7.31 的数据。当 $\theta=90°$ 时,疲劳极限和单向复合材料横向加载时相同。由多条裂纹形成的层间效应会导致在 θ 较小的情况下疲劳极限可能增加。但是,目前似乎还没有相关的实验数据来证实这个分析。

7.7.2 正交层合板

正交层合板 $[0_n/90_m]_s$,是正交角铺设层合板,通常载荷加载在两个纤维方向其中之一的方向上。早在 20 世纪 70 年代后期,就有文献对这种层合板中出现的多层裂纹进行了实验观察和记录(详见第3章)。在这些研究中,沿0°方向加载单调增加的拉伸载荷,导致在90°方向出现多层板层裂纹。因为多裂纹是复合材料损伤的基本特征,这种构型和加载组合一直并且持续是对多裂纹及其对材料的响应进行建模研究的实验基础。但是,在单调增加载荷作用下,对正交层合板所观察到的多裂纹没有揭示出循环载荷作用下损伤进展的主要特征,这是因为大部分研究所观察到的典型裂纹过程是在平板试件的自由边,缺乏损伤积累的细节信息。Jamison等首先使用X射线成像技术和立体放射摄影技术对层合板内部特征进行了细致研究[15]。关键的X射线照片和描绘内部细节的示意图如图7.33所示。

在单调增加的载荷作用下,除了横向裂纹,图7.33的细节表明裂纹未充分发展。但是,这些细节抓住周期循环载荷作用下横向裂纹进一步发展的实质根本。我们将在下面的建模章节讨论,从一个加载周期到下一个加载周期的不可逆的变化可以概括为分层表面的摩擦滑动。

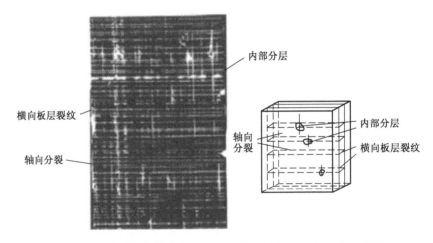

图7.33 承受拉伸-拉伸疲劳之后碳/环氧正交层合板的X射线照片和示意图(X射线照片展示了横向板层裂纹,内部分层,轴向裂缝。附图显示了内部细节[15])

在循环轴向拉伸加载条件下,为构建正交层合板疲劳寿命图,需要搞清楚几个基本问题:

第一,区域Ⅰ的条件存在吗?如前所述,必须有一个统计意义的无渐进发展的纤维断裂机理来判定这个区域是否存在。层合板中0°向铺层的存在似可使这一机理在加载轴向应变时是合理的,而加载的轴向应变接近于初始加载使层合板出现破坏的纤维断裂应变均值。

第二,疲劳极限在哪里?为确定疲劳极限,若无可用的实验数据,根据横向裂纹开始出现时的应变可以进行很好的估计。这个原因是简单的,如果在横向板层上没有出现裂纹,那么就不可能出现裂纹增加和随后的损伤。第 6 章讨论了裂纹起始应变的模型。

关于正交层合板的疲劳寿命图,还需解决的问题是确定区域Ⅱ的位置。为了充分逼近,假设这个区域的散布带是直而有坡度的,然后在疲劳极限(如 10^6 次)处固定它的下端,还需要确定它的斜率或者它偏离区域Ⅰ的点。为此,研究人员已经成功开发了一个模型,将在下面疲劳寿命预测一节中进行讨论。

图 7.34 所示为 Grimes[16] 报道的碳/环氧正交层合板数据,以应变形式给出。如上所述,预期的疲劳寿命图叠加在数据上。绘制的散布带以数据为指引,因为相关文献报道的数据不足以从概率分布的角度来预估这些散布带。作者报道疲劳极限应变的位置取对应第一个横向裂纹开始出现时的应力值(转化为应变)。

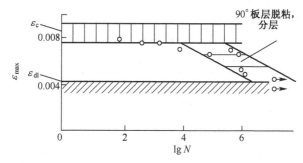

图 7.34 验证正交层合板预测疲劳寿命图的实验数据
(经许可转载自复合材料:试验和设计,版权归 ASTM International 所有)

7.7.3 普通多向层合板

对工程实践来说,复合材料结构设计要满足多种需求,如抗弯、抗扭和抗热膨胀。一个普通的复合材料结构是包括多个板层的层合板,每个板层由多束单向纤维铺设而成,按照一定顺序堆叠,使结构具备所要求的性能组合。举一个例子,$[0/\pm 45/90]_s$ 层合板,它是准各向同性的,在它的中平面上具有与方向无关的平均弹性模量。许多其他构造的层合板也是可能的,但是常见的板层取向数量为 3 个,使用最多的是 0°、+45°、-45°、90°铺层。从疲劳的角度看,对层合板的评估是非常简单的:①不考虑其他板层方向,只要有 0°铺层就会存在区域Ⅰ,位于纤维失效应变周围的散布带,正如单向材料轴向加载情形以及正交层合板情形一样。任何层合板的疲劳极限是由第一条裂纹发展机理确定的。因此,若层合板存在 90°方向的板层,对应第一条横向裂纹的应变就确定为疲劳极限。这个应变量值受铺层约束的影响,例如,横向板层模量与约束板层轴向模量的比值,以及裂纹板层和约束板层的厚度比值。如果需要进一步了解约束的影响效应,可参阅文献[17]和第 3 章。由区域Ⅱ表示的渐进的疲劳损伤,呈现为倾斜的散布带,起始于低的周期载荷次数($10^2 \sim 10^3$ 次),渐进趋近高加载次数($10^6 \sim 10^7$ 次)的疲劳极限。现在需要确定区域Ⅱ散布带(或直线)的斜率。显然,我们需要能够解释(亚临界)扩展疲劳损伤的寿命预示模型来预测这个斜率。让我们研究一些实验数据以便进一步了解这个斜率。

图 7.35 所示为玻璃/环氧[0/±45/90]$_s$ 层合板的疲劳寿命图,数据来自 Hahn 和 Kim[18] 完成的在 0°方向的拉伸-拉伸加载试验。为构建该图,取纤维失效应变值(与层合板的值相同)构建区域Ⅰ散布带。由于无法获得失效应变数据来确定失效概率,依据其他的类似纤维失效应变数据绘出散布带。疲劳极限设置在 0.46%(应变),依据是在这个水平应变下已观察到了横向裂纹。区域Ⅱ被设置在疲劳寿命实验数据确定的位置附近。注意到区域Ⅱ的散布带近似为直线(或可以忽略弯曲的曲线),与区域Ⅰ交汇于 $10^2 \sim 10^3$ 循环加载次数处。区域Ⅱ散布带的下端大约在 10^7 加载次数。

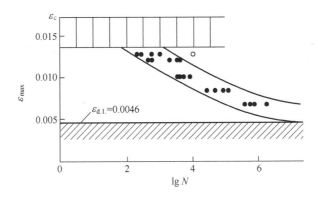

图 7.35 在 0°方向受到拉伸载荷的玻璃/环氧[0/±45/90]$_s$ 层合板的疲劳寿命图(数据来自文献[18],疲劳寿命图是由实验数据叠加而成的)

另一组数据来自文献[19]碳纤维/环氧[0/±45/90]$_s$ 层合板沿 0°方向施加拉伸-拉伸载荷,如图 7.36 所示。构建疲劳寿命图的过程与图 7.35 的相同。

从图 7.35 和图 7.36 所示的两个疲劳寿命图的例子可以看出,这些疲劳寿命图所表示的基本概念是解释和评估复合材料层合板疲劳寿命的有效方法。这是在沿主方向拉伸-拉伸循环加载的限制条件下得出的。对通常的轴对称的复合材料,通过找寻简单的性能指标就能构建该材料的疲劳寿命图。例如,一个层合板具有 0°铺层,沿 0°方向循环加载拉伸载荷,那么只要在复合材料失效应变(等于纤维失效应变)附近有水平的散布带,区域Ⅰ就将存在。接着需要找出层合板中板层的铺设方向,该方向与加载轴线所成的锐角最大。在上述两个例子

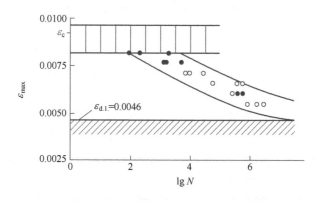

图 7.36 在 0°方向受到拉伸载荷的碳纤维/环氧[0/45/90-45$_2$/90/45/0]层合板的疲劳寿命图(数据来自文献[19],疲劳寿命图是由实验数据叠加而成的。经许可转载自纤维复合材料的疲劳,版权归 ASTM International 所有)

中,这个角度是 90°。这个方向的板层随着纤维出现裂纹开始疲劳过程。对疲劳极限的一个很好的近似是轴向应变,在该应变下裂纹发生。第 6 章讨论了估计这个应变的方法。一旦层合板的上限(失效应变)和下限(疲劳)在疲劳寿命图中标出,就可以在这两个极限内找出渐进疲劳机理。人们可以对渐进机理建模并预示疲劳寿命,这将在 7.9 节讨论,或者通过连接疲劳极限($10^6 \sim 10^7$ 次)直线上的点和低循环次数区域线(或散布带)绘制一条直线(或散布带)简单得到疲劳寿命的近似。低循环次数确定原则是,对玻璃纤维/环氧层合板的循环次数是 10^2 次,对碳纤维/环氧层合板的循环次数是 10^3 次。

7.8 疲劳寿命预测

利用金属材料概念和方法预测复合材料疲劳寿命是行不通的,这是因为其对复合材料来讲是不切合实际的。除了少数几种情况,如分层扩展,对单条裂纹起始、扩展和不稳定增长至失效进行分析,都不适用于复合材料疲劳。因而,金属断裂机理对复合材料损伤是没有用的。与应力强度因子阈值、Paris 定律、残余强度等有关的方法都无助于评估复合材料结构的疲劳损伤裕度和耐久性。

经典的预断裂力学对金属材料的疲劳近似,基于经验 $S-N$ 曲线的疲劳寿命评估,对复合材料疲劳问题是缺乏适用性的。一个明显的事实是疲劳损伤机理是局部的,与微结构相关,因此对复合材料进行均匀化和以平均应力描述的疲劳都不能正确描述复合材料损伤的驱动力。正如上述讨论,在解释疲劳寿命图的构造时,应变正确描述疲劳的极限条件。复合材料疲劳寿命图最成功的一点是,评价了复合材料组分和组分间界面的作用,也明晰了材料性能的影响,摒弃了

S-N图的纯经验主义。对疲劳寿命图中以应变形式绘制,需要按应变控制加载实验所产生的误解的确是令人遗憾的。实验数据完全按照传统方式获得,如载荷控制。然后,将平均应力转换为平均应变,在疲劳寿命图中绘制数据。以应变度量的结果(如对应一定循环加载次数的应变)有待于转换回应力形式,以方便设计使用。

疲劳寿命图概念框架的优势还在于指导建立基于机理的疲劳寿命预测建模。疲劳寿命图保证了在建模时使用了正确的机理。毫无疑问,基于机理的建模是对复合材料的疲劳进行近似的唯一合理的方法。从长远角度看,选择经验方法是不可靠的和高成本的。

下面将阐述正交层合板的基于机理的疲劳寿命建模。截至目前,只有这种层合板构型采用上述方法进行了研究。下面将解释这种方法已经成功应用于正交层合板中,将激励我们应用于更多的通用层合板。

7.8.1 正交层合板

在7.7.2节已讨论正交层合板的疲劳寿命机理和疲劳寿命图的构建。为建立区域Ⅱ渐进损伤模型,让我们首先回顾横向裂纹机理的量化。图7.37所示为在不同级别的最大载荷下横向裂纹密度(单位轴向长度的裂纹数量)随着加载循环次数对数的变化。损伤演化的特征是:裂纹密度开始呈指数增长,接着增长速率减小,最后趋近饱和状态零增长速率。裂纹密度饱和水平与载荷水平相关。

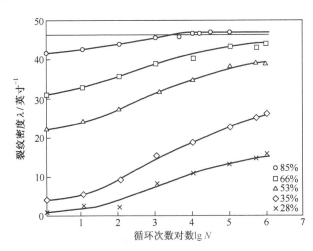

图7.37 $[0/90_2]_s$层合板上横向裂纹密度与轴向拉伸循环次数对数值对比绘制的图像
(数据点是不同最大载荷值,由复合材料极限抗拉强度的百分数表示[20])

寿命预示过程的第一步是预示疲劳中观察到的横向裂纹行为。这需要预示第一次最大载荷作用下的裂纹密度,接着在相同载荷下确定随着加载次数增加而增加的裂纹密度。第 6 章讨论了在单调加载条件下的横向裂纹问题。这里我们集中讨论在重复加载条件下裂纹的增长。

图 7.38 描述了裂纹增长的过程。在第一次循环加载后,就已经形成一定间隔的横向裂纹。在下一个及随后施加的同样载荷条件下,由于以下两个原因(假设),在之前已形成的裂纹之间可能会形成另一条裂纹:①横向板层存在一条缺陷诱发出现一条新的裂纹,并逐渐增长至与之前的裂纹相同的尺寸;②已存在裂纹之间的应力状态随着加载循环次数的增加发生改变,随着加载的进行,会产生一条新的裂纹。在每种情况下,我们必须确定从一次加载到下一次加载所发生的不可逆机理,对形成一条新裂纹的损伤积累进行建模。

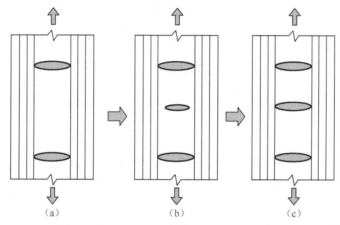

图 7.38　第一次加载产生的横向裂纹(a)、重复施加载荷在已有裂纹之间产生新的裂纹(b)和在加载一定次数后最终形成的裂纹(c)

对第一种假设情况,我们需要了解一些关于缺陷的知识,这些缺陷可能由于制造工艺引起。缺陷的尺度和空间分布可能是随机的,需要用概率分布来描述。由缺陷产生裂纹,且裂纹随着加载次数扩展需要存在不可逆性,这可能意味着基体为非弹性和(或)裂纹尖端存在微裂纹。对这种横向裂纹进展情形进行建模涉及统计和数值模拟。

第二种假设情况基于横向板层上裂纹之间区域的应力增大。对这种情形,新的横向裂纹产生条件是当横向板层的轴向正应力达到临界值。图 7.39 所示为通过变分分析计算的横向板层在纵剖面的 3 个应力分量分布[21-22]。这些应力是裂纹间相互作用的结果。由图 7.39 可以看出,轴向正应力在两条裂纹中间达到最大值,应力值从已存在裂纹处减小。因此,在无缺陷时,如果最大应力超过临界值,在裂纹之间会形成新的裂纹。但是,由于这个应力比形成已有裂纹的临界值更低,只有当施加载荷增大时,才形成新的裂纹。如果保持无缺陷的假设,在载荷大小恒定的循环加载条件下,形成新的裂纹是不可能的。结论为:对于弹性复合材料,这种情形的横向裂纹,在循环加载条件下不会出现损伤扩展。

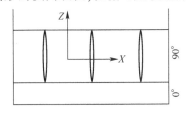

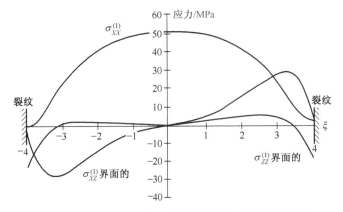

图 7.39 90°板层受到轴向拉伸载荷的应力轴向分布[22]
(轴向正应力假设在 Z 方向为常数)

对正交层合板,如果在损伤扩展建模时不引入缺陷,只有 90°板层和 0°板层之间的界面存在不可逆机理。接近这个界面的横向裂纹由于伴随裂纹前沿的强应力场必定会引起界面出现某种形式的损伤。最可能的损伤是界面平面出现裂纹(分层)。图 7.40 描绘了这种情形,显示在裂纹前缘的分层长度为 $2l$,间距为 $2s$。还可能出现两个情况:一是分层表面无牵引力;二是分层表面之间出现摩擦滑动。在文献[23]中,利用变分力学方法对横向裂纹和分层进行了应力分析,以预估 90°板层上横向裂纹之间的应力。假设沿分层长度 $2l$ 方向的剪切应力按照 3 次方规律变化,计算的轴向正应力的最大值随着 l 增大而增大。图 7.41 显示了无牵引力分层以及分层表面之间由剪应力作用的轴向应力最大值。

如图 7.41 所示,假设分层表面无牵引力作用,在第一个加载周期内,不存在在裂纹之间形成新裂纹的条件。在周期加载时随着分层裂纹传播,裂纹形成的诱因将会减小。相反,如果分层表面由于存在粗糙和(或)压应力,表面之间就会产生摩擦滑动,使得剪应力增加。这个应力改变了轴向和横向板层间的应力分布,导致最大轴向正应力增加,如图 7.41 所示。第一次加载后将这种应力提升到裂纹形成临界值的某个循环次数就是造成分层长度增加的疲劳增长的次数。

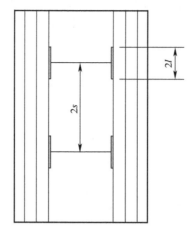

图 7.40　横向裂纹间隔为 $2s$ 的正交层合板,分层从裂纹前缘起始,沿横向裂纹的任意一边延伸 l 的距离(假设分层增长是由于施加于层合板的循环轴向拉伸引起的)

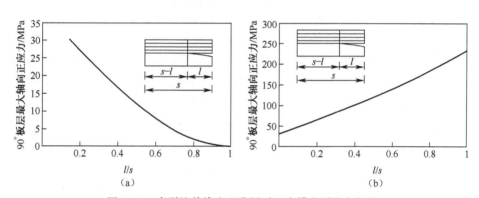

图 7.41　当裂纹前缘出现分层时两个横向裂纹之间的最大轴向正应力的变化

(a)当分层表面牵引力为 0 时随着分层一半长度的增加,应力变小;
(b)当分层表面之间受剪应力作用时应力变大。

基于分层表面存在摩擦滑动的假设,Akshantala 和 Talreja[24]研究出一个程序,依靠它可以确定循环载荷作用下横向裂纹的密度。图 7.42 给出随着加载次数的增加裂纹密度变化的例子。我们注意到裂纹密度除了在初期呈指数增长,在不同最大应力水平下,裂纹密度变化饱和趋势也不同,与图 7.37 所示的实验数据一致。由于应力分析模型是针对相互作用的横向裂纹,初期非相互作用的裂纹所呈现出的指数增长不能由该模型预测。

在 Akshantala 和 Talreja[24]成功预测了裂纹密度随着载荷次数增加而增加之后,他们继续利用这些数据来预测疲劳寿命。假设对正交层合板(图 7.34)由

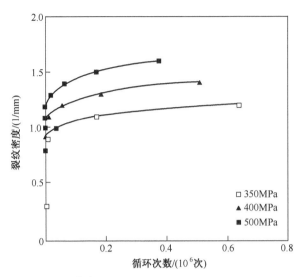

图 7.42　Akshantala 和 Talreja[24] 预测的在不同循环载荷等级下正交板层的横向裂纹密度
(注意,不同等级裂纹饱和的趋势取决于载荷)

疲劳寿命图区域Ⅱ所表示的渐进损伤中,当裂纹密度达到某个最大值时层合板失效。这个裂纹密度表示为 η_f,介于静加载条件下最大可达到裂纹密度(表示为 η_c)和通常称为板层首次失效(用词不当,因为板层出现裂纹但并未失效)的多裂纹起始的最小裂纹密度之间。η_f 随失效载荷循环次数的变化假定由图 7.43 描述。描述这个变化的方程是 $\eta_f = A\lg N_f + B$,表达式中 A、B 为经验常数,由最大、最小裂纹密度和它们所对应的循环次数确定。疲劳循环次数的极值是

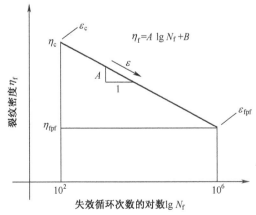

图 7.43　正交层合板在疲劳失效时横向裂纹密度的变化[24]
(裂纹密度的上限是施加净负载时的最大饱和裂纹密度,下
限是多裂纹开始形成时的最小裂纹密度。也描述了对应两个极限值的复合材料应变)

渐进损伤的起始和终结,也就是区域Ⅱ。在图7.43中,这些值以10^2和10^6循环次数来解释。正如7.7节后面所建议的,作为区域Ⅱ起始的很好近似,对玻璃纤维/环氧层合板循环次数取10^2次,对碳纤维/环氧层合板循环次数取10^3次。请注意,假设的疲劳失效的进程不是自某个密度值的横向裂纹开始发生,而是发生在从第一次加载后的密度增加到这个密度值的期间。层合板的失效必须包含分层增长和纤维失效。为了简化,假设横向裂纹密度由疲劳寿命简单估算。

图7.44描述了疲劳寿命预测程序,使用源自应力分析模型[23]所计算的裂纹密度和图7.43所显示的假设的裂纹密度与加载循环次数的关系。对于给定的循环加载载荷,疲劳寿命由裂纹密度达到其极限值的最小加载次数得到。这样,通过作图法确定这个值是找出裂纹密度增加曲线和极限裂纹密度直线的交点(见图7.44)。交点对应的循环次数就是该载荷水平下的疲劳极限。对一个正交层合板,疲劳寿命预测值和实验数据的对比如图7.45所示。

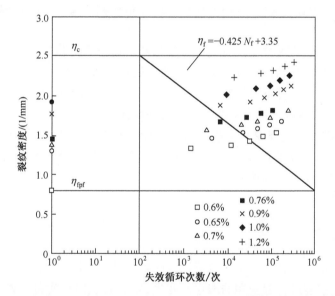

图7.44 裂纹密度数据点代表初始值(第一次加载),其数值随着在不同的载荷水平下循环加载而增长(由相应的第一周期峰值应变表示)(从图7.43中所描述的裂纹密度与失效循环次数的关系也可以看出裂纹密度的最终计算值。给定载荷疲劳寿命可以通过计算的裂纹密度与疲劳值的交点所对应的循环次数得到)

7.8.2 普通层合板

在第6章讨论了多种包含多个板层方向层合板的损伤进展问题。根据第6章给出的模型,在给定循环加载条件下,可以计算多裂纹起始的载荷和第一次最

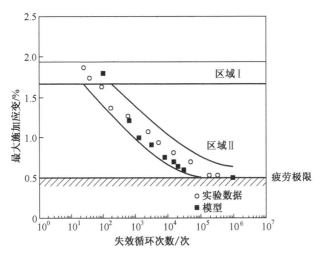

图7.45 [0/90]$_s$ 玻璃/环氧层合板疲劳寿命预测值与来自文献[25]的实验数据的对比

大载荷加载后的裂纹密度。对于在重复加载下损伤进一步扩展的问题,必须搞清楚:每次循环加载后累积损伤不可逆的机理是什么?对正交层合板,我们已找到了回答该问题的答案。我们有理由相信,对含有多个偏轴板层方向的层合板来说,偏离轴向裂纹前沿发生的分层会出现摩擦滑动,因此产生不可逆性(能量耗散)。文献[21]对正交层合板分层横向裂纹所进行的应力分析不能简单延伸到多裂纹方向。事实上,即便是没有分层,层合板的应力分析方法也不能轻易延伸到处理多裂纹方向的情形。

7.9 总　　结

本章提出了阐释复合材料疲劳过程的系统概念框架。针对这个主题的大量相关文献均没有进行综合性的阐述。相反,重点放在揭示疲劳的物理机理和与之相关的疲劳寿命图。这些图区别于之前由经验方法主导的有关疲劳的文献。利用这些图确定了材料选择基础,并提出了基于机理的建模原则。

疲劳损伤建模和寿命预测领域还需要进一步开展大量的研究工作。在疲劳损伤累积机理的问题上,采用经验方法所开展的大多数研究工作都遇到了很大的挑战。事实上,甚至在有百年历史的金属疲劳领域,采用经验方法也是常见的。循环加载条件下裂纹增长的Paris定律基本上是根据试验数据拟合的曲线。它所具有的简易性使其广泛应用于实践中,但却阻碍了人们对基本原理的探究。因此,到目前为止复合材料学术界倾向选择经验方法是一点都不奇怪的。值得注意的是,由于复合材料有大量的参数(组分性能、铺层取向、编织构造和其他复杂构造等),光靠经验方法是远远不够的。正如疲劳寿命图所验证的,注重内在机理的研究使得我们可以透过复杂的复合材料微观结构和纤维构造掌握其本质特性。

参考文献

[1] R. Talreja, Fatigue of composite materials: damage mechanisms and fatigue-life diagrams, *Proc R Soc London A*, **378**(1981), 461-75.

[2] C. K. H. Dharan, Fatigue failure mechanisms in a unidirectionally reinforced composite material. In *Fatigue in Composite Materials*, ASTM STP 569. (Philadelphia, PA: ASTM, 1975), pp. 171-88.

[3] J. B. Sturgeon, Fatigue and creep testing of unidirectional carbon fiber reinforced plastics. In *Proceedings of the 28th Annual Technical Conference of the Society of the Plastics Industry*. (Washington, DC: Reinforced Plastics Division, 1973), pp. 12-13.

[4] J. Awerbuch and H. T. Hahn, Fatigue and proof-testing of unidirectional graphite/epoxy composite. In *Fatigue of Filamentary Composite Materials*, ASTM STP 636, ed. K. L. Reifsnider and K. L. Lauraitis. (Philadelphia, PA: ASTM, 1977), pp. 248-66.

[5] J. B. Sturgeon, *Fatigue Testing of Carbon Fibre Reinforced Plastics*, Technical Report, Royal Aircraft Establishment, Farnborough(1975).

[6] R. B. Croman, Tensile fatigue performance of thermoplastic resin composites reinforced with ordered Kevlar® aramid staple. In *Proceedings of the Seventh International Conference on Composite Materials*, vol. 2, ed., Y. Wu, Z. Gu, and R. Wu. (Oxford: International Academic Publishers, 1989), pp. 572-7.

[7] E. K. Gamstedt and R. Talreja, Fatigue damage mechanisms in unidirectional carbon fibre-reinforced plastics. *J Mater Sci*, **34**(1999), 2535-46.

[8] E. K. Gamstedt and S. Östlund, Fatigue propagation in fibre-bridged cracks in unidirectional polymer-matrix composites. *Appl Compos Mater*, **8**(2001), 385-410.

[9] E. K. Gamstedt, Effects of debonding and fiber strength distribution on fatigue-damage propagation in carbon fibre-reinforced epoxy. *J Appl Polym Sci*, **76**(2000), 457-74.

[10] R. Talreja, A conceptual framework for interpretation of MMC fatigue. *Mater Sci Eng A*, **200**(1995), 21-8.

[11] B. F. Sørensen and R. Talreja, Analysis of damage in a ceramic matrix composite. *Int J Damage Mech*, **2**(1993), 246-71.

[12] B. F. Sørensen, J. W. Holmes, and E. L. Vanswijgenhoven, Does a true fatigue limit exist for continuous fiber-reinforced ceramic matrix composites? *J Amer Chem Soc*, **85**(2002), 359-65.

[13] Z. Hashin and A. Rotem, A fatigue failure criterion for fiber reinforced materials. *J Compos Mater*, **7**(1973), 448-64.

[14] A. Rotem and Z. Hashin, Fatigue failure of angle ply laminates. *AIAA J*, **14**(1976), 868–72.

[15] R. D. Jamison, K. Schulte, K. L. Reifsnider, and W. W. Stinchcomb, Characterization and analysis of damage mechanisms in tension–tension fatigue of graphite/epoxy laminates. In *Effects of Defects in Composite Materials*, ASTM STP 836. (Philadelphia, PA: ASTM, 1984), pp. 21–55.

[16] G. C. Grimes, Structural design significance of tension–tension fatigue data on composites. In *Composite Materials: Testing and Design (Proc. 4th Conference)*, ASTM STP 617. (Philadelphia, PA: ASTM, 1977), pp. 106–19.

[17] R. Talreja, Transverse cracking and stiffness reduction in composite laminates. *J Compos Mater*, **19**(1985), 355–75.

[18] H. T. Hahn and Y. Kim, Fatigue behavior of composite laminate. *J Compos Mater*, **10**(1976), 156–80.

[19] J. T. Ryder and E. K. Walker, Effect of compression on fatigue properties of a quasiisotropic graphite/epoxy system. In *Fatigue of Filamentary Composite Materials*, ASTM STP 636. (Philadelphia, PA: ASTM, 1977), pp. 3–26.

[20] X. X. Diao, L. Ye, and Y. W. Mai, Simulation of fatigue performance of cross–ply composite laminates. *Appl Compos Mater*, **3**(1996), 391–406.

[21] Z. Hashin, Analysis of cracked laminates: a variational approach. *Mech Mater*, **4**, (1985), 121–36.

[22] J. A. Nairn and S. Hu, Matrix microcracking. In *Damage Mechanics of Composite Materials*, ed. R. Talreja. (Amsterdam: Elsevier Science, 1994), pp. 187–243.

[23] N. V. Akshantala and R. Talreja, A mechanistic model for fatigue damage evolution in composite laminates. *Mech Mater*, **29**(1998), 123–40.

[24] N. V. Akshantala and R. Talreja, A micromechanics based model for predicting fatigue–life of composite laminates. *Mater Sci Eng A*, **285**(2000), 303–13.

[25] C. J. Jones, R. F. Dickson, T. Adam, H. Reiter, and B. Harris, The environmental fatigue behaviour of reinforced plastic. *Proc R Soc London A*, **396**(1984), 315–38.

第8章
未来研究方向

在第1章讨论了复合材料结构的耐久性评估,以及本书所讨论的主题的总目标。如图1.1所示,损伤力学及其对变形响应的影响成为损伤力学领域的主要推动力,它是耐久性评估的核心。第3章讨论了实验观察到的损伤物理性质之后,接下来的两章主要讨论损伤力学的两种主要方法,即微观损伤力学(MIDM)和宏观损伤力学(MADM),这两种方法的目的是预测固定损伤的变形响应。第6章主要讨论了损伤的演变过程,第7章主要讨论了疲劳问题(由于这个概念很难理解,所以这个主题需要引起特别关注)。

我们将在本章对前面的研究结果进行综述,并将对复合材料损伤和失效方面的下一步研究方向进行预测,希望为未来耐久性评估做出贡献。

8.1 计算结构分析

很明显,复杂结构的几何形状需要进行计算结构分析。前面几章所讨论的损伤形成和演变的分析建模及其对复合材料层合板变形响应的影响,都是针对理想状态下的简单示例研发的。直接应用这些建模会受到简单几何结构和载荷条件的限制。对于复杂几何结构,诸如飞机机翼或风力涡轮机叶片,常常会承受多轴机械载荷,并可能会与温湿度环境及生产制造等引起的残余应力相结合,因此,必须要有计算方法。在工业上,通常使用商业软件,即ANSYS、ABAQUS和NASTRAN,并且,需要将损伤和失效分析都整合到这些程序中去。目前,已经进行了一些简单的测试,在测试中将复合材料的FE分析与使用失效标准的损伤结合在一起[1]。还已经进行了一系列的全球范围的失效研究(WWFE)[2-4],将几种复合材料失效模式与实验数据相对比,并为它们在复合材料设计中的使用提供指导。

之前失效研究的重点是最终失效,而目前正在进行的WWFE-Ⅲ研究则可为检测亚临界情况下损伤的形成和演变及其对机械响应的影响提供更多机会。但是还没有将应力分析与损伤预测相结合的综合代码。目前的代码只能根据层合板失效标准预测结构失效,不能根据亚临界损伤(如层开裂)预测。为了改进这种现状,研究人员正在研发一种ABAQUS中的用户子代码(UMAT),能够运用

第6章讲到的能量基础上的断裂判据来动态更新一个区域内的刚度特性。目的是运用第5章讲到的协同损伤力学方法来预测层开裂的形成和演变,以及所导致的刚度特性。

图1.1概括了耐久性评估的总体方法,图8.1所示为进行复合材料结构计算应力分析与损伤分析相结合的流程图。进行应力分析时首先要假设整个结构中没有损伤。在这种情况下,所必需的数据输入项包括结构的几何形状、构型(接头处、板层厚度等)、复合材料层合板的材料、载荷和使用条件。随后,根据应力分布图,确定在给定的载荷和使用条件下可能存在损伤的区域。这些区域包括所有的应力集中点,可以基于之前的设计经验。在这一步中,同样也需要识别可能的损伤力学。例如,在结构上的孔洞或开口区域附近很有可能出现板层开裂和分层等损伤。然后,利用初始应力状态,根据前几章讲到的方法和趋势分析来预测损伤的形成和变化。损伤预测的步骤可能涉及一个亚结构分析,并可以在多个长度尺度内进行。稍后在本章将会讨论多尺度建模的相关内容。损伤区域的刚度性能可通过分析预测方法进行更新,同时,也可以在相同的应用载荷水平上进行新的应力分析。在根据设计准则分析预测失效之前,在增加的载荷

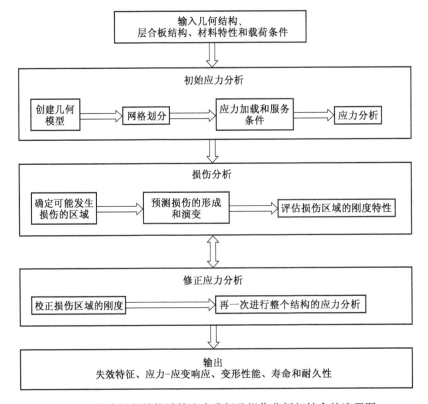

图8.1 复合材料结构计算应力分析及损伤分析相结合的流程图

作用下,不断地重复着相同的迭代过程。根据不同的目的和需求,计算结构分析的输出项可能包括详细的失效特征、总应力-应变响应、变形特征(偏转、振动频率等),以及结构容损和寿命预测。

无论哪种计算方案的主要挑战都是要将损伤及其影响适当地结合起来。找到损伤并将损伤的所有复杂性都降低至参数 D,这一点并不困难。然后将参数 D 设置为 0~1 之间的任意值,通常,这个值的设置都是以方便计算为准,且很少考虑到损伤背后的物理性能。因此,要将损伤力学的理论进程纳入到计算设计过程还需要进一步研发,其中一个主要的障碍就是正确进行损伤的多尺度计算分析。接下来我们将解决损伤的多尺度建模问题,在复合材料失效计算方法中这些问题将成为最重要的挑战。

8.2 损伤的多尺度建模

目前有效的计算能力推动了多尺度建模的发展,多尺度建模遵循一个直观的概念,即在较小长度尺度时发生的物理现象可决定较大长度尺度时的材料响应。一般来说,纤维增强复合材料和非均匀固体材料似乎很适合用于这种理想建模。因此,许多研究都已经解决这些材料的变形、损坏和失效问题,同时,在一定程度上解决了非力学性能问题。关于多尺度建模的文献有很多,最新的文献[5]就介绍了各种相关方法。

由于非均匀固体材料中的微结构实体(非均匀性)是嵌入基体中的,所以给定的特性(如力学或热响应特征)必须定义在比非均匀性的特征尺度更大的尺度范围内。因此,在选定的尺度内,出现了一个代表性体积元(RVE),这样,通过体积的适当平均值就可计算权益属性。RVE 概念是任意适当的多尺度方法中的必需的基本概念。读者可参考类似 Nemat-Nasser 和 Hori[6]编写的微观力学教材来深入理解 RVE 概念及其求均值方案。

将 RVE 尺度表示为中尺度,将微结构实体尺度表示为微尺度,微尺度、中尺度和大尺度这 3 个层级形成了多尺度建模方法的基础。实际上,如果非均匀材料"微观结构"含有纳米尺度的增强材料(如粒子、纤维或管状物),那么,就可以将微尺度进一步分成纳米级和微米级。虽然分层多尺度建模对于"静止的"微结构来说,是一种可行的方法,即在载荷冲击下不会改变它们的特征尺度,但是当能量耗散机理永久改变微结构时,还没有证据表明这种方法依然有效。在这里我们关注的是为了评估结构完整性和耐久性,对复合材料的潜在损伤进行能量耗散机理的多尺度分析。同时,针对这种情况,对多尺度方法的进一步检查应该是很有必要的。

8.1 节所述的计算结构分析以及以前关于该主题的论述[7]可以参考图

8.2,这在第1章也已经讨论过。在这里主要关注的是该方案的损伤力学部分。正如上面提到的,微尺度、中尺度和大尺度这3种多尺度建模是这种分析方法的核心。当存在损伤时,3个尺度的区分不一定要等同于损伤发生前的区分。在文献[8]中对这一临界点进行了解释,并可得到以下结论。

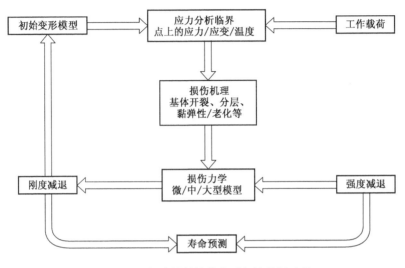

图8.2 复合材料结构的耐久性分析过程

8.2.1 损伤的长度尺度

根据图8.3所示的3个代表性体积元(RVE)讨论损伤的特征尺度及其有关的微结构尺度。图中左边的RVE是原始状态的(未损伤的)复合材料。当这种RVE的边界表面受到牵引力t作用时,包含在RVE内的基体和非均匀性(图中以小圆圈表示)的联合变形,会在边界表面上产生点位移u。这种位移场可表示为$u = u_0 + \delta u_0$,其中u_0表示没有纤维的基体变形,而δu_0为其中的扰动,是由没有损伤的非均匀性引起的。图8.3中间的RVE表示损伤情况(称为第1种损伤),其中某些非均匀性(如夹层)会部分或全部与基体分离。如果RVE表面上的牵引力t足以激活裂纹(可以使裂纹表面移动),则形成界面裂纹,然后会进一步扰动RVE内的变形场。此时边界表面上的点位移u_1。最后,图8.3(c)的RVE表示第2种损伤情况,其中RVE内的裂纹被限制在基体中,从几何结构上看与非均匀性无关。这种情况下,RVE上的表面牵引力t的位移响应为u_2。原则上,扰动场δu_0可以通过基体和非均匀性的性质,以及结构变量(如尺度大小、形状、非均匀性间隔)来确定。根据所采用的建模,可使用有限的结构信息(如非均匀性的体积分数),或更多的信息,如统计相关函数,来描述相对尺度大小和位置。文献[9]中给出了对于微观结构形态特征进行完整描述的方法,而文献[10]对建模进行了综述,其目的是使形态信息达到RVE级的平均值。

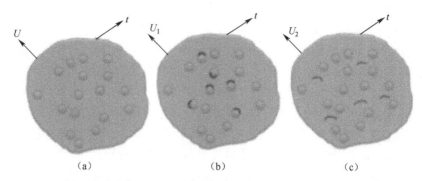

图 8.3 非均匀固体材料的原始状态(a)和两种损伤状态,即第1种(b)和第2种(c)损伤情况

通常,这些建模都具有多级特征,并常依赖于均匀化概念。在没有损伤时,建模可能被表征为"静止的"微结构建模,即微结构在RVE表面牵引力t作用下保持不变。在有损伤的情况下,计算RVE表面位移对规定牵引力t的响应时,可以选择两种方法:一种方法就是使基体变均匀,使微结构静止,并在均匀的复合材料中预埋损伤实体(裂纹)。那么,位移响应可以表示为$u_i = u + \delta_i u$,其中,$\delta_i u$是由均匀复合材料位移场中的扰动引起的,损伤(第一种损伤$i=1$,第二种损伤$i=2$)是产生这种扰动的原因。这种方法非常普遍,并有许多版本,常见的是Mori-Tanaka估算过程[11]。需要注意的是Mori-Tanaka过程是针对静态微结构(未损伤的复合材料)的匀质化方法。为了便于后面参考,称这种方法为均匀微结构(HM)法。另外一种方法是,在估算RVE位移响应时要保持静止的微结构的离散性质。这种方法称为离散微结构(DM)法,位移响应表达式为$u_i = u_0 + \delta_i u_0$,其中$\delta_i u_0$为由基体位移响应的联合扰动引起的,这种联合扰动的原因是静态微结构和损伤,下标i仍然表示损伤类型。

上述这两种RVE表面位移的估算方法只是粗略估算,通常产生的结果会有差异。在HM法中,损伤实体与微结构之间没有明确的关系,这是由于有损伤实体残留的微结构已经被匀质化,但在DM法中,匀质化实体和损伤实体都很明确。因此,在HM法中,第一种和第二种损伤实体都被均匀的微结构包裹着,所以它们与微结构的联系(微结构对其形成的影响)也就消失了。在这种情况下,HM法对于两种损伤类型都不敏感。另一方面,在采用DM法时,对于第1种或第2种损伤则存在非常大的差异。这是因为第1种损伤在结构上与静止的微结构联系在一起,由此引起的局部场扰动,可以通过被视为非均匀性引起的扰动进行分析。对于第2种损伤来说,情况就不一样了,它与非均匀性没有联系,但是却受其影响。事实上,正是出于这个原因,HM法更适用于第2种损伤。

上述讨论都是为了一个特定的目的,即弄清楚与微观层级(非均匀性)相关的特征尺度及它们与细观层级(RVE)尺度的关系。正如上面提到的,在没有损伤时,微观到细观之间的桥接是非常清晰明确的。实际上,如果基体本身为异质结构,那么在知道亚结构的特征尺度的前提下,就可能利用多尺度(从亚微观的到微观的)的方法使它均质化。因此,通常对于静止的非均匀性来说,多尺度建模至少在概念上是可信的、系统的。但是,当损伤分散在内表面上时,情况就完全不同了。当内表面在几何结构上与微结构有关时,例如第一种损伤情况,它们的特征微观尺度可以由那些非均匀性推导出来,而微观-细观的桥接则相对简单些。但是,有个别复合材料损伤的情况属于这种类型,也就是说,这里的损伤实体仍然与非均匀性有关。虽然这可能会发生在损伤的初始阶段,但所形成的损伤实体与非均匀性的关系不大。第二种损伤的情况下,如果损伤处的尺度与非均匀性尺度无关,那么由此带来的尺度复杂性将会使得分级多尺度建模在这种情况下可能不可行,这一点下面将详细讨论。

8.2.2 层级化多尺度建模

下面将重点放在复合材料层合板这一具体实例上,在这种情况下,基体材料的每个板层都采用单向纤维来增强。因此,这里的静态微结构包含了分布在基体中的纤维,并与图8.3(a)相对应,即原始状态下的非均匀固体。微结构的长度尺度,或者说微观尺度,就是纤维的尺寸(半径或直径)。下一个层级的尺度即细观尺度,是RVE的大小,它的大小根据纤维的分布而定。假设所有纤维都是笔直且相互平行的,那么对于横截面上纤维均匀分布的情况来说,在周围基体内的纤维的一个重复单元,即一个单位晶格,可代替RVE。对于纤维的非均匀分布,参考文献[9-10]给出了处理方法。在关于复合材料机理的一般资料中都能找到较简单的有关层间性质的估算方法,例如文献[11]。复合材料层合板的宏观尺度是一种与几何结构有关的结构尺度。

当一种复合材料层合板在加载条件下遭到损伤时,一系列长度尺度都会开始扩展,这与未损伤复合材料的初始长度尺度可能有关,也可能无关。下面具体讨论复合材料层合板的情况。

8.2.2.1 单向复合材料中的损伤:横向载荷的情况

图8.4(左图)所示为聚合物基单向纤维复合材料受到纤维法向拉力时,其横截面上的典型损伤。图中的损伤为上述的纤维/基体脱粘(第1种损伤)和基体开裂(第2种损伤)的混合状态。但是,对于纤维/基体脱粘的进一步研究[12-14]表明,这种失效机理可能是气穴引起的基体脆性开裂的后果。另一方面,第2种损伤是基体流动引起的延性裂纹。因此,在聚合物基复合材料中,第1种和第2种损伤都是基体失效的不同体现形式,正如上面所讨论的,在控制尺

度上存在很大的差别。

图 8.4(b)和(c)所示为两种可能出现的裂纹情况,是以图 8.4(a)中所观察到的损伤为基础。第 1 种损伤(图 8.4(b))是纤维/基体脱粘,从纤维表面进入到基体中。这种基体开裂可合并形成连续性的纤维到纤维的裂纹。第 2 种情况(图 8.4(c))假设基体开裂在先,随后逐渐形成纤维/基体脱粘。这种裂纹的顺序也将产生一个连续的纤维-纤维的裂纹。这两种情况的任何一种都与横向载荷引起的局部应力状态有关,局部应力状态反过来也依赖于微结构,即纤维体积分数和纤维直径分布、纤维间隔等。下面将讨论局部应力状态对基体损伤的影响。

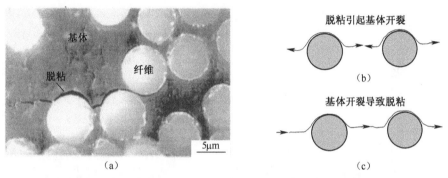

图 8.4 典型的单向纤维复合材料纤维受到法向拉力时横截面的显微照片(a),
图(b)和图(c)是在图(a)的基础上描绘出可能出现的两种情况

图 8.5 所示为横向受力的复合材料横截面区域。对于横截面上的非均匀分布纤维来说,应力分析研究以及文献[12]中的研究显示,对于基体中靠近纤维表面的那些点来说(如图 8.5 所示点),基体的变形为近似或完全膨胀式;而对于基体上远离纤维的那些点来说(如图 8.5 所示其他点),基体的变形则具有明显的畸变分量。这种膨胀式和畸变式变形的混合现象取决于纤维给变形所施加的约束。例如,对于挤在三根纤维之间的非常接近纤维表面和基体区域内的点来说,变形将接近膨胀式状态;同时,对于在基体内离纤维较远的点来说(可忽略纤维引起的局部应力扰动),变形状态将会是高度的扭曲。对于接近纤维表面的点来说,此处很容易引起膨胀式变形,同类的研究[12-13]认为,聚合物基体的气穴现象是由三轴向张力引起的(如图 8.5(b)中的预埋物)。这样形成的空腔起初是稳定地扩张,当膨胀式能量达到一个临界值时就变得不稳定了。由于缺乏足够的变形能量,不稳定空腔在区域内的扩展将引发脆性裂纹,裂纹会延伸到纤维/基体界面中。随之发生的脱粘将沿纤维表面扩展成弧形裂纹(图 8.5(b)),随后沿着垂直于局部最大张应力的方向将转入到基体中(图 8.4(b))。图 8.4(a)中所示为损伤进一步发展生成的视图。

图 8.5(c)所示为另一种损伤情况,其中,远离纤维的点会发生严重变形,最终停留在切向增强带中,导致延性破裂。随着裂纹向纤维附近脆性区域延伸,会发生纤维/基体脱粘(图 8.4(c))。对于其他损伤情况来说,损伤进一步延伸可能会生成与图 8.4(a)一样的视图。

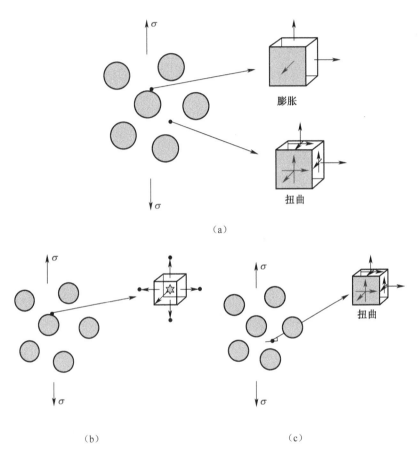

图 8.5　横向受力的膨胀和变形的非均匀固体中的点(a)、
流体静力应力状态引起的气穴和随之发生的
裂纹(b)以及变形流动引起的基体开裂(c)

上述两种损伤情况的建模涉及两种不同特征尺度的分析。对气穴现象引起的脆性裂纹导致的纤维/基体脱粘(第 1 种损伤情况,图 8.5(b)),气穴开始处的特征尺度为聚合物基体的分子尺度。一旦发生脱粘,损伤尺度就是纤维直径,纤维表面会出现弧形脱粘裂纹。对第 2 种损伤情况来说(图 8.5(c)),根据聚合物形态和应力三轴度(一种可以恰当描述混合偏应力和流体静应力的方法)的不同,变形和失效机理的结果可能很长而且很复杂。这些机理可被划分为脆性、半脆性或延伸性,分别描述裂纹过程中的物质流动的相对程度。损伤的特征尺度也将因此而相应变化。有关建模研究的文献很多,这些建模可解决从分子级方法到连续机理分析的聚合物变形和失效,连续机理分析包括各种显性和隐性的机理细节分析。这里对这些文献的综述并不是主要目的,重要的是,在非均匀固体中的多尺度损伤背景下,需注意的是,异质性会改变问题的性质。而对于非增强聚合物来说,多尺度建模必须解决所有结构形态的尺度问题,这些结构形态因负载而活跃起来,至于聚合复合材料,在某些尺度下活跃性会增强,而在另一些尺度下会减弱,这取决于异质性带来的局部应力扰动。因此,尺度的层级及其相关作用在未增强的聚合物材料和非均匀聚合物材料中是不同的。

虽然这里主要讨论了聚合物作为基体材料的情况,但引用的文献大部分也适用于增强型韧性金属材料。

8.2.2.2 正交层合板:横向层间裂纹

针对正交层合板中的横向层间裂纹的研究很多,前面章节也已经讲到。这里讨论的重点在于损伤的特征尺度。当一个正交层合板沿纵向层间受力时,损伤首先便是形成横向裂纹,即上述两种形式之一。裂纹首先在与纤维交叉的方向上开始延伸,随后沿纤维方向延伸,最终在厚度方向和宽度方向上贯穿整个横向层间。在这一点上,与损伤有关的尺度,和上面讨论过的单向复合材料上横向受力引起的损伤一样。在遇到层间界面时,横向裂纹的前端将引起界面应力扰动,扰动沿纵向层合板穿过一定距离,随后,应力将回到裂纹前的状态,除非扰动被另一条裂纹所干扰。如果被另一个裂纹干扰,则会产生另一个平衡应力状态。这种所谓的剪力滞后距离是横向裂纹两边的距离,在横向裂纹两边,轴向应力在横向层合板中的减少,阻止了另一条横向裂纹的形成,因此需要增加载荷受力来产生这种裂纹。这种从裂纹的横向层合板到纵向层合板的应力传递现象是横向层合板出现多条裂纹的原因。关于单条裂纹形成的条件与多条裂纹形成的条件的说法,是在一篇具有里程碑意义的论文中首次提出的,这篇论文介绍了ACK理论[15]。从损伤特征尺度的角度来看(正是这里所考虑的),当损伤由单条横向裂纹形成阶段转变为多条横向裂纹形成阶段时,情况会发生非常大的变化。与单条裂纹形成有关的尺度问题在上面已经讨论过。在多条裂纹形成情况下,控制尺度就是沿0/90层间界面的剪切滞后距离。这个距离由两个正交方向上的层间性质和厚度决定。换句话说,均质化层间性质和层合板结构可决定多裂纹尺度,但层间成分的性能和增强形态(纤维体积分数、纤维直径、纤维间间隙等)影响着单条横向裂纹的形成。大多数的多尺度建模研究并不承认这一事实。那些多尺度建模研究更趋向将横向裂纹与异质性尺度(纤维尺度和间隙,以及相关分布)联系起来。

8.2.3 多尺度建模的含义:协同损伤力学

上述的两种情况是为了说明复合材料中损伤现象的复杂性和多样性。文献[7-8,16-17]中列出了很多的实例。从这些研究中可以明确,未损伤的复合材料分层多尺度方法通常并不能覆盖全部的损伤情况。这就是说,用于结构完整性和耐久性的目的的多尺度建模应该就其本身进行讨论,而不是将它捆绑在未损伤异质性实体的分层方法上。在该方向上的研究被称为"协同损伤力学"(SDM)[18]。自从相关著作发表开始,已经进行了一系列的系统验证,证明了这种方法的有效性[19-23]。

5.2 节中详细介绍了 SDM 方法。这里为了讨论多尺度建模的完整性,我们引用了第 5 章中的图 5.4 和图 5.10。图 8.6(与图 5.4 相同)所示为损伤特征描述中所包含的两步均质化阶段,稳定性微观结构首先被均质化,并用适当的本质关系表示。接下来被均质化的是正在演变的包含损伤实体的微观结构,它被作为预埋在稳定性微观结构均质化实体中的内部结构。新的连续体由热动力框架表示,该框架中的内部状态变量可通过一系列二阶张量对损伤特征进行描述。内部变量由描述符定义,描述符需要 RVE 的平均值。另外,RVE 尺度为中尺度,而损伤实体的特征尺寸为微尺度。稳定性微观结构的规模尺度单独进入第一阶段的均质化作用。

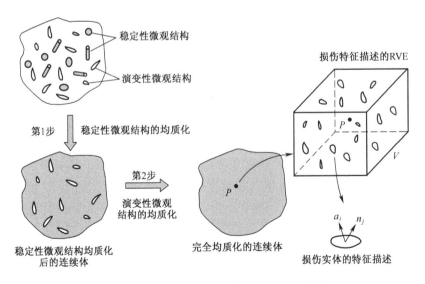

图 8.6 有损伤的复合材料实体的两个均质化阶段
(图中展示了损伤的特征描述和相关的 RVE)

在这种方案中,单一损伤实体的尺度为微尺度,RVE 尺度为中尺度。微观水平的描述量是第5章提到的损伤实体张量 d_{ij}，它的 RVE 平均值，即对于所选损伤模式 α，$D_{ij}^{(\alpha)}$ 为中尺度描述量，第5章也同样提到了这一点。就是因为要构建损伤实体张量，很可能将微观水平的信息明确地纳入到这个描述量中。周围异质性固体物，即"微观结构"，对损伤实体的影响可通过一种便捷的方法进行分析，并转换到细观水平。为了通过实验或计算微观力学来有效地实现这种转换，已经设计了一个被称为"限制参数"的参数。这些关于损伤的单一模式和多重模式，在第5章中已做了详细的叙述。为了便于回顾 SDM 的过程，将图 5.10 复制到这里作为图 8.7。

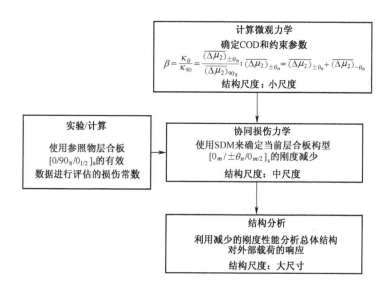

图 8.7 用于分析一组对称层合板的损伤特性的多尺度协同方法论流程图
（层合板重叠 $[0_m/\pm\theta_n/0_{m/2}]_s$，且在 $+\theta$ 和 $-\theta$ 层中有层间裂纹）

损伤的多尺度建模和附带的 SDM 方法很适合处理损伤对复合材料响应的影响，并通过延伸来评估结构的耐久性。异质性固体的分层多尺度方法虽然很合适评价总体响应，但并不能适用于所有的损伤。

8.3 低成本制造和缺陷损伤力学

采用任何实际制造工艺制成的复合材料结构都不可能是完美的。制造工艺引发的缺陷可能是纤维结构上的，例如纤维错位、横截面上不规律纤维分布以及纤维断裂等；也可能是在基体中，例如孔洞；也可能在界面区，例如脱粘和分层。

必须对这些缺陷进行分析来确定它们对于复合材料结构完整性和耐久性的影响。这些分析结果有两种用途:①可以为所生产的零部件制定验收/拒收标准;②可以解释这些缺陷的原因,设计满足性能要求的零部件。第一点是目前工业经常应用的。许多无损检测(NDI)技术可以检测到缺陷。采用这些技术可实现产品质量的阈值,例如最大孔洞体积分数或最大分层表面积。

设计带已知缺陷的复合材料零部件方面还未成熟。有待开发对实际存在各类缺陷的影响的精确分析方法,以及将这些结果纳入制造工艺的成本效益评估中的相关策略。在这种情况下,一个零部件的大部分成本都与制造工艺有关。下面我们将首先讨论成本效益评估流程,明确组成该流程的不同单元。随后我们将重点关注用于实际缺陷分析的材料力学方法。为了进行说明,我们将对最近的一些结果进行综述:①由基体孔洞造成的弹性性质改变;②对由层合板间孔洞引起的裂纹延伸趋势的影响。最后我们将对下一步的研究工作提出一些建议。

8.3.1 经济高效的生产制造

图 8.8 描述了就复合材料结构的长期性能而言,其成本效益评估过程所涉及的有内在联系的各个单元。首先通过所必需的材料、几何参数、加工参数及其时间变化,及机械加工、工装、连接和装配等,为给定的复合材料结构所选择的制造工艺进行描述。制造工艺所生产的产品是以"材料状态"及相应性质来表征的。对传统材料状态的描述包括组分性能及其相对比例(如体积分数)、纤维结构(如板层厚度、朝向、层合板的堆叠次序),或织物类型(5-(或8-)经缎)、厚度,

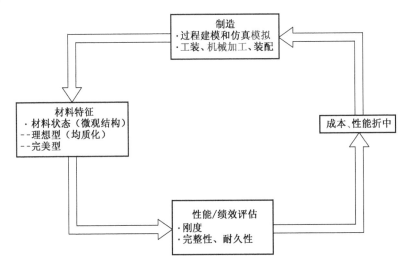

图 8.8 复合材料结构成本效益评估流程

以及编织复合材料的叠层等。除此之外,还需要用某些缺陷描述参数来描述材料状态。正如我们看到的一样,对于制造工艺的成本效益评估来说,只有组分和缺陷的均质化描述是不够的。

所需的缺陷描述参数要根据制造工艺来确定,这种描述参数有纤维错位角度、孔洞尺度和位置、纤维/基体界面脱粘、分层尺度和位置等的分布(或其他统计数据)。相应的一组缺陷描述参数与传统材料状态描述参数一起,就构成了对所制造的复合材料特性的完整描述。根据复合材料结构的使用环境,即对结构的设计需求,成本效益评估将考虑必需的材料特性,以及其特性与材料和缺陷描述参数的相互关系。成本与性能的折中处理,以及对其的迭代,都将产生一个优化的成本节约型产品。在大多数应用条件下,长期性能是设计考虑的关键,所以需要注意在使用环境下初始(制造结束时)性能的衰退。因此,成本、性能折中将考虑剩余性能。常见的方法是,即使在长期情况下,只考虑初始(使用前)性能,假设剩余性能与缺陷(和成本)的关系和初始性能与缺陷的关系一样。实际上这个假设是有问题的,因为初始性能可能对于材料的某些缺陷并不敏感,而这些缺陷可能成为决定长期性能的重要因素。

用于复合材料结构的制造工艺有很多,如高压釜成型、液压成型、树脂转换成型、纤维缠绕、化学气相沉积等。在制造零部件时每一种工艺都会产生缺陷,通常成为这种工艺的特点。用于复合材料结构的机械加工、连接、装配方法都会产生缺陷,这些缺陷通常与在成型、缠绕和气相沉积时产生的缺陷不同。例如,两个零部件交界区域,根据零部件是同时固化的还是粘接,其产生的缺陷会有所不同。在文献[24]中论述了同时固化所产生的缺陷与粘接所产生的缺陷在疲劳寿命方面的显著差异。

近年来研发出了很多方法,这些方法都是通过无损评估来观察复合材料及其结构中的生产缺陷,无损评估主要以超声波和 X 射线[25]为基础,而在某种程度上,也以热波成像[26]为基础。在传统方式中,这些方法主要用于控制所生产的产品质量。质量控制的前提通常是目前存在的缺陷是不希望出现的。如果发现有某些超出阈值的缺陷,那么这个零部件则为残次品,必须努力改进制造工艺,这就不可避免地增加了产品成本。这样,与金属替代品相比,会使复合材料零部件的竞争力变弱。认识到目前存在的缺陷在所有情况下都是不希望出现的这一点非常重要。实际上,如果可以允许有某些缺陷,零部件就可以在较低的成本下生产。图 8.9 说明了单位生产成本下的强度与缺陷密集度的依赖关系。如图所示,在缺陷密集度较低时,强度逐渐降低,在缺陷密集度高时强度迅速下降;而生产成本在缺陷密集度低时会迅速增加,同时会随着许可的缺陷增多而降低。因此,单元生产成本下得到的零部件强度会随着缺陷密集度的增加而增加,直到缺陷密集度增加到一个点,当缺陷密集度高于这一点时,因许可的缺陷多而得到的利益就会降低。但是,需要记住的是,这种情况是静态强度的典型特征。在长期载荷加载下剩余强度对初始缺陷密集度的依赖性可能显示出不同的特性,目前这方面的研究还不多。

图 8.9 也显示了我们可以不采用接收/拒绝方式,直接采用"缺陷工程"方式。更确切地说,在设计零部件时可以让其有一定量的缺陷,这样就可以降低生产成本,同时还能满足性能需求。为了实现这种较高水平的设计,需要具备某些能力。由图 8.8 还可发现,由制造(见图中顶框)到预期的材料形态(见图中左框)的过程,要求一种能够预测因所采用制造工艺给材料复合组成带来的缺陷结构的能力。在这方面已经做出了一些尝试。例如,文献[27-31]主要是预测液体压缩成型工艺中产生的孔洞。

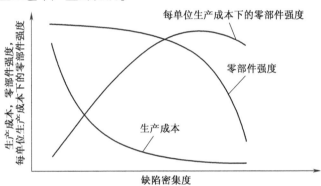

图 8.9 缺陷密集度与生产成本、零部件强度,以及每单位生产成本下的零部件强度的关系

我们研究的重点是缺陷结构和力学性能及其在使用中性能降低之间的联系。这类活动可以被视为损伤力学的延伸,损伤力学在传统上与损伤的开始和演变,以及后续的力学性能变化有关。因此,我们扩展损伤力学研究的起点不是均质连续体,而是以纤维和基体为组分的复合材料,并且还有缺陷存在。在我们的分析中缺陷都是真实存在的缺陷,其几何形状和分布都是通过实际观察得出的,包括缺陷分析在内的耐久性评估的总体策略,又称为缺陷损伤力学[32](接下来将着重讨论这一点)。

8.3.2 缺陷损伤力学

为了说明包含缺陷的损伤力学,我们举以下两个例子。

8.3.2.1 高压釜处理孔隙

第一个例子与高压釜模压制造的复合材料层合板上的孔隙有关,我们描述了观察到的孔隙特征,并在建模中将其考虑在内(更多内容详见文献[33])。

图 8.10(a)显示了由高压釜法制造的单向碳/环氧树脂复合材料的两个剖

面图,分别平行和垂直于纤维。通常看到的孔隙不是球形的,大部分夹在预浸材料层之间。图 8.10(b)显示的是两个横截面,相隔一段很短的距离(1.2mm),更清晰地显示了孔隙。

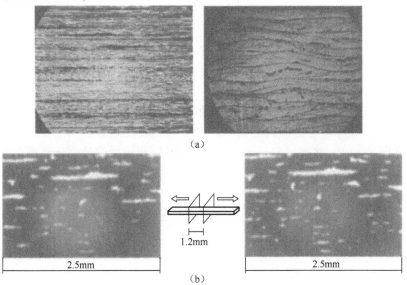

图 8.10 观察到的高压釜制造单向碳/环氧树脂复合材料中的孔隙

(a)与纤维平行(左)和交错(右)的横截面[34];(b)两个相距 1.2mm 的横截面上的孔隙[35]。

文献[35-37]记录了很多有关高压釜模压成型复合材料中的孔隙的观察和测量结果,图 8.11 对此进行了概括总结。孔隙形状可以是两端封头的椭圆形横截面的细长圆筒形。对于正常可控的高压釜制造过程来说,孔隙的体积分数应该小于 3%,对于航天工业来说,5%以下的值都是安全可以接受的。

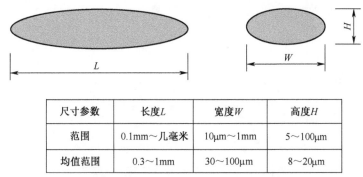

尺寸参数	长度L	宽度W	高度H
范围	0.1mm~几毫米	10μm~1mm	5~100μm
均值范围	0.3~1mm	30~100μm	8~20μm

图 8.11 在高压釜模压成型碳/环氧树脂复合材料中观察到的孔隙特性

孔隙形成的过程显示,孔隙必定会使其周围的纤维移位,直到固定在平衡位置。大多数均质化复合材料连续建模以及"嵌入"孔隙没有对这一现象进行解释。这种建模本质上是"更换"了纤维,而不是"移位"它们。文献[33]阐述了纤维的移位,如图8.12所示。

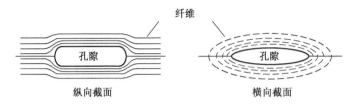

图8.12 引起纤维移位的孔隙建模[33]

在图8.13中,将通过Huang-Talreja过程[33]做出的弹性模量预测与实验数据进行对比。我们注意到由于孔隙使得全厚度模量 E_z 发生了很大变化。

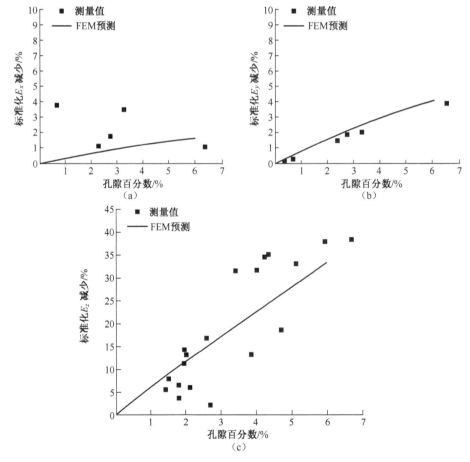

图8.13 通过对比实验结果[33]预测的弹性系数(E_x 和 E_y 的数据从文献[37]得到 E_z 从文献[36]得到)

8.3.2.2 层间孔隙

下面考虑层间平面上存在的孔隙对该平面上裂纹增长的影响。正如上面所述,通过模压成型工艺制造的分层复合材料中,大部分孔隙通常发生在层间。这些孔隙可能在层间平面上有不同的形状、大小和间隔。这个平面同样也可能在工作中产生裂纹,由于粘接力不足早就存在缺陷。一种简便的评估层间断裂上的孔隙影响的方法是利用对层间断裂韧性进行估算所用的几何构型来进行评估。Ricotta 等[38]通过考虑几何构型,针对孔隙对裂纹增长的影响开展了一系统研究。接下来将讨论这项研究中的一些结果以阐释这种影响效应。

图 8.14 所示为编织纤维复合材料,其中的孔隙出现在纤维束之间富含树脂的区域。这些区域很可能在工作环境中产生裂纹,例如在平面内应力下的疲劳或失效,从而导致分层。图中展示了这种孔隙对裂纹增长的影响,图示为裂纹顶端前部含有孔隙的双悬臂梁(DCB)样本。文献[38]系统分析了模式 1 的裂纹增长几何结构,考虑了多种参数,如孔隙形状(圆形和椭圆形)、孔隙尺度及孔隙距裂纹尖端的距离。

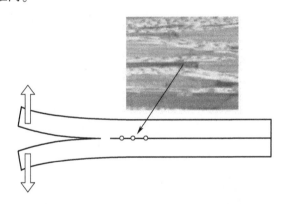

图 8.14 编织织物层合板中织物束与束之间富含树脂区域的孔隙,
以及孔隙出现时裂纹增长的一个 DCB 样本代表

文献[38]介绍的方法是首先用有限元分析对一种分析方法进行了验证,然后运用这种方法对孔隙的影响进行了参数研究。这种方法使用了黏弹性地基梁分析,可分析剪切柔量和材料正交各向异性。孔隙可以作为没有黏弹性地基支持的区域进行模拟。计算了不同实例中有孔隙时的张力能量释放率 $G_{I,v}$。图 8.15 所示为半径为 R 的圆形孔隙和圆形孔隙距裂纹顶端的距离 D 对能量释放率的影响。$G_{I,v}$ 为无孔隙值 G_I 的标准化值,显示了随着孔隙靠近裂纹尖端时,G_I 值将增长,G_I 值随着孔隙半径的增长也随之增长。图 8.16 所示为椭圆形孔隙的类似影响。

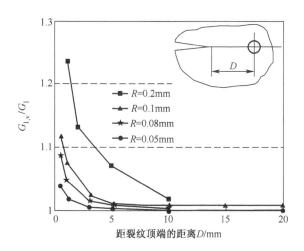

图 8.15 半径为 R 的圆形孔隙和圆形孔隙距裂纹顶端的距离 D 对能量释放率的影响

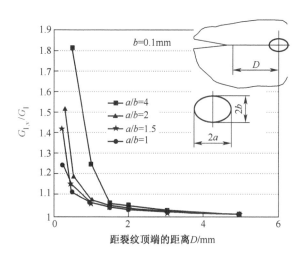

图 8.16 不同纵横比 a/b ($b=0.1$mm) 的椭圆形孔隙,以及椭圆形孔隙距裂纹顶端的距离 D 对能量释放率的影响[38]

图 8.17 和图 8.18 所示为多个圆形孔隙对于能量释放率的影响。图 8.17 显示了位于裂纹顶端不同距离处的 2 个和 3 个固定半径和固定间隔的孔隙的影响效应。图 8.18 显示了孔隙相互作用引起的有趣效果。如图所示,对于多个圆形孔隙来说,最近的孔隙与裂纹顶端的距离是固定的,而多个孔隙之间的间隔是

不同的,能量释放率没有显示出对孔隙间隔的单一依赖性。而孔隙的相互作用可以使能量释放率升高至一定的孔隙间隔,当间隔超过这个值时,多个孔隙的影响会降低。

最后,图 8.19 所示为当孔隙存在于裂纹顶端前部时,能量释放率是如何随裂纹扩张而升高的。对无孔隙存在时能量释放率随裂纹长度的增加而升高做出了标记以用于参考。可以看出,随着裂纹顶端靠近孔隙,能量释放率就增加。

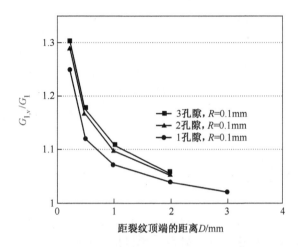

图 8.17　半径 $R=0.1$mm、孔隙间隔为 2.0mm 的圆形孔隙(在裂纹顶端前,距离裂纹顶端距离为 D)对能量释放率的影响

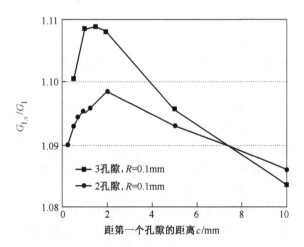

图 8.18　固定半径 $R=0.1$mm 的多个孔隙,c(距裂纹顶端距离固定)对能量释放率的影响

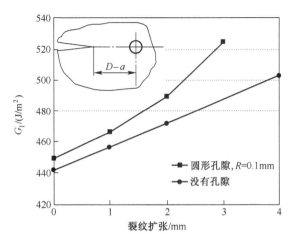

图 8.19 随着裂纹尖端接近孔隙能量释放率增加

8.4 结束语

本书提出的分析和方法大多数都是针对单层由连续纤维增强,多个单层堆叠形成的复合材料层压板。这些材料系统以聚合物作为基体材料,并含有刚性纤维(如碳纤维),促进了轻型结构在航天工业的发展应用。今天,新型航天器(如波音787和空客380)就是这些发展的成果。但是,本书中有关损伤建模的进展有多少内容被纳入了这些航天器的设计中,这一点值得讨论。由于严格和高成本的适航性验证需要,这种情况是可以理解的。我们希望最终在损伤和失效方面的研究成果将转化为更为安全的设计和更具成本效益的结构。

多年来复合材料的使用已经从航天领域扩展至其他领域。碳纤维复合材料的应用在最近的几十年里经历了爆炸性的增长,每年增长率高达10%~15%。复合材料在自动化和风能领域的新兴应用对材料的设计提出了挑战,这种挑战与航天领域的不同。尽管航天运载器的可支付性是考虑的一个方面,即使对国防工业也是这样,成本效益是汽车和风力涡轮结构设计时要考虑的一个主要方面。上面讨论的缺陷损伤力学肯定是未来这种结构设计中的一部分,将这种方法纳入计算设计方法将是未来很重要的一步。

对于风能应用来说,除了低成本之外,关键的因素是长期耐久性。这些结构的设计寿命目前是20年(之前是30年),即1千万次载荷循环(或更多)后发生疲劳。大多数复合材料疲劳实验传统上是进行10^6次加载周期,在这个加载周期下金属材料出现疲劳,通常是钢的疲劳极限值,在这个数量的载荷周期之前$S-N$曲线是平的。而对于复合材料来说,疲劳极限是不容易确定的。正如第6章所讨论的,为了推理,必须了解损伤机理。对于风涡轮转动叶片这种高度复杂的复合材料结构来说这是一个巨大的挑战。一个更大的挑战是确定这些结构在多向加载条件下、更多加载循环时的典型疲劳寿命。

复合材料的多向疲劳问题必须得到应有的重视。需要开展全面的研究活动,包括损伤开始区域的实验和评估、损伤发展区域(裂纹增加)的实验和评估,以及揭示机理的失效判据。目前的研究活动有局限性,基本上集中在经验和半经验的方法上。大多数工作仍在继续模仿金属疲劳,而无视复合材料疲劳和金属材料疲劳在内在机理方面的根本区别[39]。

本书没有特别针对纳米材料增强复合材料系统,尽管最近在该领域有很多进展,但这一领域在改进低成本负载复合材料结构耐久性方面的优势仍不清楚。复合材料的多功能性,如聚合物复合材料,已经显示出在结构健康监测应用方面的清晰前景。

参考文献

[1] O. O. Ochoa and J. N. Reddy, *Finite Element Analysis of Composite Laminates*. (Dordretchet, The Netherlands: Kluwer Academic Publishers, 1992).

[2] M. J. Hinton and P. D. Soden, Predicting failure in composite laminates: the back-ground to the exercise. *Compos Sci Technol*, **58**: 7(1998), 1001-10.

[[3] M. J. Hinton, A. S. Kaddour, and P. D. Soden, Evaluation of failure prediction in composite laminates: background to "part B" of the exercise. *Compos Sci Technol*, **62**: 12-13(2002), 1481-8.

[4] M. J. Hinton, A. S. Kaddour, and P. D. Soden, Evaluation of failure prediction in composite laminates: background to "part C" of the exercise. *Compos Sci Technol*, **64**: 3-4(2004), 321-7.

[5] Y. W. Kwon, D. H. Allen, and R. Talreja, eds., *Multiscale Modeling and Simulation of Composite Materials and Structures*. (New York: Springer, 2008).

[6] S. Nemat-Nasser and M. Hori, *Micromechanics: Overall Properties of Heterogeneous Materials*, 2nd edn. (Amsterdam: North Holland, 1999).

[7] R. Talreja, Multi-scale modeling in damage mechanics of composite materials. *J Mater Sci*, **41**: 20(2006), 6800-12.

[8] R. Talreja, On multiscale approaches to composites and heterogeneous solids with damage. *Philos Mag*, **90**: 31-32(2010), 4333-48.

[9] R. Pyrz, K. Anthony, and Z. Carl, Morphological characterization of microstructures. In *Comprehensive Composite Materials*. (Oxford: Pergamon, 2000), pp. 465-78.

[10] S. Ghosh, Adaptive concurrent multilevel model for multiscale analysis of composite materials including damage. In *Multiscale Modeling and Simulation of Composite Materials and Structures*, ed. Y. W. Kwon, D. H. Allen, and R. Talreja. (New York: Springer, 2008), pp. 83-163.

[11] R. M. Jones, *Mechanics of Composite Materials*, 2nd edn. (Philadelphia, PA: Taylor & Francis, 1999).

[12] L. E. Asp, L. A. Berglund, and R. Talreja, Effects of fiber and interphase on matrix-initiated transverse failure in polymer composites. *Compos Sci Technol*, **56**:6(1996), 657–65.

[13] L. E. Asp, L. A. Berglund, and R. Talreja, Prediction of matrix-initiated transverse failure in polymer composites. *Compos Sci Technol*, **56**:9(1996), 1089–97.

[14] L. E. Asp, L. A. Berglund, and R. Talreja, A criterion for crack initiation in glassy polymers subjected to a composite-like stress state. *Compos Sci Technol*, **56**:11(1996), 1291–301.

[15] J. Aveston, G. A. Cooper, and A. Kelly, Single and multiple fracture. In *The Properties of Fibre Composites*. (Guildford, Surrey: IPC Science and Technology Press, 1971), pp. 15–26.

[16] R. Talreja, Damage analysis for structural integrity and durability of composite materials. *Fatigue Frac Engng Mater Struc*, **29**(2006), 481–506.

[17] R. Talreja and C. V. Singh, Multiscale modeling for damage analysis. In *Multiscale Modeling and Simulation of Composite Materials and Structures*, eds. Y. W. Kwon, D. H. Allen, and R. Talreja. (New York: Springer, 2008), pp. 529–78.

[18] R. Talreja, A synergistic damage mechanics approach to durability of composite systems. In *Progress in Durability Analysis of Composite Systems*, eds. A. M. Cardon et al. (Rotterdam: A. A. Balkema, 1996), pp. 117–29.

[19] J. Varna, R. Joffe, N. V. Akshantala, and R. Talreja, Damage in composite laminates with off-axis plies. *Compos Sci Technol*, **59**(1999), 2139–47.

[20] J. Varna, R. Joffe, and R. Talreja, A synergistic damage mechanics analysis of transverse cracking in $[+\theta/90_4]$s laminates. *Compos Sci Technol*, **61**(2001), 657–65.

[21] J. Varna, A. Krasnikovs, R. S. Kumar, and R. Talreja, A synergistic damage mechanics approach to viscoelastic response of cracked cross ply laminates. *Int J Damage Mech*, **13**(2004), 301–34.

[22] C. V. Singh and R. Talreja, Analysis of multiple off-axis cracks in composite laminates. *Int J Solids Struct*, **45**(2008), 4574–89.

[23] C. V. Singh and R. Talreja, A synergistic damage mechanics approach for composite laminates with matrix cracks in multiple orientations. *Mech Mater*, **41**(2009), 954–68.

[24] M. Quaresimi and M. Ricotta, Fatigue behaviour of bonded and cocured joints in composite materials. In *Experimental Techniques and Design in Composite Materials 6, Extended Abstracts*, ed. M. Quaresimin. (Vicenza, Italy: University of Padova, 2003), pp. 31–2.

[25] B. R. Tittmann and R. L. Crane, Ultrasonic inspection of composites. In *Comprehensive Composite Materials*, Vol. **5**, eds. L. Carlsson, R. L. Crane, and K. Uchino; eds.-in-chief A. Kelly and C. Zweben. (Amsterdam: Elsevier, 2000), pp. 259–320.

[26] R. L. Thomas, L. D. Favro, X. Hanand, and Z. Ouyang, Thermal methods used in composite inspection. In *Comprehensive Composite Materials*, Vol. **5**, eds. L. Carlsson, R. L. Crane, and K. Uchino; eds.-in-chief A. Kelly and C. Zweben. (Amsterdam: Elsevier, 2000), pp. 427

-46.

[27] A. D. Mahale, R. K. Prud' Homme, and L. Rebenfeld, Quantitative measurement of voids formed during liquid impregnation of nonwoven multifilament glass networks using an optical visualization technique. *Polym Eng Sci*, **32**(1992), 319-26.

[28] N. Patel and J. L. Lee, Effect of fiber mat architecture on void formation and removal in liquid composite molding. *Polym Composites*, **16**(1995), 386-99.

[29] N. Patel, V. Rohatgi, and J. L. Lee, Micro scale flow behavior and void formation mechanism during impregnation through a unidirectional stitched fiberglass mat. *Polym Eng Sci*, **35**(1995), 837-51.

[30] V. Rohatgi, N. Patel, and J. L. Lee, Experimental investigation of flow induced microvoids during impregnation of unidirectional stitched fiberglass mat. *Polym Composites*, **17**(1996), 161-70.

[31] S. Roychowdhury, J. W. Gillespie, Jr., and S. G. Advani, Volatile-induced void formation in amorphous thermoplastic polymeric materials: I. Modeling and parametric studies. *J Compos Mater*, **35**(2001), 340-66.

[32] R. Talreja, Defect damage mechanics: broader strategy for performance evaluation of composites, *Plastics Rubber Composites*, **38**(2009), 49-54.

[33] H. Huang and R. Talreja, Effects of void geometry on elastic properties of unidirectional fiber reinforced composites. *Compos Sci Technol*, **65**(2005), 1964-81.

[34] K. J. Bowles and S. Frimpong, Void effect on the interlaminar shear strength of unidirectional graphite fiber-reinforced composites. *J Compos Mater*, **26**(1992), 1487-509.

[35] D. K. Hsu and K. M. Uhl, A morphological study of porosity defects in graphite – epoxy composite. In *Review of Progress in Quantitative Nondestructive Evaluation*, Vol. 6B, eds. D. O. Thomson and D. E. Chimenti. (New York: Plenum Press, 1986), pp. 1175-84.

[36] Z. Guerdal, A. P. Tamasino, and S. B. Biggers, Effects of processing induced defects on laminate response: interlaminar tensile strength. *SAMPE J*, **27**(1991), 3-49.

[37] P. Olivier, J. P. Cottu, and B. Ferret, Effects of cure cycle pressure and voids on some mechanical properties of carbon/epoxy laminates. *Composites*, **26**(1995), 509-15.

[38] M. Ricotta, M. Quaresimin, and R. Talreja, Mode-I strain energy release rate in composite laminates in the presence of voids, Special issue in honor of R. Talreja's 60th birthday. *Compos Sci Technol*, **68**:13(2008), 2616-23.

[39] M. Quaresimin, L. Susmel, and R. Talreja, Fatigue behaviour and life assessment of composite laminates under multiaxial loadings. *Int J Fatigue*, **32**(2010), 2-16.